高端新材料
智能制造与应用

丁文江　王华明　孙宝德　等 著

化学工业出版社

·北京·

内容简介

本书针对高端新材料的国家重大需求，立足应用，对高端新材料智能制造与应用的技术范畴、发展现状与趋势、存在的问题、建议发展方略等进行了详细的解读。书中以先进铝合金、镁合金、钛合金、高温合金等的智能热制造技术（铸造、锻造、3D打印）为典型案例，从智能制造技术、核心工业基础软件、关键智能装备三个方面，首次系统阐明了该领域应该重点发展的智能化关键技术，全面总结了高端新材料智能成形共性关键技术的内涵、重点内容、国内外发展现状，提出了发展思路与方向，借此明晰高端新材料智能制造的技术体系、存在的问题与发展路径。

本书可供制造、材料领域有关研发人员、技术人员、管理人员阅读，也可供大专院校材料工程、装备制造、智能制造相关专业师生参考。

图书在版编目（CIP）数据

高端新材料智能制造与应用 / 丁文江等著. -- 北京：化学工业出版社，2024. 11. -- ISBN 978-7-122-46068 -4

Ⅰ. TB303；TH166

中国国家版本馆CIP数据核字第2024N6Q898号

责任编辑：刘丽宏　李佳伶　　　　文字编辑：林　丹
责任校对：田睿涵　　　　　　　　装帧设计：刘丽华

出版发行：化学工业出版社
　　　　　（北京市东城区青年湖南街13号　邮政编码100011）
印　　装：涿州市殷润文化传播有限公司
787mm×1092mm　1/16　印张18　字数338千字
2025年8月北京第1版第1次印刷

购书咨询：010-64518888　　　　　　售后服务：010-64518899
网　　址：http://www.cip.com.cn
凡购买本书，如有缺损质量问题，本社销售中心负责调换。

定　　价：138.00元　　　　　　　　　　版权所有　违者必究

新材料是经济社会发展的物质基础，是高新技术和高精尖产业发展的先导，世界各国特别是工业发达国家高度重视新材料技术和产业的发展，提出和部署针对未来加速新材料发展的战略和研究计划。这些计划的实施，推动了大数据和人工智能在材料设计研发、生产制造和工程应用等领域的广泛应用，逐渐形成了新材料智能化技术体系，为从根本上解决新材料研发和应用效率低的瓶颈问题提供了新的技术途径。为此，中国工程院组织开展了"新材料研发与制造应用智能化发展战略研究"，旨在围绕新材料研发智能化关键技术、高端新材料智能制造技术、大数据和人工智能驱动的先进钢铁材料制造技术、大数据与人工智能赋能化工新材料制造技术等开展战略咨询研究。

本书基于课题2"高端新材料智能制造技术"的研究成果编写而成。全书共分为高端新材料制造概述、高端新材料智能制造共性关键技术、高端新材料智能铸造成形与应用、高端新材料智能锻造成形与应用、高端新材料智能增材制造与应用5章，着重阐述和探讨了高端新材料智能制造的技术体系、发展现状、存在问题等，提出了重点技术发展方向和发展路径，以及政策与措施建议等。

参加本课题研究的人员有：丁文江、王华明、孙宝德、疏达、彭立明、付华栋、王新云、周建新、计效园、邓磊、唐学峰、张云、朱言言、张述泉、李大永、汪华苗、唐伟琴、唐鼎、班晓娟、姜雪、赵帆、郭志鹏、张伟、孔宪光、马洪波、祝国梁、谭庆彪、孔德成、汪东红、汪星辰、杨超、王舒滨等。

本书主要编写人员有：

第1章　疏达　王舒滨　杨超　孙宝德等

第2章　付华栋　班晓娟　马洪波　姜雪　李大永等

第3章　计效园　疏达　周建新　张伟　汪东红　汪星辰　马洪波　殷亚军等

第4章　王新云　邓磊　唐学峰　李大永　朱彬　龙锦川等

第 5 章　朱言言　张述泉　汪星辰　计效园　祝国梁等

特别感谢北京科技大学谢建新院士和北京航空航天大学宫声凯院士对本书的认真审阅和指导。在书稿写作过程中，上海交通大学崔振山教授、彭立明教授、王俊教授、王洪泽副教授等分别对有关章节提出了宝贵的修改建议，在此一并感谢！

高端新材料是支撑高端装备和重大工程需求的核心材料，其研发与制造应用是世界强国的竞争焦点。高端新材料智能制造与应用技术关乎到国家新材料科技创新和产业发展的未来，对国家经济和社会，尤其是高端制造业和高新技术的发展影响巨大。期望本书的出版能够为有关政府职能部门，从事新材料研发、产业化发展的科技工作者、产业界人士和在校学生提供有价值的参考。

感谢中国工程院战略研究与咨询项目（项目编号：2021-JJZD-02）的资助。限于时间仓促，书中不足之处难免，恳请广大读者批评指正。

著者

目录
CONTENTS

第4章 高端新材料智能锻造成形与应用

高端新材料智能制造与应用

Intelligent Manufacturing and
Applications of
Advanced Materials

第1章　高端新材料制造概述

　　高端新材料是支撑高端装备制造和重大工程建设的核心材料，包括高性能铝合金、镁合金、钛合金等先进基础材料，高温合金等关键战略材料和增材制造金属材料等前沿新材料，在航空航天、能源交通、电子信息、武器装备等战略领域发挥着举足轻重的作用。《中国制造2025》战略性规划中的十大重点产业领域，均涉及高端新材料的重大需求。然而，"料要成材，材要成器，器要好用。"新材料的发展始终离不开材料制造技术的进步。当前，发达国家对我国实施"卡脖子"封锁已成为常态，我国在高端数控机床、大飞机、航空发动机等精密设备的关键部件上，进口依赖度仍有95%，关键基础材料的进口依赖度有32%[1]。材料制造技术水平的落后，是我国关键领域新材料研发、应用与产业化受制于人的重要因素。

1.1　材料制造技术的分类

　　广义的材料制造不仅包括合成与制备具有特定形态与性能的材料，还包括将其加工为特定结构与功能的构件或部件。任何一种新材料，必须经过适宜的制备工艺才能成为工程材料。同样，任何一种工程材料如果不解决加工工艺适配性问题，也无法真正实现批量化的工业应用。材料的广泛应用是推动材料发展的主要动力，也是材料研发的终极目标。

　　材料种类很多，材料制造技术也多种多样。典型的材料制造技术可以分为材料的合成与制备、材料的成形加工、材料的改性与表面加工、材料的复合四大类，如图1-1所示。

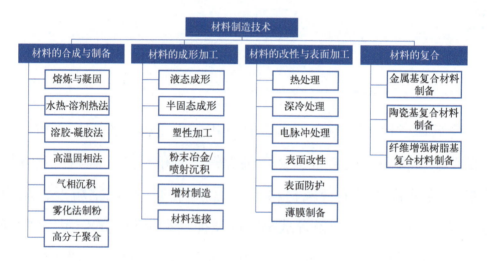

图1-1　材料制造技术的分类

1.2　高端新材料制造的特征

　　当前，我国正处于高质量发展的战略转型期，亟需开辟新的经济增长点，提高环境承载能力。运载工具、能源动力、信息显示、生命健康等领域均对高端新材料提出了重大战略需求，这为我国新材料的大发展提供了难得的历史机遇[2]，高端新材料及关键构件的制造面对着新的要求和严峻的挑战。材料的高性能化与高质量化、构件的复杂化与轻量化、生产的高效化与低成本化等重大需求，对制造过程的精确控制提出了越来越高的要求。目前，高端新材料制造领域的发展趋势可以归纳为：材料的高性能制造，复杂构件的整体化、大型化与轻量化制造，材料、结构与工艺的一体化制造，高端构件的低成本绿色制造。

1.2.1　材料的高性能制造

　　材料的制备与加工是保证其服役性能的基本要素之一。航空航天、交通运输、海洋开发、武器装备等国家重大工程的建设和发展，对材料性能提出了前所未有的要求。目前，航空发动机用传统金属材料的使用温度已不能满足高推重比航空发动机的设计要求。自 20 世纪 70 年代末美国普惠公司在 F100-PW-220 发动机上率先使用单晶叶片以来，镍基单晶高温合金材料目前已发展了五代，其耐热温度历经 40 多年大约提升了 120℃，最高工作温度已接近合金熔点的 90%（图 1-2）。据预测，新材料、新工艺和新结构对新一代航空发动机的贡献率将达到 50% 以上[3]。因此，急需发展能在极端高温环境中稳定工作，综合平衡可靠性、耐久性、工艺性等各种性能，集轻质、高强韧、耐高温、长寿命、抗烧蚀于一体的高温结构材料，实现材料与工艺、结构与设计的协同，以适应航空发动机愈加苛刻的工作环境[4]。

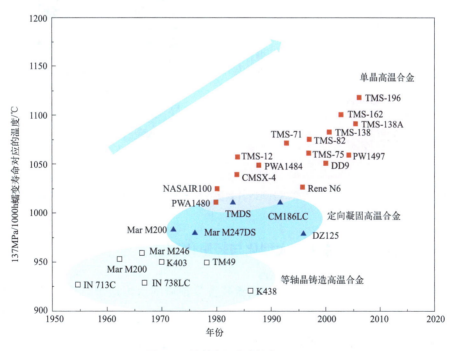

图1-2　镍基高温合金的发展历程

　　材料的高性能制造，要以使役性能为第一要求，在材料成分、组织、工艺与性能综合调控的基础上，不断提升材料的综合性能及其一致性，并实现关键零部件的几何结构、材料和性能一体化的高性能精密制造[5]，以满足高端装备和先进制造不断发展的要求。以涡轮发动机的核心零部件——复杂空心高温叶片为例，定向凝固技术使合金的结晶方向平行于叶片的主应力轴方向，基本消除了垂直于应力轴的横向晶界，提高了合金的塑性和热疲劳性能；单晶叶片生长技术消除了全部晶界，因而省去了可导致合金初熔点下降的晶界强化元素，进一步发挥了合金的潜力，实现了高温强度和承温能力的提高[图1-3（a）]。除了材料自身性能的提升，通过在叶片上设计复杂的冷却通道和冷却孔，对涡轮叶片进行复合冷却（对流、冲击式、气膜结构、发散等）[图1-3（b）]，可以使叶片的工作温度（涡轮前温度）相比承载温度高出400K左右；在新一代涡轮叶片中，采用双层空心壁冷却技术增加内部的冷却通道，可以进一步提升冷却效率，但也使得叶片的成形更加困难。此外，通过先进的热障涂层制备技术，在叶片表面打造一层"金钟罩"[图1-3（c）]，可使叶片在远高于合金熔点的温度下工作，大幅提高发动机的工作效率，服役寿命增加一倍以上。

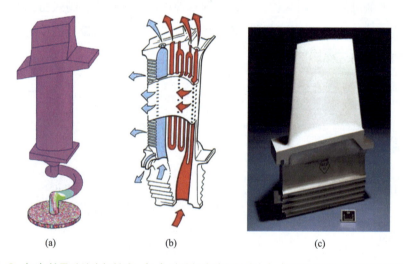

(a)　　　　　　　　(b)　　　　　　　　(c)

图1-3 （a）单晶叶片生长技术；（b）叶片复合冷却技术；（c）带热障涂层保护的单晶叶片

1.2.2　复杂构件的整体化、大型化与轻量化制造

轻量化是航空航天、交通运输、武器装备等领域的永恒追求。战斗机重量若减轻15％，则可缩短飞机滑跑距离15％，增加航程20％，提高有效载荷30％。传统燃油车重量每减少10%，能耗可降低6%～8%，减少二氧化碳排放13%。而随着电池技术和智能技术的发展，新能源汽车在全球范围内迅速崛起，轻量化也被认为是提高新能源汽车续航能力的另一块"电池"。

轻量化对大型复杂薄壁构件及其成形提出了新的要求和挑战。高性能、大型精密铸件是航空航天领域大量使用的一类关键热加工金属构件，包括高温合金铸件、钛合金铸件和铝合金铸件等，通常具有外廓尺寸大、结构复杂、各部位尺寸变化大、形状尺寸精度高等特点。图1-4所示是我国自主研发的商用航空发动机涡轮后机匣精密铸件，采用K4169合金经熔模整体铸造成形，其轮廓直径约1.4m，最小壁厚约2mm，尺寸公差等级达到CT6级（±0.8mm）。新一代航空发动机机匣类结构件尺寸更大，壁厚更薄，薄壁面积更大，结构更复杂，所以对此类大型结构件的结构刚度、表面质量以及可靠性提出了更高的要求。目前世界上尺寸最大、壁厚最薄的Inconel 718合金后机匣精铸件达到直径1.93m、最小壁厚1.5mm，代表了镍基高温合金精密铸造的最高水平，并已成功应用于美国GE公司等的最先进的航空发动机。

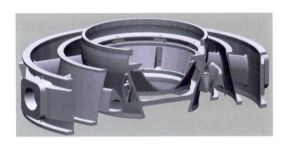

图1-4　航空发动机高温合金涡轮后机匣精密铸件的截面形状

近年来，随着最大锁模力超过6000t的超大型、智能化压铸装备获得突破［图1-5（a）］，铝合金车身结构件一体化成形技术（包括一体化设计与一体化制造）取得了突破性的进展，极大推动了新能源汽车轻量化技术的发展，大大降低了生产制造成本，提升了性能，对汽车产业变革带来了深远的影响[6]。2020年，特斯拉公司首先采用一体化压铸技术量产Model Y的车身后底板，将传统需要冲压-焊接工艺加工的70多个零部件集成为一个重达130kg的铸件，并实现了40%的降本和10%的减重。继特斯拉之后，国内造车新势力蔚来、小鹏、极氪、高合以及德国大众等都引入了一体化压铸技术［图1-5（b）］。一体化压铸不仅颠覆了汽车车身工程的百年制程，也直接推动了免热处理高强高韧压铸铝合金材料的开发应用与迭代升级，极大促进了铝合金材料的创新与发展。

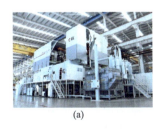

(a)　　　　(b)

图1-5　（a）力劲集团的12000t超级智能压铸单元；
（b）极氪量产的一体化压铸后端铝车身（长1.4m，宽1.6m）

1.2.3　材料、结构与工艺的一体化制造

增材制造技术的快速发展和应用，为高端装备大型关键金属构件的加工制造提供了一种变革性的技术方法。增材制造过程独特的"超高温微小熔池、熔体强对流"超常冶金条件和"超高温度梯度、超快冷却速度"非平衡凝固条件，不但可克服传统铸锭冶金偏析严重、疏松、凝固组织粗大等固有冶金缺陷，而且为突破传统铸锭冶金的合金化限制[7]，设计制造新一代高性能复杂超常合金材料提供了可能。此外，增材制造逐点连续熔凝沉积成形过程中可实现对合金成分、组织及性能的在线精确控制，在新型高温合金等复杂结构构件设计与制造、结构功能一体化及梯度材料等新材料加工成形上，具有对传统加工技术的颠覆性优势。

图1-6所示为采用增材制造工艺试制的钛合金梯度组织整体叶盘，其中盘体（中心部位）为近等轴晶组织，有利于提高构件的低周疲劳性能和损伤容限；而叶片为定向柱状晶组织，有利于提高其耐高温疲劳性能。增材制造工艺也可以实现不同部位具有不同的合金成分/类型，例如盘体为高温钛合金，叶片为金属间化合物，这有利于显著提高叶盘的整体使用性能，同时实现减重。

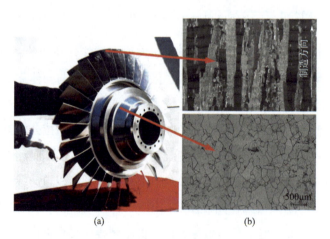

图1-6　增材制造钛合金梯度组织整体叶盘
（a）钛合金叶盘外貌；（b）上部为叶片组织，下部为叶盘组织

1.2.4　高端构件的低成本绿色制造

对高端构件除了不断追求高质量、高性能外，低成本和低消耗制造也是其核心竞争力的重要组成部分，代表着高附加值和高社会、经济效益。众所周知，材料及其加工产业是能源和资源的主要消耗者以及污染环境的主要责任者之一。国务院印发的部署全面推进实施制造强国的战略文件《中国制造2025》中明确提出全面推行绿色制造，加快

实施绿色制造工程，并将其列入九大战略任务、五个重大工程之中。随着能源和环境危机的日益严重，基础材料产业中能耗高、污染大的制造技术已经成为阻碍社会发展的瓶颈，而高端新材料及其构件的低消耗与绿色制造成为当前经济发展形势和我国"双碳"战略的必然需求。

以高端铸件为例，铸造生产中在保证铸件本体不出现疏松等铸造缺陷的前提下，尽可能减少浇注系统和冒口的尺寸，提高铸件的工艺出品率［铸件质量/（铸件质量+冒口总质量+浇注系统质量）×100%］，既可以减少金属液的消耗，降低能耗，也有利于降低成本。因此，浇冒口系统的优化设计是复杂铸件精密铸造技术水平的重要体现。目前，铸件的浇冒口系统的设计主要依靠模数法等传统理论和人工经验，图1-7所示为某型航空发动机高温合金涡轮后机匣精密铸件浇冒口系统的设计方案，铸件的工艺出品率仅为25%，仍有较大的优化空间。

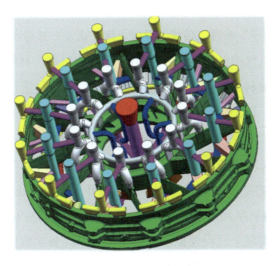

图1-7　某型航空发动机高温合金涡轮后机匣精密铸件的浇冒口系统的设计方案

1.3　传统研发模式遇到的问题与挑战

我国是材料大国，但还不是材料强国，尤其是在高端新材料制造领域，虽然引进了大量的国外先进加工装备，成为装备的"万国博览会"，但加工出来的高端零部件与国外先进水平还存在较大差距，不能满足航空航天、能源交通、武器装备等战略领域的重大需求。以金属材料加工的传统基础工艺——铸造为例，我国铸件产量自2000年超过美国成为世界第一以来，已连续22年位居世界首位，2022年达5170万吨，但在航空航天、能源装备等领域，高端关键铸件制造仍是制约我国主机和高端技术装备发展的瓶颈，表现为高端铸件的先进铸造工艺、装备与基础软件等还比较落后。诸如，高温合金大型复杂薄壁铸件的熔模精密铸造技术与国外先进水平有很大差距；航空发动机涡轮叶片制造核心装备——单晶炉长期依赖进口；铸造工艺的仿真基础工业软件还严重依赖美国的 ProCAST、德国的 MAGMASOFT 等。

发达国家在材料领域通过近 100 年的持续研究开发，投入了大量资金，不断进行试错探索和长期的生产工艺技术积累，不断应用迭代和改进提高，已经积累了大量的经验和数据，发展出系列关键技术，建立了完整的技术和标准体系，形成了技术优势和产品垄断。我国在高端新材料制造领域的研究长期处于型号牵引下的任务攻关模式，跟踪性强，但基础理论研究薄弱，依赖于经验积累和以简单循环试错为特征的"经验寻优"方式，科学性差、偶然性大，因而研制周期长、成本高。其中，最重要的原因是对材料加工制备过程的研究不深入、不系统，过程控制水平较低，造成材料内部冶金缺陷、外形尺寸超差、残余应力大等诸多问题长期和普遍存在，产品质量的一致性、稳定性差，从而造成高端制造的"卡脖子"难题。传统"经验寻优"研发方式遇到的问题与挑战主要有：

（1）基础理论与机理模型不健全　自 20 世纪后期以来，材料加工技术表现出"过程综合、技术综合、学科综合"的总体发展趋势[8]，材料制造过程呈现出多物理场耦合、多参数交互作用、多学科交叉的显著特点。传统的理论解析、实验回归建模和数值模拟等机理能够阐明材料加工成形过程中某些基本的、确定性的规律，但迄今为止，在解决材料加工过程中成分-组织-性能-工艺之间关系的非线性、应力-形变-相变之间复杂的交互作用、温度/力学/电磁等多种外场的耦合作用，以及各种扰动引起的边界条件和工艺参数的时变性等科学问题方面进展缓慢，相关基础理论的研究仍远远不能满足生产实践的需求，导致实现全过程模拟、多尺度-多目标-多参数综合优化非常困难，这已成为高端新材料制造发展的瓶颈问题。

（2）"形""性"一体化控制存在瓶颈　传统装备及零件的设计与机械制造是在选定材料的基础上进行零件几何设计、公差确定与制造实现的过程，仅以几何尺寸公差为关注点[5]。而材料制造则不同，不仅要关注外在形状-尺寸-表面质量的变化，更要关注内在性能及其决定性因素——组织和缺陷的演化过程，从而实现内在组织-缺陷-性能与外在形状-尺寸-表面质量的一体化控制。我国制造业大而不强，生产的重要零部件的寿命短、可靠性差，其根源在于制造过程中重成形制造、轻控性基础工艺[9]。以航空用高性能大型整体金属锻件为例（图 1-8），组织、缺陷和性能对成形过程和工艺参数敏感性大，由于对成形过程温度场、金属流动与应力应变场的精确控制水平低，难以实现内部组织场、性能场、残余应力场与服役应力场之间的匹配，导致锻造成品率低、尺寸精度低、质量一致性差、成本高。

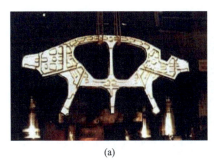

（a）　　　　　　　　　　　　　　（b）

图 1-8　航空用高性能大型整体钛合金锻造成形构件
（a）F/A-22 战斗机整体钛合金隔框；（b）波音 787 客机钛合金起落架

（3）材料制造过程全流程精确调控难　首先，材料制备加工成形过程具有多物理场强耦合作用、过程强时变扰动、内禀关系非线性，以及多变量与多目标等特点，组织结构演化贯穿全过程，影响因素多，孤岛控制对象多，综合质量评价困难，难以解决全过程建模、综合优化和智能调控问题，导致全过程综合优化，特别是快速自动寻优困难。其次，材料加工过程中内部的组织转变和缺陷演化往往难以实时测量与感知，以至材料控性成为制造过程数字化与信息化的一个盲区，使得这一过程成为难以把控的"黑箱"。最后，很多材料的制造过程，特别是热制造，是能量场、应力场、浓度场与材料相变等高度耦合的不可逆的动态过程，即使能通过计算机仿真建模等手段进行模拟计算和缺陷预测，也很难对这一过程进行实时的干预和调控。

1.4　制造业数字化与人工智能技术的发展现状

为应对新一轮工业革命，争夺全球制造业竞争优势，近年来美国将重振制造业作为最优先发展的战略目标。2010 年，美国政府启动"再工业化"，重点瞄准新材料、新能源、信息、生物、航天、3D 打印等高端制造业、战略性新兴产业领域，大力推进技术创新。2011 年，美国正式启动"先进制造业伙伴关系"计划，其中包括以加速先进材料研发与应用为目标的"材料基因组计划"。2019 年，美国国家科技政策办公室发布了由时任总统特朗普签署的"美国人工智能倡议"，明确指出：人工智能（AI）有望推动美国经济增长，增强美国的经济和国家安全，并改善人民的生活质量；美国在人工智能领域的持续领导，对于维护美国的经济和国家安全，以及以符合美国国家的价值观、政策和优先事项的方式塑造人工智能的全球演变至关重要。该倡议发布的重要背景之一，就是我国在 2017 年以"国家战略"的形式颁布了《新一代人工智能发展规划》[10]，其中明确提出人工智能将成为带动我国产业升级和经济转型的主要动力。这被认为直接挑战了美国的"霸主"地位。

作为传统工业强国，德国在2013年提出了"工业4.0"战略（2019年推出《国家工业战略2030》），明确指出人工智能的应用代表了自蒸汽机发明以来最大的突破性创新，必须促进制造业向智能化转变，大力推进以智能制造为主导的"第四次工业革命"。欧洲其他先进工业国家以及日本，也都把人工智能作为本国制造业的优先发展方向。事实上，日本经济的优势尤其体现在以人工智能为特色的机器人技术和汽车工业等高端制造业的领先地位和水平上。

随着全球新一轮科技革命和产业变革突飞猛进，新一代信息通信、生物、新材料、新能源等技术不断突破，并与先进制造技术加速融合，为制造业高端化、智能化、绿色化发展提供了历史机遇。为主动应对全球制造业重大变革带来的挑战和机遇，我国于2015年5月发布了《中国制造2025》战略文件[11]，目标是至2020年，制造业重点领域智能化水平显著提升；至2025年，制造业重点领域全面实现智能化，使我国跻身工业制造强国之列。2021年12月21日，工业和信息化部、国家发展改革委等8部门印发《"十四五"智能制造发展规划》，提出了我国智能制造"两步走"战略：到2025年，规模以上制造业企业大部分实现数字化网络化，重点行业骨干企业初步应用智能化；到2035年，规模以上制造业企业全面普及数字化网络化，重点行业骨干企业基本实现智能化。因此，"智能制造"既是我国未来高端制造业的必然发展趋势，也将成为全球关注和竞争的焦点。

1.5　数据驱动的材料智能制造研发模式的变革与机遇

20世纪80年代中期开始，国际上兴起综合利用计算机、人工智能、数据库和先进控制技术，研发将材料组织性能设计、零部件设计、制备与成形加工过程的实时在线监测和反馈控制融为一体的材料智能化成形加工技术[12-14]，其目标是以一体化设计与智能化过程控制方法取代传统材料制备与加工过程中的"试错法"设计与工艺控制方法，实现材料组织性能的精确设计与制备与加工过程的精确控制，获得最佳的材料组织性能与成形加工质量。以1985年美国国防部最初提出的大直径砷化镓单晶智能化制备、快速凝固钛粉和钛铝合金粉热等静压智能化成形、碳纤维增强碳复合材料智能化制备以及钛基复合材料研发等几个智能化成形加工项目为代表[13]，材料智能化成形加工技术受到学术界和企业界的极大重视，被认为是21世纪前期材料制备与成形加工新技术中最富发展潜力的前沿研究方向。美国和欧洲等先进工业国家和地区长期坚持"应用基础研究-关键技术开发创新-工程应用"全链条创新研究，在先进金属材料/构件等高端制造领域逐步形成了显著的技术优势和产业垄断。为了保持其领先优势，世界主要先进工业国家正在开展高端构件的数字化、智能化加工制造技术的研究，从传统的"经验+试错法"研发模式向"数字化仿真+智能控制"研发模式转变，基于数字化和信息化的数值模拟和虚拟制造技术得到越来越多的应用。

近10年来，以材料高效计算、高通量实验和大数据技术为特征的材料基因工程关键技术的应用，将材料传统顺序迭代的试错法研发模式变革成全过程关联并行的新模式，全面加速了材料发现、开发、生产、应用等全过程的进程，促进了新材料的研发和工程化应用[15]。材料基因工程的模式可大致分为实验驱动、计算驱动和数据驱动三种[16]。其中，数据驱动模式提出了一种新的材料创新范式，即所谓的材料研发第四范式[17]，它以数据为基础，借助材料信息学方法建立模型，即利用人工智能方法（如机器学习）解析多参数间复杂的关联关系，它的运用可能产生颠覆性的效果。新模式将大幅度提升材料的研发效率和工程化应用水平，推动新材料快速发展[18]。

数据驱动模式也为发展材料制造加工全过程综合优化、智能调控新原理和新方法提供了重要机遇。数字化是智能化的前提和基础。快速发展的材料高效计算模拟、集成计算材料工程（ICME）等技术，提供了与材料制造过程相关的大量仿真数据。在材料制造过程中加入各种实时监测、智能感知技术，可提供工艺与质量大数据。随着以深度学习为代表的人工智能技术的革命性突破，通过数据融合和挖掘，使基于数据模型而非物理模型实现全过程数字化建模和实时仿真成为可能。在此基础上，与智能控制相结合，才能真正解决材料制造过程复杂多物理场耦合作用、时变扰动、内禀关系非线性、多变量和多目标优化等难题。

为了缩短与国外先进水平的差距，快速弥补短板，我国应该抓住机遇，集中力量研究探索"智能制造"国际大趋势下材料智能制造研发模式的变革，应用人工智能、大数据分析等前沿技术，发展数据驱动的、集"成分设计-工艺优化-过程控制"为一体的材料加工成形新原理和新方法，发展数据驱动的智能加工成形共性关键技术与工艺，抢占先机，引领我国高端新材料制造加工工艺和技术实现换道超车、跨越式发展。其重大意义主要体现在以下几个方面：

① 抓住难得的发展机遇，开展高端新材料智能制造研究，抢占学科发展前沿。在以人工智能技术广泛应用为重要标志的第四次工业革命的新形势下，"智能制造"是未来全球高端制造业的竞争焦点，也是我国先进制造业的必然发展趋势。目前，国际上在基于智能控制的材料加工成形的研究与应用方面仍处于起步阶段，抓住难得的发展机遇，开展高端新材料智能制造相关研究，对于促进学科发展，抢占学科国际发展前沿，具有重要意义。

② 应用集成计算材料工程、大数据分析、人工智能等前沿技术，发展高效研发模式，提升原始创新能力。传统的基于经验、实验和数值模拟的"试错法"研究模式难以解决材料加工成形过程中组织、缺陷和性能的跨尺度关联复杂性和交互作用问题，组织和缺陷形成与演化的时变复杂性问题。综合应用集成计算材料工程、大数据分析、人工智能等前沿技术，发展高效研发模式，提升原始创新能力，是突破高端新材料制造技术瓶颈的关键。

③ 突破材料智能制造关键技术，建立对材料及其构件加工成形过程进行综合优化、精确控制的新原理和新方法，为实现高质量制造提供支撑。关键构件的复杂化与轻量化、高性能化与高质量化、生产的高效化与低成本化等重大需求，对材料成分-工艺-性能的综合优化设计、组织性能与形状尺寸的精确控制提出了越来越高的要求。要突破关键技术，建立对材料及其关键构件加工成形过程进行综合优化、精确控制的新原理和新方法，以解决加工过程影响因素多，存在复杂的多物理场耦合与多目标参数交互作用，组织结构与缺陷演化贯穿全过程等瓶颈难题，为实现高质量制造提供技术支撑，满足国家重大需求，支撑材料产业升级换代，实现材料制造加工的换道超车、跨越式发展。

④ 促进材料加工-虚拟制造-人工智能学科交叉，发展材料加工全过程数字建模与智能调控理论与方法，引领材料加工工程学科的发展。与机械制造、能源动力、交通运输等工业部门相比，在以金属构件热加工等为代表的传统材料加工制造领域，人工智能技术的研究和应用都存在显著的差距。通过加强材料加工-虚拟制造-人工智能学科交叉，发展材料加工全过程数字建模与智能调控理论与方法，引领材料加工工程学科的发展，对促进高端新材料及其关键构件智能制造的研究和应用，解决高端关键材料的国家急需问题具有重要意义。

1.6　本书的主要内容

合金设计目标参量复杂、材料制造加工工艺烦琐、过程精确控制难度大等原因，导致材料工程领域成分设计、工艺优化和过程精确控制智能化基础理论和关键工艺技术的研究开发显著落后于其他制造业，其迫切需要向智能化、数字化、精准化和低消耗的方向发展。本书针对高端新材料的国家重大需求，以及因制造技术落后使得我国关键领域新材料的研发与产业化受制于人的现状，旨在将材料制造技术与信息技术相结合，以明晰高端新材料智能制造技术范畴、发展现状与趋势、存在的问题、建议的发展方向为主线，从智能制造关键技术、核心工业基础软件、关键智能装备、智能制造应用案例四个方面，重点研究先进铝合金、镁合金、钛合金、高温合金等的智能热制造技术（铸造、锻造、3D打印）；面向制造过程的数字孪生与信息物理系统，材料制造加工过程的智能感知与在线监控，高端材料加工智能化装备与智能控制，材料制造加工共性基础工业软件和工业互联网关键技术，智能产线与智能工厂等，对高端新材料智能制造技术领域提出切实可行的政策措施建议。

参考文献

[1] 李元元. 新形势下我国新材料发展的机遇与挑战 [J]. 中国军转民. 2022, (1): 22-23.

[2] 谢曼, 干勇, 王慧. 面向2035的新材料强国战略研究 [J]. 中国工程科学, 2020, 22(5): 1-9.

[3] 刘大响. 一代新材料, 一代新型发动机：航空发动机的发展趋势及其对材料的需求 [J]. 材料工程, 2017, 45(10): 1-5.

[4] 刘巧沐, 黄顺洲, 刘佳, 等. 高温材料研究进展及其在航空发动机上的应用 [J]. 燃气涡轮试验与研究, 2014, 27(4): 51-56.

[5] 郭东明. 高性能精密制造 [J]. 中国机械工程, 2018, 29(7): 757-765.

[6] 李培杰, 谢禹睿. 颠覆传统汽车制造模式的变革发展 [J]. 中国工业和信息化, 2020, (10): 48-54.

[7] 王华明. 高性能大型金属构件激光增材制造：若干材料基础问题 [J]. 航空学报, 2014, 35(10): 2690-2698.

[8] 谢建新. 材料加工技术的发展现状与展望 [J]. 机械工程学报, 2003, 39(9): 29-34.

[9] 潘健生, 王婧, 顾剑锋. 我国高性能化智能制造发展战略研究 [J]. 金属热处理, 2015, 40(1): 1-6.

[10] 新一代人工智能发展规划 [EB/OL]. http://www.gov.cn/zhengce/content/2017-07/ content_5211996. htm.

[11] 中国制造2025[EB/OL]. http: //www. gov. cn/zhengce/content/2015-05/19/ content_9784. htm.

[12] Wadley H N G , Vancheeswaran R. The intelligent processing of materials: An overview and case study[J]. JOM, 1998, 50(1): 19-30.

[13] Wadley H N G, Eckhart W E. The intelligent processing of materials for design and manufacturing[J]. JOM, 1989, 41(10): 10-16.

[14] Parrish P A, Barker W G. The basics of the intelligent processing of materials[J]. JOM, 1990, 42(7): 14-16.

[15] 宿彦京, 付华栋, 白洋, 等. 中国材料基因工程研究进展 [J]. 金属学报, 2020, 56(10): 1313-1323.

[16] Wang H, Xiang X D, Zhang L. On the data-driven materials innovation infrastructure[J]. Engineering, 2020, 6(6): 609-611.

[17] Agrawal A, Choudhary A. Perspective: Materials informatics and big data: Realization of the "fourth paradigm" of science in materials science[J]. APL Mater., 2016, 4(5): 053208.

[18] 谢建新, 宿彦京, 薛德祯, 等. 机器学习在材料研发中的应用 [J]. 金属学报, 2021, 57(11): 1343-1361.

高端新材料智能制造与应用

Intelligent Manufacturing and
Applications of
Advanced Materials

第2章　高端新材料智能制造共性关键技术

　　金属材料的高性能化、构件的复杂化与轻量化、生产的高效化与低成本化等重大需求，对工艺的优化设计、制造过程的精确控制提出了越来越高的要求。深入研究、发展智能化设计与成形制造基础理论与关键工艺技术，是促进材料成形学科前沿发展，满足上述重大需求，加速高性能金属材料成形的研究与应用、提升创新水平的重要途径，也是金属材料制造的重要发展方向。高端新材料智能制造共性关键技术包含以下五个重要内容：面向工程应用的基础数据库与数据库技术，高端新材料成形智能设计技术，高端新材料成形过程在线检测与智能感知技术，高端新材料智能成形过程预测与控制技术，高端新材料智能成形系统。

2.1　概述

为应对新一轮工业革命,争夺国际制造业话语权,美国将重振制造业作为近年最优先发展的战略目标。2010年,美国政府正式启动"再工业化",瞄准新一轮产业结构升级所带来的机遇,在新能源、信息、生物、航天、新材料、3D打印等高端制造业、新兴产业领域大力推进新一轮技术创新和新一轮工业革命。2011年6月,美国正式启动"先进制造业伙伴关系"计划,其中包括以加速先进材料研发与应用为目标的"材料基因组计划"。作为全球传统工业强国,德国在2013年提出了"工业4.0"的战略目标,旨在促进制造业向智能化转变,推进以智能制造为主导的第四次工业革命。

在全球产业格局正在发生重大变革的形势下,我国制造业面临严峻挑战。"大而不强"是我国制造业的总体现状,低端产品产能严重过剩,高端产品与发达国家差距显著。以金属材料制造业为例,我国的钢铁材料、主要有色金属材料产量连续十几年雄踞全球第一,总产量占世界产量的40%～50%,然而高端制造用关键金属材料的完全自给率只有20%左右,50%左右仍依赖进口,还有30%左右基本为空白(需全部进口)。为实现制造业强国战略目标,2015年我国提出了《中国制造2025》战略,明确了九大战略任务、十大重点领域,计划实施五大重点工程。

铸造、锻压、增材制造、轧制、焊接与热处理是金属材料加工成形的传统基础工艺,在机械制造、航空航天、交通运输、能源、武器装备等领域发挥了巨大的作用。但目标参量复杂、材料加工成形工艺烦琐、过程精确控制难度大等原因,导致材料成形领域工艺优化和过程精确控制智能化基础理论和关键工艺技术的研究开发显著落后于其他制造业,迫切需要向智能化、数字化、精准化和低消耗的方向发展,缩短研发周期,降低生产成本,以满足《中国制造2025》战略的要求。

作为一类先进的材料加工技术,材料智能成形技术综合应用人工智能、数字孪生和信息处理技术,以一体化设计与智能化过程控制方法取代传统材料成形过程中的"试错法"设计与工艺控制方法,实现材料组织性能的精确设计与制备加工过程的精确控制,最终获得最佳的材料组织性能与成形加工质量。

材料智能成形技术包含以下三个重要内容:

① 应用先进数据库、集成计算和人工智能等技术,按照使用要求设计出切实可行的制备加工工艺,从而实现性能设计与制备加工工艺设计的一体化;

② 在材料设计、制备、成形加工、处理全过程中,对材料的组织性能和形状尺寸

实行精确控制，建立精确的定量过程模型，使用先进的传感器技术，通过对材料加工工艺参数、材料组织和性能进行在线闭环控制，实现精确制造；

③ 建立材料成形过程数字孪生系统，实现智能成形全过程各环节的虚实交互、协同控制与发展。

目前正在应用或具有潜在应用前景的材料智能成形技术包括但不限于：铸造、锻造、增材制造、焊接、热处理、半固态成形、热处理、粉末注射成形等。

未来，人工智能与材料制造的深度融合，特别是工业大数据与深度学习的碰撞，会进一步加速高端材料智能成形技术的发展。基础数据库与数据库技术、材料成形智能设计技术、材料成形过程智能感知技术、材料智能成形过程预测与控制技术等将获得高速发展。这些需要更多的投入，最终将构建出全生命周期、全流程、多尺度高端新材料智能成形系统。

2.2　面向工程应用的基础数据库与数据库技术

2.2.1　技术内涵

面向工程应用的材料基础数据库重点包含材料综合性能数据、制造工艺数据、高级 CAE（computer aided enginneering，计算机辅助工程）仿真所需数据、标准数据以及材料供应商信息。按照统一的数据格式将不同来源的数据储存至永久化内存或云端。根据权威的分类体系、明确的分类依据，分门别类地将数据进行划分。建立完善的评价机制，严格把关数据的质量，将错误的数据拒之门外，为机器学习研究减少"噪声"影响。用标准化的数据接口进行不同数据库之间的数据交换，以便于材料科研工作者使用和拓展。同时，提供近似替代材料与工艺的智能搜索功能，通过已知的化学成分信息迅速匹配相似的材料牌号、材料工艺和材料综合性能，以及进行材料数据对比，为面向工程应用的材料筛选提供支撑。

材料数据库技术主要包括：材料数据的自动获取技术、多源异构数据存储技术、材料数据云基础设施、材料数据交换技术等。

① 材料数据的自动获取技术　获取的数据包括但不限于科技文献数据、材料计算数据、实验测量数据和工业生产数据。对于科技文献数据，通过自然语言处理和文本挖掘技术，可自动从文献中提取化学成分、工艺路线及性能信息。对于计算和实验测量数据，因材料类别、结构和性能、制备加工流程、空间尺寸、时间尺度及仿真工具等有维

度差异，各计算模拟和实验阶段的数据特点与形式不同。因此，材料计算数据的自动获取，需要定制不同计算模型和软件的数据解析程序，形成面向不同计算方法的数据自动转换，实现不同计算任务的数据自动解析与存储；实验室级别的实验测量数据的自动获取，可借助 LIMS 等各类实验室管理软件、E-Notebook（电子实验记录本）等电子化和信息化手段，将零散的实验数据按照实验设计进行管理和转换。工业生产数据主要是由生产线上大量传感器、测试器收集的实时数据。

② 多源异构数据存储技术　材料数据往往具有多个来源，且不同来源的数据在数据类型、数据关系以及数据质量方面有较大的差异，由结构化数据、非结构化数据以及时序数据混杂而成，同时包含大量的未标注数据、数据稀疏区域和领域知识。多源异构数据存储技术的目标就在于实现不同结构的数据之间的数据信息资源、硬件设备资源和人力资源的合并和共享。材料数据库建设的过程，是对材料科学问题的抽象过程，这一抽象过程通常要经历两个步骤，即从现实世界到信息世界的抽象过程以及从信息世界到机器世界的抽象过程。第一个步骤由材料科学家和数据库工程师协作完成，材料科学家通过认知抽象形成能够描述材料实体、属性和联系的概念模型，数据库工程师通过对概念模型的范式化和约束处理，最终形成信息世界的逻辑模型。第二个步骤由数据库工程师借助数据库管理系统（database management system，DBMS）将逻辑模型转化为软件支持的物理模型，如 MySQL、Oracle、PostgreSQL 和 MongoDB 等。

③ 材料数据云基础设施　云计算是利用互联网实现随时随地、按需、便捷地访问共享资源池（如计算设施、存储设备、应用程序等）的计算模式，具有按需自助服务、广泛的网络访问、共享的资源池、快速弹性能力和可度量的服务等特点。云计算根据服务模式可分为基础结构即服务（IaaS）、平台即服务（PaaS）和软件即服务（SaaS），按照部署方式可分为私有云、社区云、公有云和混合云。

④ 材料数据交换技术　材料关系到国家国防建设、工业生产等许多重要方面。材料数据具有与生俱来的敏感性，同时由于数据生产者的自我保护意识，材料数据的开放和共享面临诸多挑战，形成了以个人或机构为界限的"数据孤岛"，难以快速实现规模化的集成与融合，亟待形成完善的数据出版和交易系统与生态。在数据出版过程中，可利用数字对象唯一标识符（digital object identifier，DOI）系统永久标识数据的知识产权，保证数据流通过程的可标识和可引用。目前 HTEM、MDF、NOMAD CoE 和 Citrine Informatics 等已经应用 DOI 系统对上传的数据进行了标识。在数据交换阶段，统一的应用程序接口（application programming interface，API）决定了材料数据的可访问和可互操作。OPTIMADE 国际联盟提出了材料数据库访问与交换的通用规范 OPTIMADE v1.0，

OPTIMADE定义了使用URL查询的RESTful API，查询响应遵循JSON:API规范。在数据交易阶段，可利用区块链技术对数据流通和交易过程进行记录，保证数据的可确权和可溯源，形成集材料数据版权链和交易链于一体的数据生态。

2.2.2　国内外发展现状

2.2.2.1　国外发展现状

（1）材料工程应用数据库

以欧美为代表的发达国家自20世纪90年代开始发展材料工程应用数据库，例如欧洲的Total Materia[1]、Matmatch[2]和美国的MatWeb[3]数据库。

① Total Materia材料性能数据库　Total Materia材料性能数据库由瑞士Key to Metals公司自1999年起出版发行，是目前全球最全面的材料性能数据库，包含来自全球超过74个国家和组织的约35万种金属材料和10万种非金属材料的信息。数据库包含约2000万条详细性能数据和约23.3万张图表，涉及金属材料的化学成分、力学性能、物理性能、热处理、金相组织图、应力-应变曲线、成形性能、疲劳数据、断裂力学、蠕变、腐蚀、镀层和近似材料等相关信息，以及非金属材料的力学性能、物理性能、制造工艺、近似材料和高级CAE仿真所需的应力-应变、疲劳、蠕变等相关信息。

Total Metals是Total Materia数据库的核心和入口，提供化学成分、力学性能、物理性能、切削加工性能、金相组织图、热处理曲线等信号和材料的对比分析功能，以及材料快速搜索（按照材料牌号查找材料）、高级搜索（按照材料类别、化学成分、力学性能、物理性能查找材料）和全球最大的近似替代材料对照表、可替代材料的智能搜索功能。通过已知的化学成分数据，可在全球约450000个材料牌号中迅速给出匹配的材料牌号和详细的材料性能。此外，Total Materia具有供应商查询功能，通过与Total Metals无缝结合，可快速链接到材料供应商。

② Matmatch材料研究平台　Matmatch成立于2017年9月20日，是提供材料综合性能和供应商信息的在线材料研究平台，已成功入驻了许多世界知名的材料供应商，如Plansee、thyssenkrupp、GoodFellow、SCHOTT和Hydro公司等。平台涵盖了化学、物理、生物等各领域的材料信息，涉及金属、聚合物、复合材料、生物材料、玻璃材料和陶瓷材料等类别。包含3万多种材料的信息，涉及声学性质、化学成分、电学性质、磁学性质、力学性质、光学性质和热力学性质，数据通过材料专家人工验证，数据质量和可信度较高。Matmatch平台提供了材料信息检索功能，用户可根据材料名称、应用行

业、材料性质、类别、形状和尺寸等条件搜索材料。同时，Matmatch平台提供了供应商查询功能，可建立买家与供应商的直接联系，填补了材料买家和供应商之间的知识鸿沟。

③ MatWeb数据库　MatWeb创建于1996年，是提供在线材料性能数据的资源平台。平台包含62000多种材料的数据，总数据记录数达98000项，其中90%的数据源于制造商实验测试，10%的数据源于专业手册或专业协会。平台主要包含ABS树脂聚合物、缩醛树脂、铝合金、复合材料、铜合金、纯元素、聚酰胺、聚碳酸酯、聚酯、钢、钛合金等11大类材料的性能数据，材料性能涉及物理性能、化学性能、力学性能、电气性能、热性能、光学性能等。MatWeb提供了基于数值、类别和内容的三大检索模式，用户可通过关键词或短语、材料类型和类别、属性、材料成分、牌号和制造商等信息进行检索，检索结果包含材料的类别、性质、CAS（化学文摘服务）编号和供应商等信息。数据库提供了数据可视化以及对比浏览等功能，可以帮助用户快速获取关键信息。

（2）材料文献数据自动抽取技术

美国和欧洲在材料科技文献数据自动抽取技术研发方面起步较早，借助化学信息学的发展，主要是对化合物和有机物的基础性质和合成工艺过程的抽取[4-6]，在金属结构材料领域的应用刚刚起步。自然语言处理的发展过程从广义的角度上大致分为三个阶段：从基于字典的方法发展到基于启发式规则的方法，再发展到基于机器学习的方法。图2-1所示为材料科技文献自然语言处理流程[7]，第一步是文本语料获取；第二步是文本预处理与分词[8-9]；第三步是文本分隔与段落分类，筛选出文档中包含目标信息的有效段落和句子；第四步是命名实体识别，将分词得到的词语识别为特定的信息类别；第五步是对上一步得到的实体进行关系抽取与实体链接。

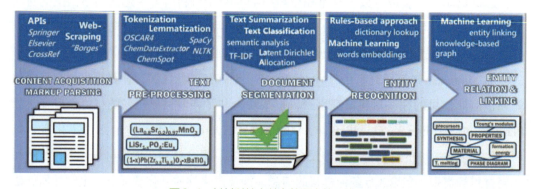

图2-1　材料科技文献自然语言处理流程

在铝合金领域，美国研究人员[10]利用基于规则的方法，对Cross Reference API提供的Elsevier、Emerald、IOP等77个出版商的约360万篇文章，以及谷歌专利公开数据集提供的超过9000万份美国专利进行查询筛选和文本预处理，构造源于期刊、表格、专利的成分数据集和来自表格的性能数据集（见表2-1）。该研究提出基于铝合金领域规则的方法抽取成分和性能数据，最终获得了14884条锻造铝合金成分数据，以及1278条铝合金力学性能数据。

表2-1　铝合金成分、性能数据集数量分布

项目	成分数据集	性能数据集
文章数据库	5172	—
表数据库	2882	349
专利数据库	310	—

（3）材料多源异构数据存储技术

在材料科学数据库领域，为满足数据模式灵活定义和可扩展的需求，许多数据库系统逐步采用无模式存储的方式进行材料数据管理，例如Materials Project[11]利用MongoDB数据库系统进行数据存储。随着用户自定义数据描述方式需求的不断增加，基于NoSQL系统的模板化数据存储系统正在成为多数据资源与应用开放互联和无缝共享的基础。例如美国的Materials Data Curation System[12]，通过提供可重用的数据类型进行数据模板的自定义，满足不同工程应用、团体、机构和个人的个性化数据表达需求，实现材料数据模板的事后定义和标准化存储。目前，面向工程应用的材料数据库仍以关系数据库为主要形式。

（4）材料数据云基础设施

在材料科学数据库领域，Materials Cloud利用IaaS实现了虚拟机、容器与块存储等资源的分配与配置[13]。为方便不同应用程序进行集成与共享，材料数据基础设施可利用PaaS提供应用程序部署与管理服务，如容器云平台，保证了材料应用程序的标准化交付、应用微服务化、弹性扩缩和跨平台。SaaS部署在PaaS和IaaS平台之上，用户可以在PaaS平台上开发并部署SaaS服务。Materials Cloud利用PaaS实现了基于Jupyter Notebooks的在线集成开发环境，并支撑材料计算科学工具的部署与应用。

（5）材料数据交换技术

在数据应用阶段，对所用材料数据资源进行规范引用，维护数据知识产权，可进一步鼓励和促进材料数据的交换和共享。国际上，APA、Chicago、MLA及Oxford制定了通用数据引用格式，致力于提高数据的可识别度，使之成为合法的、可引用的学术记录资源[14]。另外，AFLOW、Materials Cloud、Materials Project、NOMAD、Open Materials

Database和OQMD等国际主流材料数据库均已实现OPTIMADE国际联盟提出的材料数据库访问与交换的OPTIMADE v1.0协议，不同数据库的内容可被查询请求统一访问，实现了跨平台的数据交换。

2.2.2.2 国内发展现状

（1）材料工程应用数据库

我国从20世纪80年代开始，由科研院所和企业自主建立了不同规模且分散独立的材料工程应用数据库，数据库的商业化程度随着互联网的兴起得到了极大的提升，从早期存储规模小、用户局限性大、服务对象窄的离线数据库，逐渐转变为在线和共享数据平台。例如钢研·新材道[15]、材易通[16]和寻材问料[17]等在线数据库服务平台，为多领域材料用户提供研、产、检、造、用全产业链服务，并提供了数据挖掘、可视化、在线分析和在线计算等人工智能技术，更好地服务于材料设计和工程应用。

① MatAi（材易通） MatAi成立于2015年，是以材料数据智能管理系统为基础，构建的从材料研发到应用的材料全生命周期数据中心。数据中心集成计算数据、实验数据、工艺数据、产品数据等材料数据，采用材料信息学与大数据技术，实现材料全生命周期数据管理，提高数据质量与应用价值。材料数据智能管理系统面向不同的行业应用场景，将材料数据设计成多种组合展示方式，聚焦关键数据，同时具有灵活配置的数据管理机制，支持数据的集中管控和迭代管理，提供数百种材料专业数据组织规范以及智能数据管理技术。同时可对海量的历史数据、设备数据、计算数据进行整合，支持用户设计模板实现智能导入，覆盖材料科学与工程数据类型的管理与可视化，包含复杂数据（工艺曲线、性能曲线、三维晶体结构）展示、图片查看、视频存储和文档预览等功能。材料数据智能管理系统提供数据检索、数据导出、可视化分析、数据迁移与数据分享等功能。此外，通过材料数据的智能分析、材料数据的机器学习、材料数据的采集、材料数据的集成计算、文档中材料数据的提取、材料实验室的智能管理等功能，形成材料工程科技领域设计、学习和研究的知识工具，为用户提供了全面、便捷、智能、多维度的一站式材料工程科技领域知识服务。

② 钢研·新材道 钢研·新材道是由中国钢研建设的材料云平台，面向钢铁行业提供数据服务。平台建有全球钢材牌号数据库、钢铁企业产品数据库、全球焊材标准及产品数据库，覆盖20余个国家/公共标准体系、30余家钢铁企业产品体系和18家焊材企业产品体系，涉及10万余个钢铁材料牌号，1万余个焊材牌号，总数据量超过3000万条。"钢研·新材道"作为公有云，为行业提供钢铁材料、焊接材料、有色金属材料的标准、牌号数据查询和智能匹配，研发检测数据关联共享，钢铁产品质量分级、升级，

云检测、云制备和云定制等服务。平台利用模式识别大数据分析技术为用户提供数据的智能匹配服务，实现各个标准体系之间材料牌号的智能匹配和自动对照，为全球各区域的材料标准的互联互通提供技术通道。平台提供研发检测数据关联共享服务，实现企业研发数据上传、存储的管理功能，同时利用钢材大数据标记和匹配技术和建立的钢材研发数据关联共享协议，在明确数据归属权的条件下，实现研发数据的部门级、企业级、行业级和产业链级共享。

③ 寻材问料　寻材问料是一站式材料供应链服务平台，平台用户总量已突破500万，是新材料行业用户规模最大的专业服务平台。平台拥有50万种材料数据、80万条材料供应商数据、10万条材料详细物性数据、20万条制造企业资源、10万条采购/设计师资源和1万条优质代理商资源，实现用户供需信息精准高效匹配。平台结合大数据技术，提供材料数据查询、设计选材等服务。寻材问料以平台作为信息枢纽，帮助材料企业代理销售，实现多方共赢。该平台还提供服务社区，构建新材料全产业链的无缝交流互动平台，连接材料相关产业人员。创建创新材料馆，实现线上材料电子图书馆与线下实体材料馆相结合，建立多种创新材料、可持续发展材料及其应用的图书馆，提供多个行业的材料选择问题及解决方案的咨询服务，定期开展设计师开放活动和沙龙，为企业和用户提供交流的平台。

④ 中国汽车材料数据系统（CAMDS）　CAMDS是为实施汽车产品禁限用物资管控，提高汽车产品回收利用率而专门开发的材料数据申报与管理平台。CAMDS的基础数据库包括竞标材料库、材料供应商、法规标准库、高级曲线库、材料数据库，其中参数字段220种，绿卡材料500种，性能曲线36826条，材料牌号15032个，提供参数、曲线、化学成分数据模板化批量导入，轻量化、防腐、环保等案例数据管理和分析，集成算法和模型等服务，实现系统数据智能化推荐。系统同时支持快速选材、高级选材、对比选材、CAE导出等服务。

CAMDS帮助汽车行业对汽车零部件供应链中的各个环节和各级产品进行信息化管理。借助该系统，零部件供应商可完成对整车生产企业需要的零部件产品的填报与提交，阐明零部件的基本物质与材料的使用情况，并对所填报产品进行统一的分类管理。在此数据的基础上，整车企业能够在产品的设计、制造、生产、销售和报废回收等各个阶段完成对车辆产品中禁用/限用物质使用情况的跟踪与分析。CAMDS为我国汽车行业提供了能够在整个供应链中跟踪零部件产品化学组成成分的解决方案，全面提高了我国汽车产品及零部件的报废回收水平。

（2）材料文献数据自动抽取技术

我国材料文献数据自动抽取技术起步较晚，尚处于起步探索阶段，但在国际上率先突破了金属结构材料的文献数据自动抽取技术，在高温合金领域实现应用。北京科技大学研究人员[18]研发出高温合金文献数据自动挖掘流水线（SuperalloyDigger），可以自动抽取高温合金成分和性能数据，实现了数据驱动的高温合金成分设计（图2-2）。该流水线具有优异的泛化能力，在高熵合金等金属结构材料数据抽取任务中成功应用。该流水线给出了适用于小样本科技文献语料限制的材料命名实体识别方法和启发式多关系抽取算法，突破了模型训练时语料有限的局限，同时实现了准确率和召回率的大幅提高。在3个小时内，该流水线从14425篇高温合金文献的文本和表格中自动抽取出2531条同时含有文献DOI、合金名称、化学元素、元素含量、合金性能名称和性能值等信息的结构化数据，合金性能涵盖了γ'相溶解温度、密度、固相线和液相线温度。高温合金命名实体识别方法F1评分达92.07%，显著超过基于双向长短时记忆神经网络和条件随机场（BiLSTM-CRF）的机器学习模型（F1评分为55.54%）。启发式多关系抽取算法不需人工语料标记，在γ'相溶解温度的关系抽取中F1评分达79.37%，高于原始和改进后的"Snowball"算法（F1评分分别为33.21%和43.28%）[19]。

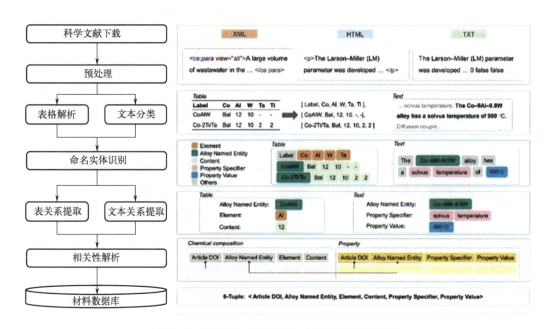

图2-2　高温合金文献数据自动挖掘流水线原理图

表格解析工具的F1评分达95.23%，可实现基于HTML和XML的文献表格数据的自动抽取。为验证自动抽取数据的有效性，研究人员基于抽取的2020年以前发表的文献数据，建立了γ'相溶解温度机器学习预测模型，以2.27%的相对误差成功预测出2020年以后报道的15个高温合金的γ'相溶解温度。利用该模型预测出γ'相溶解温度高于1250℃的钴基高温合金Co36Ni12Al2Ti1W4Ta4Cr、Co36Ni12Al2Ti1W4Ta6Cr和Co12Al4.5Ta35Ni2Ti，经过实验验证，γ′相溶解温度预测值和实验值的相对误差仅为0.81%。这证明了该文献数据自动挖掘流水线的有效性和抽取数据的准确性，为数据驱动的高温合金的设计与开发提供了数据资源。

（3）多源异构数据存储技术

我国自主研发了基于材料基因工程思想的数据库-应用软件一体化系统平台，实现了高通量计算/实验数据自动采集，复杂异构数据灵活存储，面向材料设计和研发的数据分析与利用。在材料数据存储技术方面，提出了动态容器的创新思想，研发出了包含字符串、文本、图像、容器等10余种数据控件，用户可根据需求自定义数据模板的材料数据库技术（MGEdata）[20]，实现了复杂异构材料数据的个性化描述和便捷、快速汇交，开发了材料数据库系统软件，解决了材料复杂异构数据的存储难题，并获得推广应用（图2-3）。

图2-3　基于材料基因工程思想的数据平台

（4）材料云基础设施

我国自主研发的基于材料基因工程思想的数据库-应用软件一体化系统平台MGEdata[21]利用IaaS实现了虚拟机、容器与块存储等资源的分配与配置。为方便不同应用程序进行集成与共享，材料数据基础设施可利用PaaS提供应用程序部署与管理服务，保证材料应用程序的标准化交付、应用微服务化、弹性扩缩和跨平台。

（5）材料数据交换技术

材料基因工程专用数据库MGEDATA应用DOI系统对上传的数据进行唯一标识，永久标识数据的知识产权，保证数据流通过程中数据产权的可标识和可引用。基于数据DOI系统和区块链技术，正在初步探索和建立材料数据引用与评价方法，实现数据产生、采集、存储、流通、引用、应用的全程记录和价值评估。

2.2.2.3　国内外对比分析

对于材料基础数据库及平台的规模和能力，我国在材料数据库软件开发、平台搭建和结构材料数据自动获取技术方面的水平与欧美国家相当。但是，由于我国材料数据的发展时间较短，在数据库的数量、数据量和全民积累数据与共享数据的理念上明显落后于欧美国家。表2-2展示了我国与欧美在数据规模、技术能力等方面的对比及分析。

表2-2　我国与美欧在数据规模、技术能力等方面的对比及分析

对比项	中国	美欧	分析
成熟、活跃的数据库及平台	钢研·新材道、材易通、寻材问料、中国汽车材料数据系统等	Total Materia、Matmatch、Mat-Web等	我国活跃的材料工程应用数据库及平台数量与欧美相当，但国际影响力和用户数量相对较少，尚未形成成熟的商业模式
数据规模	数据体量大，材料种类和性能覆盖面较窄，数据信息完整度较低	数据体量大，材料种类齐全，性能覆盖面广，数据信息完整度高	我国材料工程应用数据库及平台整体数据规模与欧美相当，但数据的质量、系统性和完整度相对较低，覆盖的工程应用领域较窄
数据服务工具	智能匹配、数据检索、数据导出、可视化、数据分析挖掘	智能匹配、数据检索、对比分析	我国材料工程应用数据库及平台提供的数据服务工具种类及功能与欧美相当，在数据分析挖掘和云原生数据应用产品方面，相对欧美发展更为迅速
数据自动获取工具	高温合金文献数据自动挖掘流水线（SuperalloyDigger）	铝合金文献数据自动抽取，以及化学信息抽取	我国在科技文献数据获取工具研发上起步较晚，但是在专业领域的数据抽取技术方面领先于欧美

2.2.3　问题与挑战

（1）存在的问题

① 面向工程应用的材料数据资源整合和数据体系尚待发展　经过多年发展，我国材料科技和产业领域已积累沉淀了大量数据，但数据生产、管理和赋值机制不健全，采集积累不完整，流通共享不畅通，分散重复、碎片化严重。由于材料数据库建设主体各异，数据库基础软件和数据关系模式不同，同时缺乏统一的材料数据体系架构和材料数据接口协议，使得异构数据资源整合时需要针对每一个材料数据库进行访问接口的定制化开发，且接口难以适应数据库结构的变化和更新，这严重阻碍了数据资源的聚集与交换。同时，缺乏高效、可持续的面向工程应用的材料数据开放与共享模式，使得材料数据无法安全流通并汇聚形成规模。

② 材料数据自动获取技术与软件发展相对滞后　材料种类庞杂，产生方式各异，产生数据的科学仪器、软件工具和文献的封闭的输出格式严重阻碍数据的存储、再利用和共享。由于缺乏系统的多尺度计算数据抽取脚本、与科学仪器相关的开放数据标准，以及材料领域文献数据自动抽取工具和软件，使得材料数据原始积累大多依靠人工方式进行，数据获取效率低、成本高，难以支撑数据的持续、高质量积累和便捷交换。

③ 材料数据标准规范、权益保障与激励机制尚显不足　材料数据库建设往往先于数据标准规范的建立，大多数材料数据库需要自行建立规范，进行特定的数据结构和完整性约束。目前，材料数据标准规范的建设工作仍远落后于材料数据库的发展和数据资源的积累速度，尚缺乏材料领域与计算机领域的多层级数据标准，难以兼顾数据库的差异性和数据交换的灵活性。同时，数据发布、引用和评价机制尚未健全，缺少材料数据全生命周期的溯源与管理体系，极大地阻碍了材料数据的规范化发布和规模化聚集。

（2）面临的挑战

① 如何通过顶层设计建立统一的材料工程应用数据资源体系　亟待建立统一规划设计的材料工程应用数据资源体系，以及具有权威性、可靠性、公益性和可持续发展的国家级材料数据基础设施体系，通过建设逻辑统一和物理分散的分布式材料数据资源节点，整合碎片化材料数据资源，破除专业或地域壁垒，形成规模化的材料数据资源优势。

② 如何通过机制建设和增强产业数据共享生态和商业模式　亟待加强材料数据积累意识、数据共享文化和政策引导，建立统一的数据标准规范、数据质量与安全保障机制、数据共享激励与权益保障机制、数据贡献的信用评级机制、数据知识产权保护机制、数据价值评估与交易机制，实现"产权不变动、数据不搬家"，形成促进材料数据体系发展的良好的政策、文化和商业生态。

③ 如何通过技术发展支撑数据价值挖掘　亟待形成对材料数据基础设施起支撑作用的计算机与材料学科的交叉技术与工具，加强跨学科交叉、跨材料类别协作、跨地域合作，利用云技术、区块链等先进的计算机与信息技术，发展材料人工智能技术和应用软件，支持多源异构数据的存储与交换、可定义数据的处理与分析、高维数据的可视化分析、材料大数据应用等软件的服务化，提升材料数据的利用效率和应用水平，挖掘材料数据的重要价值。

④ 如何通过产业融合推动数据应用的可持续发展　亟待加强材料数据与工业互联网的深入融合，以支撑基于材料数据的数字孪生技术；建立与第三方科学计算软件和工

业应用软件的无缝衔接，形成对全产业链数字化研发与智能制造的技术支持；构建可持续发展的商业模式与生态。

2.2.4　发展思路与方向

围绕材料研发、生产、认证、应用、服役全链条，进一步整合现有材料产业数据资源，开展面向材料研发和产业产品应用的数据自动抽取、实时采集、高效管理、智能检索与可视化、数据挖掘等大数据技术的研发，形成系统化的材料数据应用产品链，创新突破和持续输出材料数据、关键技术、软件和产品服务，形成面向工程应用的材料数据赋能生态。

（1）材料数据基础设施建设发展共性关键技术

针对材料数据多源、异构、复杂、动态的特点，数据中心主平台侧重发展面向材料数据人工智能应用需求的新一代材料数据库技术和软件，响应数据人工智能应用和AI-ready技术需求，发展材料多渠道分散采集、多时序离散存储、多维度统合关联的数据采集与存储技术。具体侧重发展材料科技文献数据自动抽取技术、计算数据自动采集接口、实验数据电子化采集客户端、产线或现场监测类数据自动采集接口与转换技术等。研发材料数据标识、数据质量审核、数据确权与隐私保护等技术，形成材料研发、生产、认证、应用、服役全链条数据的安全流通和有序交换。

发展基于区块链和隐私计算的数据出版与交易服务模式，实现数据的集中管理、整合共享、应用服务、质量评价、交易记账、产权溯源等业务的协同，实现分散数据库创建与接入、数据资源检索发现、机器学习流程自主设计、低代码在线分析挖掘、应用服务发布与社区生态发展等服务。

（2）面向数据驱动的材料研发和智能制造的数据挖掘应用共性关键技术

提炼材料大数据技术应用的共性问题，开发机器学习算法和应用程序，以支撑数据驱动的新材料研发应用和智能服务。针对新材料研发、材料理性设计、综合性能匹配、生产工艺优化、性能损伤预测等方面，研究材料机器学习、深度学习等人工智能模型和算法，研发材料数据机器学习自动流程算法和应用程序，开发定制软件。提炼多目标智能制造工艺优化设计等共性问题，开发智能设计-数字孪生-虚拟实验制造-数据智能迭代等核心软件，突破材料按需设计、理性设计、全过程综合优化和智能制造等颠覆性前沿技术。构筑服务于材料设计开发、工艺优化、生产制造、安全服役等的集合大数据生产、管理、整合、共享、分析挖掘、深度服务等的数据资源体系，为材料科技和产业信息化、数字化、智能化发展奠定基础。通过材料人工智能和大数据技术、平台技术的研发，大幅度提升材料多层次、跨尺度、全过程研发的效率，提高新材料研发、产业化和工程应用的水平。

2.3　高端新材料成形智能设计技术

2.3.1　实验数据驱动的材料成形智能设计

2.3.1.1　技术内涵

实验数据驱动的材料成形智能设计，基于材料科学中已有的数据集，构建特征性参量，通过数据挖掘、机器学习等技术识别数据集中的数据模式，提取数据中的规律和趋势，预测出候选材料，为材料的设计与逆向设计提供全新的策略和思路；对现存的可靠的数据进行挖掘和学习，认知先前不了解的性质之间的关系，发现定性和定量的规律，快速在大量的未知数据库中搜寻，建立可以更快速、成本更低地预测材料性质的替代模型，从而减少冗余且昂贵的实验，进而预测尚未发现的新材料的性能，从而对新材料进行快速预测。数据不仅仅是存储的堆积，而且是数据驱动的材料发现与优化关键技术的基础，通过对数据的分析来解决基于数据训练模型的材料科学问题和材料设计问题。

2.3.1.2　国内外发展现状

随着数据时代的到来，利用机器学习进行材料设计的成果大量涌现，以实验数据驱动的新材料研发模式正在成为材料行业研究者的共识。数据驱动的材料成形智能设计关键技术在材料科学研究上的应用优势明显，基于机器学习和人工智能技术，在材料性能按需设计以及材料成形智能设计方面取得了突破。

借助机器学习建立材料性能与材料特征参量之间的映射关系，利用这一映射关系预测未知材料性能，再对新材料的设计进行指导，是一类典型的数据驱动的材料成形智能设计策略。早在2009年，中南大学的学者就对基于数据驱动的材料成形智能设计进行了初步探索。Fang等[22]首次提出了一种基于最小二乘支持向量机（LSSVM）的Al-Zn-Mg-Cu系合金时效工艺参数-力学/电学性能预测模型，结果表明，与BP神经网络（back propagation network，BPN，反向传播神经网络）结合梯度下降训练算法相比，LSSVM模型具有更好的广义预测能力。Raccuglia等[23]采用机器学习中的决策树方法，从之前"不成功"的实验数据中学习规律，成功预测了新的金属有机氧化物材料，对比有经验的化学家的人工判断，机器预测结果的成功率以89%:78%胜出。Liu等[24]报道了通过高通量实验结果与机器学习模型间的迭代加速发现金属玻璃的工作。

利用优化算法、实验设计算法指导下一步实验，通过迭代反馈的方式快速优化模型，指导新材料开发，也是一类典型的数据驱动的材料成形智能设计策略。Xue等[25]提出了一种与实验紧密结合的自适应设计策略，通过优化算法推荐下一个实验或计算，有效地搜索复杂的未知空间来加速发现过程，这种策略开发了低热滞后NiTi基形状记忆合金。Liu等[26]提出了一种利用机器学习同时筛选优化多组元钴基高温合金多目标性能的设计策略，同时优化了7组元钴基高温合金的组织稳定性、γ′相溶解温度、γ′相体积分数、密度、热处理窗口、凝固区间，以及抗氧化性等7种性能，发现了具有优异的综合性能的高温合金。Wen等[27]提出了一种机器学习代理模型与实验设计算法相结合的材料设计策略，在高熵合金体系中，仅通过7次实验就制备出了硬度比原始训练数据集中的最佳值高10%的合金。

近年来，随着"材料基因组计划"的提出和深入实施，数据驱动的材料成形智能设计方法得到越来越多的关注，该方法在材料制备工艺优化领域也有了新的发展。2018年，美国西北大学学者Agrawal等[28]基于数据驱动的机器学习方法，以材料成分和工艺参数为输入，开发了一个预测钢材疲劳强度的线上模型。该模型由一个给定的钢合金的成分和加工信息为输入，流程如图2-4所示。作者利用日本国立材料研究所（NIMS）钢疲劳数据集的400多个实验观测数据建立了Process-Structure-Property-Performance（PSPP）关系（根据材料成分和工艺参数预测材料性能）的正向模型。数据驱动的特征选择技术也被用来寻找一个小的非冗余属性子集，并且识别出对疲劳强度影响最大的加工/成分参数，以指导未来的设计工作。

北京科技大学Deng等[29]将数据驱动的机器学习方法应用于粉末冶金材料烧结密度

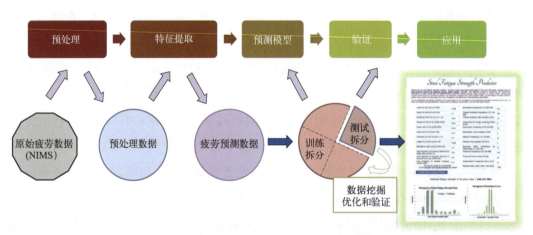

图2-4　数据挖掘流程图

预测，并用建立的机器学习模型指导粉末冶金过程工艺参数的选择。作者以物理化学特征描述合金化学成分，加上工艺参数和原料性质构建了描述符集合，作为模型的输入。数据来源于实验和文献。机器学习算法选择了具有较高的相关系数和较低的误差的多层感知器（MLP）模型。MLP模型预测的烧结密度与实验数据吻合度较好，误差小于0.028，证实了该模型在粉末冶金材料设计中的应用能力。然后将得到的MLP模型应用于Cu9Al粉末冶金，指导工艺参数的选择，以达到预期的相对烧结密度0.88。以模型预测的参数用粉末冶金法制备了Cu-9Al合金，得到的相对烧结密度为0.885（图2-5）。

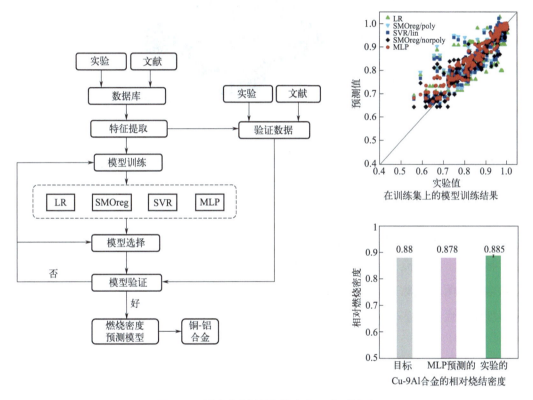

图2-5　粉末冶金材料烧结密度预测工作框架

Chheda等[30]用数据驱动的方法预测了铝合金成形极限图。测量成形极限图（FLD）是一个耗时且昂贵的过程，数据驱动和人工智能方法已被用来帮助寻找合金成分和制造工艺条件与材料力学性能之间的关系，因此作者认为机器学习（ML）方法是一种预测铝合金FLD的很有前途的方法。作者开发了一个基于ML的工具，以建立合金成分/热机械加工路径与材料FLD之间的关系。测量了各种5×××和6×××铝合金的FLD，以及它们的化学成分和热加工参数（如均匀化、热轧和冷轧参数等），及其各自的力学性能，并构建了数据库。在此数据库上训练了ML模型，训练后的ML模型成功地预测了R2值大于0.93的FLD（图2-6）。

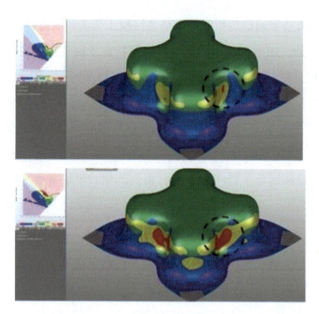

图2-6　6×××铝合金的成形极限图

2020年，西安交通大学Chen等[31]提出了一种多目标性能优化策略，如图2-7所示，该策略可用于工艺参数的快速优化。在开发新材料的过程中，常需要同时优化两种或两种以上的目标性能，然而，化学成分和工艺参数的组合的可能性太多，不适合采用传统试错法。作者提出一个机器学习辅助策略，通过迭代方式推荐下一个实验，以加速完成多目标优化。为了提高铸态ZE62（Mg-6%Zn-2%RE）镁合金的强度和塑性，作者优化了该合金的两步时效工艺参数，验证了该策略的有效性。通过四次新的连续实验，合金的强度和塑性分别提高了27%和13.5%。

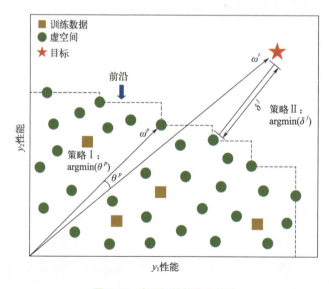

图2-7　多目标性能优化策略

2.3.1.3　发展思路与方向

（1）问题与挑战

① 数据样本量分布不平衡　使用实验数据驱动来进行成形设计仍然面临着一些挑战。目前，材料领域在样本信息分析以及材料知识挖掘阶段，不可避免地会获取较多结合了不平衡性和高维度的样本数据，这导致样本空间内部结构复杂，且需要大量数据对高维样本空间进行分析。但实际上，由于工艺、服役状态等原因，无法获得较多的数据，例如合金的蠕变性能和疲劳性能等。在这种情况下，由于训练样本过少，为了能够对样本数据进行划分，将不可避免地形成过于具体的划分规则，而这也将导致模型产生过拟合现象。如何更好地训练模型，使之适用于解决样本量不充足情况下的不平衡问题，是一个比较新的研究方向，需要研究者更多地关注。

② 缺乏材料领域知识融合　常规的数据驱动的材料成形智能设计旨在通过数据挖掘、机器学习等手段的综合运用，实现材料研发成本的降低与周期的缩短，在诸多新型高性能金属材料的研发中取得了显著的成效。然而，由于钢铁结构材料的成分工艺设计涉及大量对复杂耦合关系的分析，并受到诸多争议性机理的制约，基于数据驱动的材料成形智能设计进行钢铁材料设计一直是领域内的国际性热点与难点问题。目前，多数研究中使用的设计手段只是运用机器学习算法，在统计学层面上直接构建"成分/工艺-目标性能"之间的强关联，而忽视了传统材料设计思想中最为关注的显微组织特征等物理冶金学信息。这种设计方式不但极大地阻碍了对设计结果内在物理机制的理解，更导致设计方式存在对数据量的极大依赖，从而为模型的设计效率提升和普适性推广造成了极大的困难。

（2）发展思路与方向

① 建立集成学习策略　相较于计算数据，由实验室得到的参数数据最为真实可信，相比于工业大数据，实验数据具有很大的分布变化，可以被机器学习模型更好地捕捉到材料设计过程中所隐含的信息。针对实验数据量小、分布不平衡的问题，研究者可以通过建立集成学习模型，使用多种机器学习算法建立材料特征与材料性能的映射关系，并根据数据的性质自适应学习，得到准确的模型。通过模拟退火算法、贝叶斯优化算法、遗传算法、粒子群算法等优化算法优化材料性能，缩小目标性能材料的成分设计空间，减小模型对数据量的需求。

② 可解释性的机器学习算法和模型　深入理解材料数据机器学习模型的映射关系，研发材料数据因果关系挖掘技术，将会加快机器学习在材料知识挖掘和辅助材料机制理解方面的应用，推动材料本征机理研究和基础理论的发展，实现合金元素的选择设计、

替代设计和新合金的快速发现。

发展材料多目标协同优化算法，可促进机器学习技术与材料产业的融合，研发出综合性能优异的新材料，以满足工程需求。发展适合材料数据特点和应用需求，满足不同材料设计研发的普适机器学习算法，将会推动机器学习在材料领域的广泛应用，是材料数据机器学习领域的重点发展方向。

2.3.2　集成计算驱动成形智能设计

2.3.2.1　技术内涵

集成计算的概念和方法可追溯到20世纪90年代。美国将结构、流动和传热分析计算软件集成应用于发动机和零部件设计制造中，实现了多学科优化，减少了大量发动机和相关部件的测试，使发动机的研发周期从6年缩短到2年。集成计算集成了横跨原子、微观、介观到宏观等尺度的计算方法，包括第一性原理计算、分子动力学方法、相图计算、相场模拟、有限元方法等。

分子动力学方法可用于研究微观尺度的物理现象和元素交互作用机制；基于密度泛函理论的第一性原理计算可进一步研究材料在原子层次的电子和声子等的相互作用、晶体结构与各类缺陷及材料各类性质等；在微米与亚微米的介观尺度，相场模拟等方法可用于模拟材料的微观组织演化过程，动态揭示相变和晶粒生长机制；有限元方法是工程问题的主要数值模拟工具。

这些模型和计算工具是建立在对复杂物理现象及机理的深层理解的基础上的，可引导科技工作者对复杂物理现象、不同物理和化学过程之间的相互作用以及体系各类性质和服役行为等进行更深层的阐述，以此指导实验，并预测和设计新合金，发现新性能等。在金属材料研究领域，可以依赖强大的计算能力、复杂的模拟手段和先进的数值算法实现对材料工艺、组织结构与性能的预测，进而优化材料的加工过程，获得较佳的材料使役性能。

集成计算驱动成形智能设计作为一种新兴的设计模式（策略），通过跨尺度、多层次地将计算模拟、理论模型和实验工具结合起来，将传统的实验试错法的合金开发模式转变成事前预测模式，极大促进了新材料、新工艺的发展。作为材料基因组计划的重要组成之一，集成计算驱动成形智能设计在国内外已得到广泛支持和认可。工程上应用的材料一般是复杂的多元合金体系，其生产和服役温度跨度较大，外部环境千变万化。集成计算驱动成形智能设计有利于全流程的综合考虑、优化设计，从而极大地缩短了研发时间和减少了研发成本。

相较于机器学习黑箱模型，集成计算具有物理可解释性，计算方法有明确的数理方程，能够显式地指导材料成形智能设计。此外，目前集成计算所使用的计算软件具有通用的数据结构，有统一的计算标准，可以与别人的计算结果进行横向比较，可以多人协作完成模型的构建。

2.3.2.2　国内外发展现状

自从集成计算被提出以来，这一理念在航空航天、车辆工程等领域已取得了较大的进展，并验证了该方法的可行性和巨大潜力。例如，由麻省理工学院材料系的Olson教授和QuesTek公司[32]共同开发的Ferrium S53飞机起落架用齿轮钢，采用工艺-结构-性能集成框架来设计S53合金，如图2-8所示。

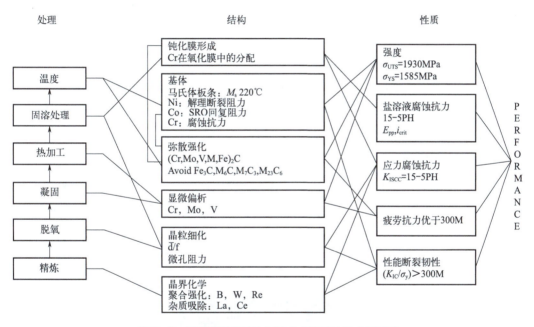

图2-8　超高强耐腐蚀的S53合金设计的集成框架图

这一设计中，强化S53合金的思路是应用M_2C析出相作为析出强化因子。为了获得最大的析出强化相，通过析出动力学模型预测M_2C相的析出驱动力ΔG和粗化速率常数与Mo、V含量的关系，如图2-9（a）所示。与此同时，为了确保马氏体合金的形成，马氏体动力学模型被用于预测马氏体开始温度M_s和M_2C析出驱动力与Co、Ni含量的关系，如图2-9（b）所示。通过以上模型的预测，能设计最优的合金成分以获得最大的强化效果和足够高的马氏体开始温度，确保马氏体合金的形成。

总体来说，S53合金的开发证实了集成计算驱动成形智能设计在复杂多组元合金中的可行性。通过不同尺度的模型的事前预测，探索合金成分、工艺、结构、性能之间的

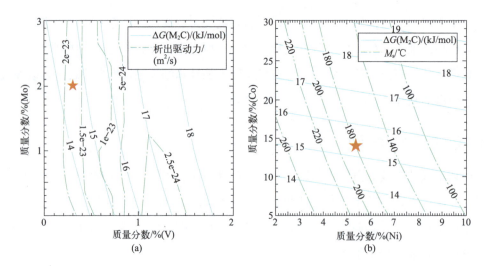

图2-9 （a）M₂C驱动力和粗化速率常数与合金成分Mo、V的关系；（b）M₂C驱动力和马氏体开始温度与合金成分Ni、Co的关系

相互关系，从而完成合金设计。相对于基于传统经验的研发技术，集成计算驱动成形智能设计具有明显的优势，特别是在成本和时间上面。

从2002年开始，美国通用电气（GE）公司[33]就开始研发新一代用于燃气涡轮机的高温合金材料，主要是替换之前高温合金GTD222中的Ta元素，因为其难熔炼、供应风险高和价格垄断等原因。GE公司采用了集成计算材料方法，特别是集成材料性能模型、数据库和相平衡的计算热力学预测，通过用Nb替换GTD222中的Ta，对材料整体成分-性能-生产之间的关系进行优化。基于集成计算模拟的结果、从实验尺度的验证到工业规模的测试，新的高温合金GTD262被成功研发。在2006年，新型高温合金GTD262被用于GE的燃气涡轮机，直到今天仍被广泛应用，如图2-10所示。

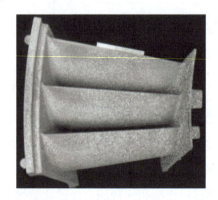

图2-10 由高温合金GTD262制造的燃气涡轮机叶片

集成计算驱动成形智能设计的策略在这个项目中能够获得成功，取决于两个因素。一是可靠的热力学数据库，它能增加热力学预测的可信度，从而缩短材料研发的周期，

以及减少材料在长期的高温暴露中形成有害相。二是集成热力学预测和物理模型性能数据库。其中，GE自己的模型和数据库在新型高温合金GTD262的设计中起到了很重要的作用。该合金的设计和开发从开始到生产只用了4年左右的时间，研发经费约为之前合金开发的1/5。

美国福特公司启动的"虚拟铸铝发动机（VAC）"计划[34]，通过将材料、组元设计和生产工艺集成为一体去设计铸铝发动机，体现出了工艺-结构-性能之间的关系，如图2-11所示。通过计算模拟去预测所有生产工艺（铸造，固溶处理，时效处理）对于微观结构的影响，之后微观结构模型被用来预测铸铝发动机的力学和物理性能（疲劳，强度，热生长），其中多尺度的微观结构模型能更有效地捕捉重要的特征，有利于准确地预测性能。这些预测的性能和它们的空间分布将被用于有限元分析去预测铸铝部件的使用周期。

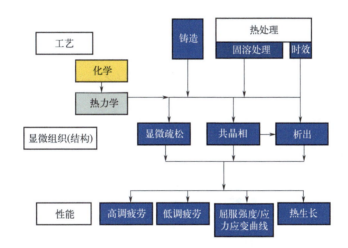

图2-11　铸铝发动机的工艺-结构-性能流程图

通过集成计算材料工程（ICME）流程（图2-12），铸铝发动机能够被设计和优化。为了确保优化设计的可靠性，大量的测试验证是有必要的。图2-13展示了对由ICME流程指导制造的铸铝发动机的局部屈服应力的验证。在不同工艺条件下制造的铸铝发动机的不同部位的屈服应力被实验所测定，通过与预测值对比来建立预测的可信度。

2019年，美国西北大学Paul等[35]基于有限元模拟和机器学习，设计了一套增材制造的实时温度场预测和工艺参数调整系统。增材制造（AM）是一种制造方法，通过逐层连续添加材料，以计算机辅助设计模型构建三维对象。AM在过去的10年里变得非常流行，因为它可以用于快速制作原型，如3D打印，以及使用激光金属沉积等工艺制造具有复杂几何结构的功能部件，而这些功能部件很难用传统的加工工艺来制造。由于用昂贵金属（如钛）制造复杂零件的工艺成本高，因此作者使用计算模型来模拟AM的行

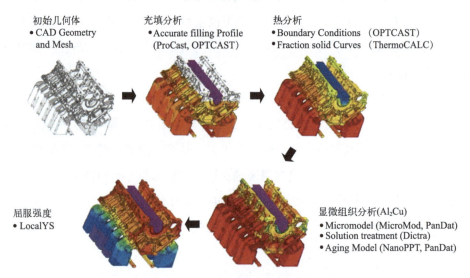

图2-12　屈服应力的局部预测的ICME流程图

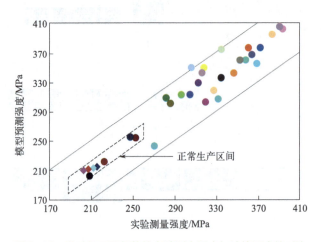

图2-13　发动机不同部位的实验测定强度与计算强度的对比

为。然而，由于模拟在预测AM中的多尺度多物理现象时计算量大且耗时，因此基于物理信息的数据驱动的机器学习系统用于预测AM的行为是非常有益的，不仅可以使用多尺度的现场仿真工具，而且可以对实时控制系统加速。于是，作者设计和开发了一个基于数据驱动模型的实时控制系统的基本框架：采用有限元方法求解含时热方程组，建立数据库；用随机树作为回归算法，迭代使用先前样品的温度和激光信息作为输入来预测后续样品的温度，以实现温度场的实时预测和反馈，并可用于工艺参数的实时调整，如图2-14所示。对于AM过程的温度分布预测，作者案例表明，模型的平均绝对误差小于1%。

　　基于集成计算材料工程的思想，能设计合金的新型微观结构。例如西安交通大学

基于 x 步长的拟合集成模型 → 预测下个时间步长 → 基于 x+i 步长的拟合集成模型 → 预测下个时间步长 …… 交替拟合与预测 → 基于 T-i 步长的拟合集成模型 → 预测最后时间步长 i

图2-14　增材制造温度场实时预测过程

材料系的王栋教授和美国俄亥俄州立大学材料系的王云志教授[36]结合CALPHAD和相场动力学模拟等方法，证实了设计超细、超均匀微观结构的钛合金的可行性，为集成计算材料工程在钛合金的开发设计中应用提供了新的思路。钛合金因其轻质、高强、高应用温度等特点受到广泛关注。王栋教授以钛合金中的相形成举例。低温相通常通过两种方式形成：一种是沿晶粒的晶界形核长大；另一种是魏氏组织，它可以从已有的魏氏组织片形核或者沿相晶界形核，在晶内的均匀析出是极少的，主要以非均匀形核为主。

王栋教授等基于新的理论，通过集成CALPHAD、相场和实验测量等手段验证了可以通过集成计算来实现理论上的新型钛合金结构的设计。其模拟结果如图2-15所示。图2-15通过展示Ti-10Mo（质量分数）合金在600℃时的微观结构随时间的演变来说明预相分解机理，从而成功模拟了超细、超均匀钛合金微观组织的形成，也说明了集成后的相场模拟能描述这些复杂的晶间/晶内转变，以及能够处理均匀/连续的（如同成分有序化、调幅有序化和调幅分解）和非均匀的（传统形核与长大）转变。

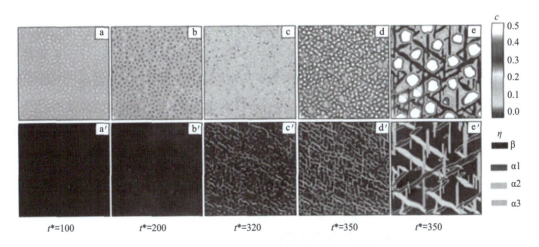

图2-15　Ti-10Mo（质量分数）合金在600℃时的微观结构演变的相场动力学模拟
（a）～（e）浓度场随时间的演化；（a'）～（e'）结构随时间的演化

2.3.2.3　发展思路与方向

（1）问题与挑战

① 计算资源需求量大　集成计算驱动成形智能设计在推广应用中仍然面临着一些

挑战，例如：集成计算的计算量一般较大，在使用第一性原理计算对某个原子模型的结构进行优化时，往往需要很长的时间计算形成能（形成焓），随着成形技术的发展，需要的计算资源增多。同时，在跨尺度计算时需要对材料的多个物理场（温度场、微观组织场、宏观形貌等）进行耦合，出于对模型精度的要求，对计算的硬件资源也提出了较高的要求。

② 缺乏广泛普适的方法　对于一些使役性能，由于物理模型不够明确或精确，在使用集成计算驱动成形智能设计时很难对实际情况进行模拟。目前还没有一种广泛普适的方法能真正实现从原子尺度、微观尺度、介观尺度到宏观尺度的模拟和方法的集成，跨尺度困难、多物理场耦合困难、不同计算方法的连接桥梁搭建困难阻碍了多尺度材料数据的流通利用。而不同物理场往往基于不同的理论基础，这导致了在进行材料多物理场计算时物性参数耦合困难，难以得到准确的数值解。

（2）发展思路与方向

① 融合大数据技术提高计算效率　将集成计算与大数据技术深度融合，一方面可通过数据驱动方法构建机器学习代理模型，缩短计算时间，另一方面可通过大数据技术构建多尺度计算之间的数据管道和数据流，搭建不同尺度计算方法的桥梁。此外，由于集成计算计算量大，计算周期长，可搭建分布式计算系统，自动存储计算数据，避免出现数据丢失，保证数据安全。

② 构建全流程"一站式"计算平台　集成计算驱动材料成形智能设计将来的发展仍需加强计算方法、理论模型和多功能数据库的研发，构建合理的多尺度耦合框架，从而加速面向应用的多层次、跨尺度集成计算材料模拟平台的建立。此外，还应该实现平台功能模块化，使用户可以根据自身的需求定制化地构建多尺度计算工作流，实现数据自动交互传输，避免材料科技工作者将时间耗费在平台操作上。同时，需要鼓励跨学科的发展，鼓励各高校和研究院所加强对计算材料工程师的培养，支持工业界和集成计算材料平台的合作，发展在线数据库实时查询和在线计算共享服务，从而推动新材料、新工艺的研发。

2.3.3　工业大数据驱动成形智能设计

2.3.3.1　技术内涵

工业大数据是工业领域产品和服务全生命周期数据的总称，包括工业企业在研发设计、生产制造、经营管理、运维服务等环节中生成和使用的数据，以及工业互联网平台中的数据等。随着"第四次工业革命"的深入展开，工业大数据日渐成为工业发展最宝贵的战略资源，是推动制造业数字化、网络化、智能化发展的关键生产要素。全球主要国家和领军企业向工业大数据聚力发力，积极发展数据驱动的新型工业发展模式。

在传统材料成形的过程中，与质量相关的数据分散在不同维度的信息系统当中，数据获取难度大，整合费时费力，难以准确挖掘数据价值。与质量相关的冶金规范要求分布在独立系统或指导文件当中，相互之间缺少关联，导致质量问题主要靠事后监控。同时，质量问题多属于多变量耦合问题，现有系统缺乏高效的质量追溯、分析与优化的手段，通过简单的阈值分析、对比分析难以发现问题的根源。

钢铁成形是一个长流程，生产工序众多，工艺流程复杂，大型设备集中，且工艺参数繁多，多参数间耦合性强。我国各钢铁企业的生产过程数据均存放在各工序独立的数据库中。数据架构、技术平台和数据采集技术的局限，使得日累计达上百吉字节的生产数据形成信息孤岛，无法共享、融合，更有大量诸如视频、图片等非结构数据无法被利用分析。这些数据蕴含了大量生产信息，是极为重要的财富。而大数据技术的应用打破了这些信息孤岛，可深度挖掘和利用数据的价值，必将为钢铁行业带来巨大的发展与变革。

2.3.3.2　国内外发展现状

工业是国民经济的基础和支柱，也是一国经济实力和竞争力的重要标志。随着世界主要工业国家的制造智能化转型战略的实施，工业大数据将成为全球制造业挖掘价值、推动变革的重要支撑。

随着云计算、大数据和物联网等新兴技术的发展，全球掀起了以制造业转型升级为首要任务的新一轮工业变革，世界上主要的发达工业体纷纷制定工业再发展战略。2012年2月，美国发布了《先进制造业国家战略计划》报告，将促进先进制造业发展提高到了国家战略层面，扩大制造流程创新和先进工业材料研发活动。2013年4月，德国提出"工业4.0"战略。"工业4.0"参考架构的基本思路是在一个共同的模型中体现工业系统的不同方面。主要通过互联网、物联网、物流网，整合物流资源，充分发挥现有物流、资源供应方的效率。2015年，法国推出"新工业法国战略"，旨在使工业工具更加现代化，并通过数字技术帮助企业转变经营模式、组织模式、研发模式和商业模式，实现经济增长模式转变。

2015年5月，国务院正式印发《中国制造2025》战略文件。文件中提出将重点推动信息化与工业深度融合。同年12月，工业和信息化部、国家标准化管理委员会（简称国家标准委）联合发布《国家智能制造标准体系建设指南（2015年版）》，计划5年内建成智能制造标准体系并逐步完善，解决标准体系融合贯通、基础标准缺失的问题。为推动智能工厂的建设，国务院又发布了《促进大数据发展行动纲要》，系统部署大数据发展工作。

（1）基于热轧带钢工业大数据的组织性能预测系统

东北大学刘振宇团队基于多年来在钢铁组织性能预测技术与应用领域的理论积淀和实践，与宝钢梅山公司、鞍钢等企业通力合作，深入开展基于热轧带钢工业大数据预处理技术的研究，开发出了以组织性能预测与优化为核心的钢铁智能化制造技术，有效解决了当前钢铁企业规模化生产和用户个性化需求之间的矛盾，开发出了高精度、具有智能参数调优功能的组织性能预测系统，以保障热轧钢材组织性能的智能化控制。钢铁生产流程的问题与智能化解决方案的对应关系如图2-16所示。

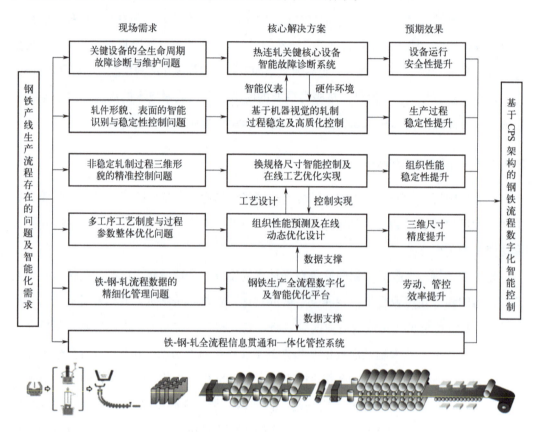

图2-16 钢铁生产流程的问题与智能化解决方案的对应关系

其团队开发出了以人工智能理论为基础的神经网络模型及计算机系统。借助神经网络强大的非线性拟合能力，以工业大数据为基础建立了钢铁组织性能预测和调控模型，取得了较高的预测精度，成功实现了热轧产品力学性能的在线预测。由于基于人工智能方法的热轧产品组织性能预测技术严重依赖原始数据，过度追求预测精度往往产生过拟合现象，有时偏离钢铁材料的物理冶金学规律，从而导致热轧工艺的逆向优化结果的可信度受到影响。如何合理有效利用工业大数据，就成为组织性能预测与工艺优化必须突破的瓶颈。为解决这一关键技术难题，团队成员从轧钢生产实际出发，开发出热连轧工业大数据的分析和处理方法，建立起基于大数据分析与优化的智能化物理冶金学模型。热轧带钢组织性能预测系统如图2-17所示。

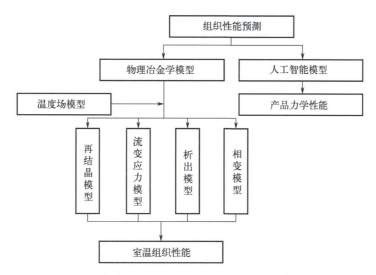

图2-17　热轧带钢组织性能预测系统框图

　　依托此模型，刘振宇在鞍钢2150热连轧生产线上开发出焊瓶用钢屈强比波动控制技术，解决了焊瓶用钢屈强比范围窄（0.735～0.785）这一轧钢领域的世界性难题。在梅钢1422和1780热连轧生产线上，通过运用组织性能预测与工艺优化，钢种牌号已减少60%以上，实现了热轧生产的集约化、绿色化，大大促进了企业的节能减排。基于工业大数据，采用人工智能方法建立了基于物理冶金学原理的钢铁材料基因组，并在此基础上开发了基于大数据的智能化热轧工艺优化设计系统，已成功应用于国内多条热连轧产线。通过组织性能预测与优化控制技术，可针对用户的特殊需求快速优化热轧工艺，从而生产出具有不同性能特点的产品。与此同时，也可以制定性能稳定化控制策略，以提高产品的性能均匀性及使用性能。

　　（2）基于冷轧带钢工业大数据的表面检测系统

　　传统表面缺陷检测方法准确率低。目前国内业界主流的表面缺陷检测方法主要为光学检测，精度、准确率与效率均存在瓶颈，难以达到业界的要求。柳钢集团与中国电信、华为结合5G+AI与端云协同能力，设计出5G端云协同的钢板表面质量智能视觉检测系统，提高了对高精钢板带质量的检测能力。

　　德国Parsytec公司的HTS系列冷轧带钢表面质量检测系统，采用了面阵CCD扫描成像设备，以及明域和暗域相结合的光学成像方式，采用了并行计算机处理技术进行表面图像分析、图像处理和缺陷识别（均100%由软件完成），还将人工神经网络分类技术应用于系统中。软件系统的分类能力非常强，并可在轧制速度为300m/min的情况下，达到0.5mm的检测精度。Parsytec公司的表面质量检测系统已能在线自动检测孔洞、折叠、夹杂、纵裂、一次压氧、二次压氧、划伤、边裂、边部夹杂等9种真实缺陷。Parsytec公司系统的检测结果显示，发现热卷主要存在纵裂与压氧缺陷。针对此问题，通过技术攻关，提高了热卷的表面质量。

2.3.3.3　发展思路与方向

（1）问题与挑战

① 工业数据采集困难、数据流通不畅　目前，工业领域相关数据的采集受制于传感器和采集技术的限制，难以覆盖生产的全流程，数据较为单一，种类不够丰富，会导致设计之初建模困难。在预热连轧过程中板材进行复杂组织演变时建立传统物理冶金学模型需要耗费大量的时间，需要进行大量的破坏性实验，成本较高。

物联网大数据是实现工业大数据畅通流动的必要手段，但在工业实际应用中，工业软件、高端物联网设备不具备国产自主可控性，物联网接入的高端设备的读写不开放，形成设备的信息孤岛，数据流通不畅，突破这种束缚是实现工业大数据的关键。与工业大数据相关的平台主要有三类，即技术类平台、行业应用类平台和互联网平台。无论哪类平台，都涉及诸多环节，牵涉复杂的技术和架构，需要整合各种资源，这带来了巨大挑战。

② 工业数据信噪比低，对模型响应速度和精度要求较高　工业大数据存在噪声问题，数据具有波动性，而数据范围和质量决定了后续处理的难易程度和最终结果的准确性。特征提取要求在高背景噪声下必须实现准确且快速的降维。另外，在数据建模及训练层面，工业应用的碎片化、个性化以及结果的专业性，要求建模及训练在整体和个体、通用性和个性化之间取得均衡。首次采集获得的源数据是多维异构的，为避免噪声或干扰项给后期分析带来困难，须执行同构化预处理，包括数据清洗、数据交换和数据归约。此外，物理冶金学模型都是基于实验室数据建立的，当将这类模型应用于工业产线时，模型无法考虑复杂的生产环境因素，精度难以保证。因此，需要研究具有高精度和自学习能力的物理冶金学组织性能预测模型。

（2）发展思路与方向

① 构建分布式高性能储存计算系统　通过发展多源数据协同建模策略，结合实验数据，从而实现多源数据的融合。将不同来源的数据以统一的数据标准结构存储，数据量大时，要求的计算资源较多，计算时间长，设计过程的实时预测和优化困难。目前，大数据处理技术正朝着分布式、高性能算力发展，为海量数据的查询检索、算法处理提

供性能保障。云计算的快速发展也为未来工业大数据的灵活、实时处理提供了便利。以 Hadoop 为代表的分布式计算平台，具有良好的灵活性和扩展性，能够根据具体的工业数据来为处理大数据提供新思路和可靠保障，可以作为研究并行挖掘算法以及开展算法应用的计算基础。基于 Hadoop 开发高性能工业材料数据计算平台正成为一个研究者关注的热点方向。

② 构建专家系统，提高模型鲁棒性　热连轧过程中，生产线环境会出现不稳定的情况，这对热轧带钢力学性能在线预测的精度会造成较大的影响，因此开发具有良好鲁棒性的力学性能预测模型对提高模型预测精度尤为重要。目前，热轧带钢力学性能预测技术采用的模型为逐步回归模型或者传统的 BP 神经网络模型，由于工业数据信噪比低，这些模型不易取得较高的预测精度。为了实现高精度的力学性能预测，必须采用容错能力强的高精度的建模算法。

要平衡机器学习的效率和精度，发展适合不同产品的有针对性的设计方法。例如中兴通讯将大数据技术与机器学习分析技术融合，提出了智能制造解决方案。其系统架构主要为：大数据层采用大数据平台分析挖掘数据，针对工业制造的特点，提供了四个组件——生产质量分析组件、时间序列分析组件、生产机器学习组件及工艺专家知识库。通过数字化建模和深化工业大数据分析，将各领域各环节的经验、工艺参数和模型数字化，形成全生产流程、全生命周期的数字镜像，并构造从经验到模型的机器学习系统，以实现从数据到模型的自动建模。生产质量分析组件对生产数据应用统计学方法进行分析，并向上层提供生产过程分析，比如 Cpk 图、箱线图、帕累托图以及 10 多种 SPC 质量分析服务。时间序列分析组件，对于有时间序列的生产数据，通过应用数理统计方法加以处理，以预测未来事物的发展。生产机器学习组件将生产数据构建为机器学习模型（如决策树、逻辑回归、支持向量机等）进行分析，挖掘隐藏在数据背后的价值，提升生产良率。

2.4　高端新材料成形过程在线检测与智能感知技术

2.4.1　传感器与在线检测技术

2.4.1.1　技术内涵

高端新材料成形过程常见的在线检测系统一般由核心传感器、传输系统、处理系统及显示系统组成。目前，高端新材料成形过程在线检测主要包括以下四个方面的技术。

① 材料塑性成形过程的参数测量　参数主要包括应变、应力及残余应力。材料的强度

是材料成形及服役过程的核心性能参数之一，受零件形状和载荷的复杂性的影响。材料强度和刚度的表征一般分别通过应力状态及位移（应变）来确定，常用电阻应变法进行测量。在金属结构和零件受钢材轧制、火焰切割、塑性成形、强制固定及焊接等过程的影响，一般都不同程度地存在残余应力，对材料的强度、脆性断裂、应力腐蚀等有明显的影响。

②尺寸测量　依据测量方式的不同，尺寸测量分为直接测量与间接测量两大类。尺寸直接测量主要有通用量具法、测长仪法及激光干涉仪法等，尺寸间接测量主要有辅助基面法、弦高法、围绕法、长杆量规法、对滚法及经纬仪法。诸如通用量具法及部分间接测量法均属于接触式测量方法，需要与被测材料直接接触，容易引起划伤等损伤，还存在效率低、可靠性差、无法应用于高端新材料快速生产过程的缺点，同时，高端新材料成形后期形状比较复杂，传统的尺寸测量技术难以满足高精度、快速及高效的测量需求。在这种背景下，机器视觉尺寸测量技术因其具有非接触、精度高、速度快的优点，成为最受欢迎的高端新材料成形过程测量技术，广泛应用在微小型工件、大型工件以及复杂结构工件尺寸的测量中。对于微小型工件的测量，该技术可以调整摄像机的角度以及镜头的放大倍数，从而达到对微尺寸工件的高精度测量。对于大型工件的测量，该技术可以通过采集不同角度、多方位的工件局部图像，并运用图像拼接技术实现对工件完整结构尺寸的测量。对于复杂结构工件的测量，该技术通过提取采集的工件图像的轮廓特征信息，就可完成对工件的精准测量。

③表面粗糙度、表面缺陷及内部缺陷检测　表面粗糙度的检测方式主要分为接触式与非接触式（图2-18）。接触式主要有针接触与样块对比两种方法，是使测量仪器的

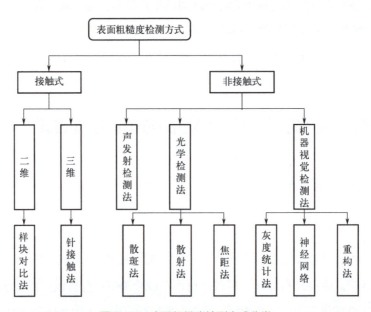

图2-18　表面粗糙度检测方式分类

探测传感器部位与工件待测表面始终保持垂直接触状态来进行表面粗糙度测量的方法。该方法可以直观地展现工件待测表面的形貌信息，但其本身在检测上存在很大的局限性，如测量速度慢、容易划伤工件表面等。非接触式表面粗糙度检测方法主要包括光学检测法、声发射检测法和机器视觉检测法等。光学检测法测量精度高，但是成本高、对环境的要求高、测量的表面粗糙度范围小；声发射检测法很容易受到外界环境噪声干扰；机器视觉检测法拥有检测效率高、成本低、检测方便等优点。机器视觉检测表面粗糙度在工业上有良好的应用前景。

目前常见的表面缺陷检测方法主要有人工检测法、涡流检测法、红外检测法、漏磁检测法、激光扫描检测法、机器视觉检测法等。

a. 人工检测法通常是由工作人员在生产线上用肉眼去判断是否存在缺陷。

b. 涡流检测法是利用交流线圈靠近钢板缺陷，材料内部会产生交变电流，通过接收线圈返回的信号判断是否存在缺陷。涡流检测法对表面状态要求较高，大面积缺陷对其检测速度的影响较大。

c. 红外检测法是根据材料表面因深浅不同而引起的温度变化来判断表面是否存在缺陷，然而仅通过获取的温度很难对缺陷区域进行精确分类。

d. 漏磁检测法是使用磁轭将金属材料磁化，检测是否存在漏磁场来判断缺陷，但缺陷区域较小时很难形成漏磁场，因而难以满足实际应用的需求。

e. 激光扫描检测法的工作原理是激光经多面体棱镜投射到材料表面，接收装置接收材料表面反射的光线且将其转化为电信号后，送入计算机进行处理和分析。实际生产线中的粉尘等物质会严重影响光线的反射，使得激光扫描检测法的应用受到限制。

随着硬件设备与机器视觉技术的发展，低成本、效率高且方便维护的基于机器视觉的表面缺陷检测系统成为主流。基于机器视觉的表面缺陷检测方法主要分为传统学习与深度学习两类，深度学习类方法目前正在迅猛发展中。

目前广泛应用的材料内部缺陷检测方法主要有超声波检测（ultrasonic testing，UT）、涡流检测（eddy current testing，ET）、磁粉检测（magnetic particle testing，MT）、渗透检测（penetrant testing）和射线检测等。其中，涡流检测和磁粉检测主要用于材料的表面以及近表面的缺陷的检测。射线检测对气孔、夹渣、疏松等体积型缺陷的检测灵敏度较高，而对平面缺陷的检测灵敏度较低，因此只能检测与射线方向平行的裂纹，当射线方向与平面缺陷（如裂纹）垂直时，很难检测出来。此外，射线检测的成本较高，对人体有害。渗透检测基于毛细作用原理，用于检测非疏孔性金属和非金属试件表面缺陷，但是渗透检测的程序烦琐、速度慢、检测试剂的成本较高。超声波检测可以用于多种材料和结构，检测速度高、成本低，且对微小裂纹的检测灵敏度高，广泛应用于各种工业领域和医疗行业。超声波检测对材料缺陷的无损检测与评估主要基于来自缺陷的超声波回波的幅值变化、能量衰减以及回波时间进行判断。

④ 成形工艺和设备参数测量　成形工艺和设备参数包括加工过程中的力、转矩、变形量、振动、张力、温度、轧机的辊缝、轧件速度、机架应力等以及电流、电压、功率。成形工艺和设备参数的测量通常会采用成熟的传感器，常见的传感器有电阻式传感器、电感式传感器、热电式传感器、压电式传感器、电容式传感器、光电式传感器、霍尔传感器。高端新材料成形过程往往伴随着高温、蒸气、粉尘、冲击、振动、高压等复杂恶劣环境，且测量时通常对传感器的使用寿命、测量精度和过载有很高的要求，目前只有加拿大、美国、瑞典、德国及日本等少数国家的公司能够生产。

材料凝固成形过程多涉及从液态向不同尺寸的固态转变，该过程一般会涉及高温，不同阶段的温度控制对材料相变及性能至关重要。同时，其表面质量、内部质量及尺寸会影响材料的力学性能、电学性能、光学性能及化学性能等。轧制成形设备的传感器主要有温度、压力、转矩、湿度、厚度、速度及接近传感器等，该些传感器目前已比较成熟，在此不展开讨论。目前，高端材料成形过程采用的传感器对成形过程的一些关键参数进行实时监控，高端材料的表面缺陷、内部缺陷、尺寸及表面粗糙度等尚未实现全过程、高精度、高可靠在线检测。后续章节将对在线检测技术进行详细论述。

2.4.1.2　国内外发展现状

（1）尺寸测量

机器视觉的概念是国外学者于20世纪50年代提出；在20世纪80年代，国外对其研究掀起热潮，由此进入加速期；在20世纪90年代，国外对其研究趋于成熟[37]。由于具有非接触测量、效率高、检测类型多、检测精度高、实时性好等优势，基于机器视觉的尺寸测量技术在近年来得到了迅猛的发展，在大部分尺寸测量领域替代了其他接触式测量方法。国外很多发达国家如美国、德国、日本、加拿大、瑞典等在薄片厚度测量、工件裂缝以及工件的缺损检测等方面取得了不少成就[38]。对微细孔工件尺寸测量的精度能够达到$0.5\mu m$[39]，装备了机器视觉设备的管道内径及圆柱形零件等大尺寸成像系统的检测精度可达$0.5mm$[40-41]。针对某些尺寸检测精度要求高的应用领域，目前基于机器视觉的尺寸检测的精度及稳定性还存在问题，主要表现在镜头畸变、检测环境污染及色彩等均会造成测量的偏差。有些学者设计了镜头畸变的矫正方法，改进了机器视觉检测系统对环境的适应性，并将基于机器视觉的尺寸检测的结果应用到铣刀片断刃智能检测、尺寸分拣、破损刀片的识别及辅助在线安装等场景，取得了良好的应用效果。

我国从 20 世纪 80 年代开始研究机器视觉尺寸测量技术，21 世纪初期进入加速发展阶段。目前，我国机器视觉技术研究进展迅速，在深度和应用水平方面已成为世界最活跃的国家之一，但与国外一些发达国家相比还有一定的差距。北京大学、上海交通大学、华南理工大学和吉林大学等高校在基于机器视觉的尺寸测量技术研发上发挥了重要的作用[42]。目前国内大尺寸工件测量误差小于 0.2mm[43]，小尺寸孔径等测量的精度在 0.01mm 以内[44-45]，针对齿环、工件阶梯轴边缘位置等高精度尺寸检测，精度一般能达到 5 ～ 20μm，基本能满足目前对精度、实时性要求高的尺寸检测场景的需求。同时，针对不同工件的装配需求，提出了边缘检测算法、机器学习拟合算法、图像处理算法等，有效地提高了尺寸检测的精度。

（2）表面缺陷

目前，基于机器视觉的表面缺陷检测方法主要分为传统学习与深度学习两类，常见的表面缺陷检测方法见表 2-3。传统学习的缺陷检测方法通常包含特征提取与分类器调试两部分，一般采用基于方差、熵与平均梯度、加权协方差矩阵、威布尔模型及相关改进算法[46-47]，实验室缺陷检测准确率一般在 90% 左右。实际工业生产中，由于检测对象在形状、大小、纹理、颜色、背景、布局和成像光照等方面差异较大，使得在复杂环境中对缺陷进行检测分类成为一项艰巨的任务。在深度学习的背景下，卷积神经网络（convolutional neural networks，CNN）因具有强大的端对端自动特征提取能力，被广泛用于表面缺陷检测，CNN 根据检测任务的不同可分为分类网络、目标检测网络、实例分割网络。美国、加拿大、英国等发达国家提出了大量的深度学习架构，常见的基于 CNN 的架构通常采用现有的网络结构如 VGGNet[48]、ResNet[49]、DenseNet[50]、MobileNet[51] 等，或者针对实际的应用问题搭建轻量级的网络结构。其基本思想是输入一幅图像，通过反向传播进行网络自主学习，最终输出该图像的类别及其置信度。

表 2-3　常见的表面缺陷检测方法效果对比

检测方法	主流模型	优点	缺点
图像处理	局部异常特征匹配	算法简单，不需大量的图像样本，检测速度较快	手工制作缺陷特征，易受图像成像环境的影响，难以精确分类，且漏检、误检较多，方法局限性较大
机器学习	SVM BP神经网络 决策树	不需海量的图像样本，算法流程简单，可精确识别多类缺陷	手工制作缺陷特征，易受周围环境的影响，只适用于单标签多分类任务
分类网络	VGGNet ResNet DenseNet MobileNet 手工搭建CNN	端对端的自主学习抽象的、本质的特征信息，识别准确率较高且泛化性能较好	只适用于单标签多分类任务，网络越深，计算越复杂，检测开销越大

检测方法	主流模型	优点	缺点
目标检测网络	Faster R-CNN YOLO RetinaNet	可完成对任意目标的识别与定位，应用范围广泛，扩展性强	模型收敛速度慢，小目标易出现漏检，检测速度较慢，检测开销较大
实例分割网络	Mask R-CNN 全卷积网络	可完成对任意目标的识别与像素级别的定位，应用范围广，扩展性强	模型收敛速度慢，小目标易出现漏检，难以达到实时检测，检测开销非常大

针对金属材料缺陷在线检测，我国大量学者提出及改进了基于CNN架构的缺陷检测方法及系统，取得了良好的使用效果，在部分金属材料缺陷检测场景中，缺陷检出率及分类准确率均超过了美国及德国的表面缺陷检测系统；针对常见的金属材料表面缺陷，构建了缺陷种类丰富、常见缺陷类型多、贴近实际工业生产现场的材料表面缺陷数据库，极大地提高了我国在该领域的地位。近年来，我国大量学者对缺陷检测分类网络进行了大量的改进及优化，有效解决了一帧图像中多类缺陷的识别和区域定位、样本量不足背景下的缺陷识别模型的鲁棒性、结构信息减少导致的检测精度低、像素级别图像分类准确率低等缺陷检测中的难题，有效地提升了我国高端材料表面缺陷检测技术的水平及高精度检测的能力。

（3）内部缺陷

表2-4为材料内部缺陷常见检测方法对比，目前常用的方法为超声波检测。国外对激光超声技术的研究早在20世纪60年代就开始了，通过学者们的不懈努力，将激光超声技术发展为一种在无损领域广泛使用的检测方法。1962年，White[52]和Askaryan等[53]将激光应用在光声领域，分别提出了利用脉冲激光在固体和液体中激发超声波。1976年，Bondarenko等第一次将激光超声应用在材料检测方面，用红宝石激光器激发出了带宽为5～150kHz的超声波。1979年，Ledbeter等首次验证了激光激发的超声波包括纵波、横波、表面波。1980年，Scruby等[54]提出了面内正交力偶的模型，对金属中的缺陷进行了定量检测。20世纪90年代中期以来，很多学者在激光超声检测理论方面进行了研究及大规模推广，先后针对涡轮叶片表面裂纹、内部缺陷深度、碳纤维塑性材料及复合材料内部缺陷进行了应用，并在超声波检测效率、接收分辨率、检测信噪比、二维缺陷定位与重建、分层缺陷无损检测等方面展开了大量的研究工作，有效地提高了该技术的可靠性及稳定性，基本上实现了材料内部缺陷的高精度检测。

表2-4　材料内部缺陷常见检测方法对比

类型	原理	优点	不足
射线检测	射线衰减特性	可以检测薄材，获得缺陷的定性、定量信息	对检测环境要求高，对人体有害
涡流检测	电磁感应现象	检测效率高，无需耦合剂	导电材料，干扰因素多

类型	原理	优点	不足
渗透检测	渗透液的移动	可以检测多个方向的缺陷,适用性广	成本较高,检测工序复杂
磁粉检测	漏磁场作用	成本低,速度快,灵敏度高	适合铁磁材料,对人体有害
超声波检测	超声波的反射与透射	成本低,可以现场检测,适合厚度大的工件	对工件的形状要求比较高,需要耦合剂

国内学者利用激光超声技术先后对不同厚度的板材[55]、层状材料的激光超声检测模型[56]、远场和近场激发的表面波[57]等不同的材料内部缺陷检测方面进行了研究及示范应用。采用仿真及实验方法研究了应用激光超声技术解决碳纤维复合材料内部缺陷、缺陷的深度宽度确定、透射波截止频率对深度的影响、振荡波中心频率对深度的影响等理论问题,为进行高端材料内部缺陷检测提供了良好的理论基础及依据。将激光超声和空聚焦技术结合,对金属内部缺陷进行检测并给出了缺陷图像,通过实验验证了该方法的检测性能。研究了应用机器人激光超声检测系统检测航天复合材料内部缺陷,可检测航天材料中内部缺陷的大小、位置,并对高温环境中的钛合金、WAAM组件、焊缝等的内部缺陷进行了检测,实现了高温环境中材料内部缺陷的有效检测。

（4）表面粗糙度

非接触式表面粗糙度测量方法包括光学测量法、声发射检测法和机器视觉检测法等。光学检测法所用设备昂贵,虽检测精度高,但对环境的要求较高,且测量的表面粗糙度的范围有限,限制了其在工程领域中的应用。对于声发射检测法,国内学者刘贵杰、巩亚东等,国外学者Vigneashwara等对加工过程产生的声波进行了分析[58],在加工过程中预测了表面粗糙度的值,但这种检测方法不可避免地受外界环境噪声等的影响。机器视觉检测法是一种新兴的检测方法,具有检测效率高、信息获取量大、测量精度高、非接触和性价比高等优点,其主要以获取的图像为基础,适应工程领域高效、高精度等要求。国外学者Sodhi等首先从散斑图像中提取了光学参数ORI,然后建立了该参数和磨削表面粗糙度值之间的关系,用来测量表面粗糙度。Tian等同时测量了光散射强度分布图像和散斑图像,通过融合光散射强度分布图像中和散斑图像中的特征参数得到了一个新的衡量参数,用来评价表面粗糙度。国内学者从图像的纹理特征、散斑图像等方面构建了基于散斑法的表面粗糙度检测方法,该方法只适合一定范围内的表面粗糙度值的测量,检测结构复杂。散斑采集角度、光照强度和工件表面弧度等多个因素对散斑图像都有影响,工件的测量范围有限,视场较小等,这些都限制了散斑图像法的应用。国内学者杨晓波、大连理工大学的郝平、西安理工大学的郭便等对基于图像的灰度、阴影等信息进行了三维重建的研究、三维形貌的重建,这有利于直观地体现工件整体的表面微观形貌，但局部细节还有待提升，计算方法复杂，不适合工程应用。此外，国外学者 Gadelmawla，国内学者乐静、麦青群、张建等直接对图像进行处理[59]，提取了相应的表面粗糙度评价参数，对表面粗糙度进行了检测，取得了不错的成果。但这些评价参数都是基于灰度图像信息的，因此有的学者考虑用彩色图像来进行分析，构建了基于彩色图像的分布矩阵、图像质量和彩色重合度的表面粗糙度检测模型[60]，并建立了它们与表面粗糙度值之间的关系。以上研究表明材料表面粗糙度检测能够较好地实现，但后续还需要继续研究形貌图像灰度共生矩阵的相关度、微分熵、能量矩、方差等与表面粗糙度之间的线性关系等相关基础问题。

2.4.1.3　典型应用案例

图 2-19 所示为典型材料表面缺陷在线检测系统硬件装置，图 2-20 所示为表面缺陷在线检测系统软件主界面，图 2-21 所示为分类优先网络基本结构，检测效果见图 2-22。分类优先网络可以被分成三个部分。第一部分采用共享卷积层提取图像中的公共特征，采用 CNN 卷积层作为预训练模型以提升网络的泛化能力。同时，考虑到不同种类缺陷抽象特征的差异性，采用了感受野更小的 Conv3-3 卷积层。第二部分为 k 个相互独立的卷积层组，其中 k 为缺陷类别数量，每个卷积层组只负责检测一种缺陷类别。分别使用 20 个卷积核提取每一类缺陷特征，即每一个卷积层组（kernel：3×3×20）分别独立与第一部分输出的特征图进行卷积计算，提取相应类别的缺陷特征。第三部分为最终的缺陷分类器，由于分类优先网络采用相互独立的特征图组表征不同类别的缺陷，因此最终分类器只需要对第二部分输出的 k 组特征图进行二分类，便可得到图像中所包含的缺陷类别信息。为了减少相互独立的卷积层组输出特征图的差异性，缺陷分类器采用了共享参数策略，即同一个分类器分别对第二部分输出的 k 个特征图组进行计算，以判断原始图像中是否出现该特征图组所代表的缺陷类别。通过在网络第三部分采用共享参数策略，可以有效提升不同类别卷积层组输出的一致性。

图2-19　典型材料表面缺陷在线检测系统硬件装置

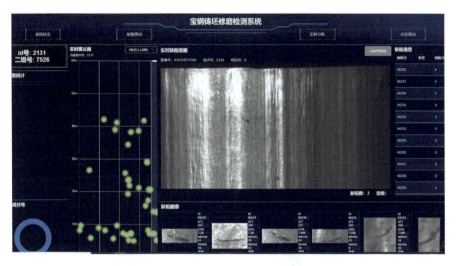

图2-20　表面缺陷在线检测系统软件主界面

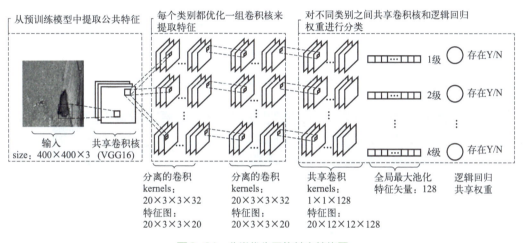

图2-21　分类优先网络基本结构图

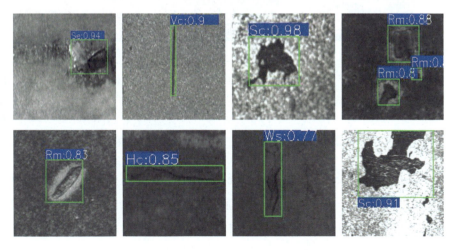

图2-22　典型材料表面缺陷检测效果

典型材料成形过程表面温度在线检测系统见图2-23，温度检测效果见图2-24。1000℃的高温材料表面温度检测误差为±2℃，能够满足高端材料成形过程温度检测的需求。

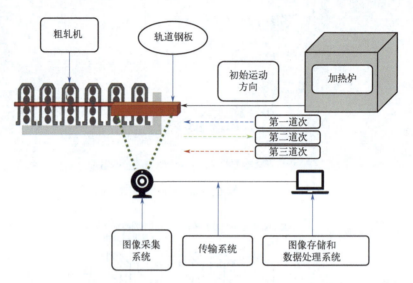

图2-23　典型材料成形过程表面温度在线检测系统

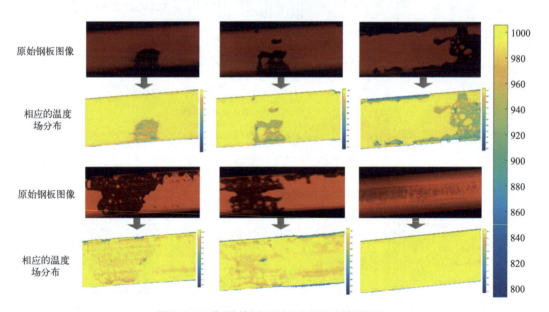

图2-24　典型材料成形过程表面温度检测效果

典型材料成形过程表面粗糙度检测系统见图2-25，依次对样本进行照射，相机分别采集对应光源照射下的一组图像，求解表面法向量后进行三维重构。对于$Ra=25\mu m$的表面粗糙度标准块，材料表面单色光源照射图像见图2-26，材料成形过程的表面粗糙度检测效果见图2-27。

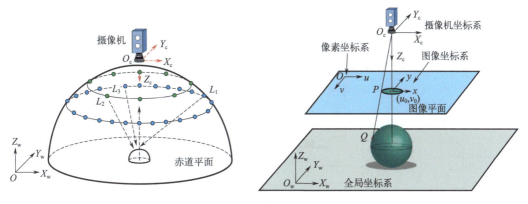

图2-25　典型材料成形过程表面粗糙度检测系统

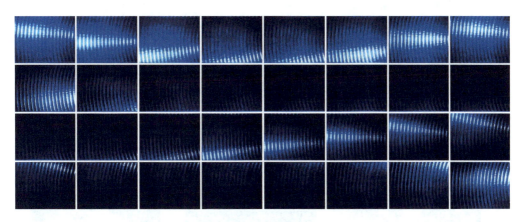

图2-26　Ra=25μm材料表面单色光源照射图像

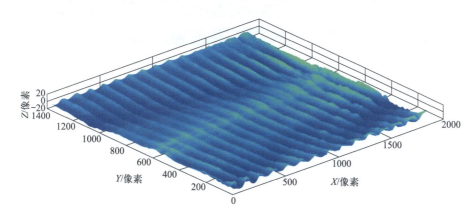

图2-27　材料成形过程的表面粗糙度检测效果

图2-28为典型的基于超声波的材料内部缺陷检测装置。其中，超声波发射器由脉冲发射仪发射脉冲信号，经超声波换能器将电能转换为声能；超声波信号经过耦合剂（水）传播进入检测试样内部；由于超声波反射声阻抗的差异，超声波在两种物质界面发生反射与透射；超声波接收器产生的反射回波经换能器将声能转换为电能，经脉冲

接收仪接收，然后进行放大、数/模转换等处理，最后得到缺陷显示图像，检测效果见图2-29。其能够实现材料内部缺陷的定位置、定尺寸、定数量、定类型检测。

在焊接质量在线检测研究中，研究者主要通过视觉、声学、光学等技术手段或利用

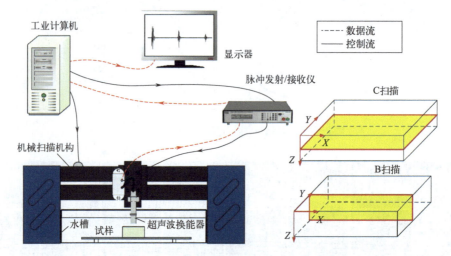

图2-28　基于超声波的材料内部缺陷检测装置

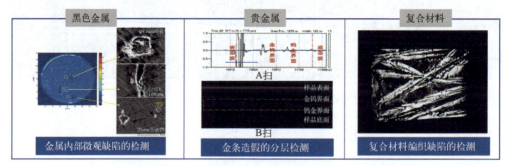

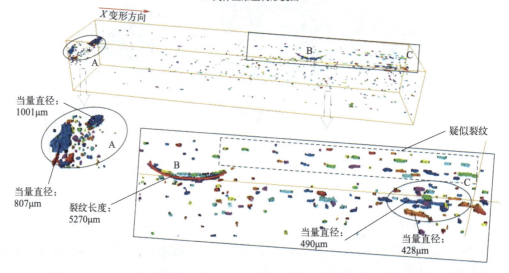

图2-29　基于超声的材料内部缺陷检测效果

多传感信息融合对焊接过程进行考察，结合机器学习和人工智能技术，构建焊接质量预测模型。在广泛运用的无损检测技术中，基于声学的无损检测技术具有检测范围广、检测深度大、传输速度快、对人体无害且使用方便等优势，更适合焊接结构内部缺陷检测，因此许多研究者利用焊接过程声信号作为独立信息或辅助信息进行在线检测。根据焊接过程声信号频率范围的不同，分为两类声传感器：一类是声发射传感器，对于焊接缺陷检测，通常选用信号频率在25 ～ 750kHz的谐振式传感器；另一类是麦克风传声器，通常选用自由场型预极化测量传声器，信号频率范围一般在20 ～ 20kHz，最高可达100kHz。针对不同的研究对象，合适型号的传感器能更好地采集真实数据。为了确保采集的可靠性，需对传感器选型和软硬件设计进行深入研究。声发射源与声发射信号之间的映射关系往往难以建立准确的数学模型，人工神经网络的引入可对焊接缺陷进行识别与预测。通过焊接过程冶金行为的声发射信号，提取重要的特征参数作为输入单元，建立BP神经网络监测模型，对裂纹有较好的识别效果。选择声发射信号作为反馈信号，对激光点焊过程中不同激光功率、不同脉冲持续时间等工艺条件下的声发射数据进行功率谱分析，获取特征并应用于BP神经网络中，预测了不锈钢板的可焊性。HMM-SVM模型将隐马尔可夫模型和支持向量机结合起来，综合了HMM的状态转移和依赖能力以及SVM的小样本扩展能力，具有较高的焊接过程裂纹识别准确率。

受制于《瓦森纳协定》及我国传感器核心器件生产能力不足的问题，目前我国在传感器方面严重依赖进口，且材料成形过程使用的核心传感器大多为国外提供的标准件，部分设备的核心数据无法共享使用。加之，在线检测过程的核心器件如相机、镜头、高精度显微镜、压电传感器等无法实现定制化，严重制约着高端新材料成形过程的表面缺陷、内部缺陷、表面粗糙度、表面温度等核心参数的在线检测，以及在此基础上的成形过程的优化和控制能力。

综上可知，目前在工业生产过程检测中，还无法完全替代国外进口传感器，在线检测技术的核心器件成为了目前"卡脖子"的重大技术之一。"十四五"期间，科技部增加了核心传感器器件的研发投入，但是仅靠国家投入还不够，建议以国家投入作为传感器产学研示范，以通过市场化手段布局传感器的生产及使用作为引领，提高核心传感器的自主可控能力和定制化水平。

2.4.2　高端新材料智能感知技术

2.4.2.1　技术内涵

智能感知是赋能机器视觉、机器人、扫描和检测等工业自动化应用的关键技术之一，与传统传感检测的主要差别在于如下几方面：

① 传统传感器测量依赖被测量信号与测量信号之间确定性的物理、化学、生物规律。智能感知技术需要结合机器学习、人工智能算法对多维参量之间隐含的相关关系进行挖掘。

② 传统传感器检测的目的仅局限于对客观上有明确定义的测量值进行直接监测。智能感知除了能够实现基本测量外，还能够在空间维度利用智能算法分析不同监测量之间的相关关系，在时间尺度对关键指标的变化趋势给出预测分析。相比于简单的实时数值监测，对生产的决策指导更有意义。

③ 相比于传统传感器的单变量监测形式，智能感知技术往往需要多维度、多模态的数据，数据处理依赖于复杂的计算单元，因此其采集系统与分析系统更加复杂。

根据检测和智能感知过程所处的工艺环节和对实际生产效能的影响，本书将智能感知技术分成"面向高端新材料智能成形的在线监测和智能感知"和"基于宏微观视角的高端新材料性能影响因素分析与优化"两部分。前者更加关注在实际材料成形过程中进行在线检测和感知，实现工艺参数的实时动态调节，而后者主要对材料成形过程中的各项影响参量进行统计分析，实现材料的整体优化升级。

（1）面向高端新材料智能成形的在线监测和智能感知

① 基于多传感器智能融合的间接测量技术　为了弥补硬件传感器的不足，间接测量（也被称为软测量技术）应运而生。软测量是一种间接测量方法，通过建立被测变量（一般称为质量变量）与被测变量相关的变量（一般称为过程变量）之间的映射的数学模型，以实现对质量变量的估计。由于不与被测物质直接接触，因此它的灵活性更高并且直接的物料成本约为零。在对这类被测量进行测量时，首先应对与被测量有确定函数关系的几个量进行直接测量，然后将测量结果代入函数关系式，经过计算得到所需要的结果，这种测量方法称为间接测量。对与未知待测变量 y 有确切函数关系的其他变量 x（或 n 个变量）进行直接测量，然后再通过确定的函数关系式 $y = f(x_1, x_2, \cdots, x_n)$ 计算出待测量 y。其中函数关系式 f 可以通过智能算法构建。

② 基于机器视觉的工业生产在线测量与感知　在实际生产过程中，需要对生产的产品质量进行动态实时检测，以提高产品的良品率。工业上主要采用基于机器视觉的智能感知方法，通过多模态工业摄像头采集现场制造过程的图像，分析和判断产品质量和生产安全情况。

（2）基于宏微观视角的高端新材料性能影响因素分析与优化

① 面向材料微观结构表征的显微图像智能分析　在材料科学领域中，材料的内部微观结构与材料的加工处理技术、组织演变、物理和力学性能等息息相关。通常认为

微观晶粒的尺寸与宏观的硬度有着负相关关系，卢柯院士2017年在 *Science* 上发表文章称，晶粒的晶界稳定性会对金属的塑性变形机制及其硬度产生一定影响。因此，材料微观结构的科学定量表征是材料科学领域的核心问题。由于材料的微观结构通常以非结构化图像数据的形式展现，所以通过图像分割等计算机视觉方法准确智能地提取材料显微图像中的关键信息成为计算机科学与材料科学等多学科交叉研究的热点和重点发展方向。

② 基于材料宏观检测数据分析的性能分析与优化　材料的宏观检测数据指在材料加工、成形过程中利用传感器获得的监测数据以及零件制造完成后的质检数据，对此类数据的特性和关联关系进行智能分析与感知，能够对影响产品性能指标的工艺参数进行追溯，并辅助优化生产流程。智能算法可以透明的方式推断成形过程中工艺参数、原料参数、机器参数及变量之间的关联性，帮助找到最佳工艺参数，进而优化生产流程，更好地满足市场和成本要求，且不需要任何先验模型的引入。

2.4.2.2　国内外发展现状

（1）基于多传感器智能融合的间接测量

浙江大学流程工业实验室的袁小锋等提出采用即时学习的方式建立工业生产过程中复杂非线性过程的软测量模型并应用。

Zhou 等[61]采用基于案例因果推理以及模糊相似度粗糙集的算法实现了一种具有持续学习能力的软测量方法，能够有效地对产品质量给出量化评估，依托该技术研制的软测量系统已在国内某大型磨矿厂成功应用。Yuan 等[62]采用具有特征表示能力的深度堆叠自动编码机，可以通过可变加权叠层自编码器逐层地表示被监测输出的相关特征。基于该模型构建的软测量系统有效应用于工业脱硝塔的实时测量。Yuan 等[63]采用有监督的长短时记忆网络软测量青霉素发酵过程中的青霉素浓度。

数据驱动的软测量方法一般是建立在人工智能数据挖掘基础上的。建立该类模型甚至不需要对反应过程和机理有深入研究，仅通过对历史数据的学习训练回归模型，并将训练好的模型用于预测质量变量。常见的回归模型有Xgboost、多层感知机（multilayer perceptron，MLP）、支持向量回归（support vector regression，SVR）等[64]。

基于数据驱动的人工智能方法也有一定的缺陷，这些模型一般需要强监督的训练，对数据的质量要求很高。然而实际的工业生产过程存在很多复杂的情况，导致能够获取的数据的质量不理想。除了数据质量问题，还面临着过程变量和质量变量之间存在的非线性关系[65]。这是因为工业生产过程非常复杂，本身存在多个生产阶段，这导致了非线性问题的产生。仅使用传统的线性统计学习模型无法有效解决实际应用问题。

（2）基于机器视觉的工业生产在线测量与感知

机器视觉系统通过视觉装置（即图像摄取装置，分为CMOS和CCD两种）将被摄目标转换成图像信号，传送给专用的图像处理系统，得到被摄目标的形态信息，根据像素分布和亮度、颜色等信息，转变成数字化信号；图像系统对这些信号进行各种运算来抽取目标的特征，进而根据判别的结果来控制现场设备的动作。

如今，我国正成为世界机器视觉发展最活跃的国家/地区之一，应用范围涵盖了制造业、农业、医疗、军事、气象、天文、交通、安全、科研等领域。重要原因是我国已经成为全球制造业的中心，高要求的零部件及其相应的先进生产线需求，使许多具有国际先进水平的机器视觉系统和应用经验也进入了我国。

经历了长期的蛰伏，2010年我国机器视觉市场迎来了爆发式增长。数据显示，当年我国机器视觉市场规模达到8.3亿元，同比增长48.2%，其中智能相机、软件、光源和板卡的增长幅度都达到了50%，工业相机和镜头也保持了40%以上的增幅，皆为2007年以来的最高水平。2011年，我国机器视觉市场步入后增长调整期，相较2010年的高速增长，虽然增长率有所下降，但仍保持很高的水平。2011年中国机器视觉市场规模为10.8亿元，同比增长30.1%，增速同比2010年下降18.1个百分点，其中智能相机、工业相机、软件和板卡都保持了不低于30%的增速，光源也达到了28.6%的增幅，远高于中国整体自动化市场的增长速度。电子制造行业仍然是拉动需求高速增长的主要因素。2011年电子制造行业中机器视觉产品市场规模为5.0亿元人民币，增长35.1%，市场份额达到了46.3%。电子制造、汽车、制药和包装机械占据了近70%的机器视觉产品市场份额。

（3）面向材料微结构表征的显微图像智能分析

近年来，机器学习在材料成分、工艺、性能等结构化数据的分析和挖掘中取得了明显的进展。依赖于有效的特征提取能力，机器学习方法可挖掘出材料数据的显著特征，准确构建成分与性能间的相关关系，提升材料研发的效率。材料的组织结构通常以非结构化图像数据的形式展现，例如，通过高分辨率透射电镜反映出材料的原子结构和分布，透射电镜和扫描电镜拍摄的形貌图像反映了材料位错、晶体、夹杂等缺陷和相结构特征等，金相照片反映了材料晶粒和相分布的特征。但是，由于图像分析技术和手段的限制，多年来材料显微图像数据在科学研究中的应用主要依赖于人工的经验分析和信息提取，遗漏了大量材料学信息和隐含的知识，缺乏科学的定量描述，这成为构建材料本构关系的短板。而随着高通量材料显微图像数据的爆发式增长，对海量材料显微图像数据进行分析和挖掘的需求日益迫切。

材料微观结构的科学定量表征是材料科学领域的核心问题，使用图像分割方法对材料显微图像中蕴含的微观结构进行精确分析，得到了国内外研究人员的广泛关注。

传统手工设计特征的方法依赖像素的幅度、梯度和关联度等特征设计分割规则，在早期图像分割任务起到了巨大作用。随着人工智能理论的突破，研究者开始使用全卷积神经网络自主学习图像的语义信息，随着U-net网络在多种图像分割任务中展现出卓越性能，深度学习逐渐成为图像分割领域的主流方法。

依托强有效的特征提取能力，深度学习被广泛应用到材料显微图像分割任务中。Azimi等[66]提出了一种基于最大表决法的分割算法MVFCNN，与当时最先进的材料显微组织分割技术相比，精确度提高了1倍，取得了显著的进步。DeCost等[67]提出了一种深度卷积神经网络，可实现复杂微观结构的分割，能够从含有多种微观成分的复杂的微观图中获得水灰石粒度和变质区宽度的分布。Li等[68]结合卷积神经网络和图像局部分析的方法开发了一套适用于不同对比度、亮度和磁化的组织图像的缺陷自动检测工具。Maksov等[69]提出了一个基于深度学习的扫描透射电子显微镜（scanning transmission electron microscopy，STEM）成像分析模型，可在几秒内从原始的STEM数据中提取出数千个晶格缺陷。马博渊等[70]针对用于训练材料显微图像分割模型所需的标注数据量匮乏且标注过程琐碎耗时的小样本瓶颈问题，提出一种基于风格迁移的数据增广方法，相关论文发表于计算材料学著名期刊*npj Computational Materials*。

（4）基于多参量关联分析的指标追溯

在注射成形领域[71]，依托智能监测与智能感知技术，能够有效指导注射成形的过程控制，提升产品质量。如图2-30所示为智能注射成形过程。

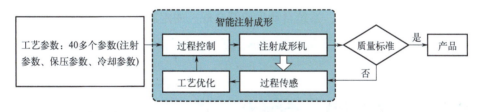

图2-30　智能注射成形过程

Mao等[72]提出了一种利用空腔压力数据进行自动特征学习的新方法。结果表明，该方法可以获得更高的分类精度，并为过程监控提供更优的解决方案。Tsai和Lan[73]研究了不同流道位置的熔体压力和型腔压力之间的相关性，并确定了流道位置，其中局部流道压力代表型腔压力。Cheng等[74]分别使用安装于模具型腔和表面的表面应变传感器和压力传感器采集数据，通过基于数据的回归方法发现型腔压力与模具表面应变成比例。利用这种相关性，可以通过模具表面应变数据间接获得精确的型腔压力分布。硬件配置如图2-31所示。

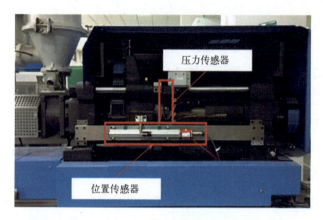

图2-31　安装压力传感器和位置传感器的注射模型机

此外，Zhou等[75]建立了基于聚合物熔体特性的质量预测模型，以在线监测产品重量变化。使用机器内置的注射压力传感器获得的压力积分被用作预测产品重量变化的有效过程变量。另外，浙江大学团队提出了一种超声波方法，通过高斯过程测量注塑过程中的空腔压力。同时采用超声波方法测量注塑机拉杆上的应力，从而监测机器的使用情况。

在增材制造领域，可以利用智能算法输出新的高性能超材料和优化的拓扑设计，帮助优化工艺参数，并进行粉末扩散检查和加工过程中的缺陷监测。剑桥大学Qi等[76]开发了一种全自动的过程，以发现超材料的最佳结构。图2-32所示为基于机器学习的微观组织分析与材料工艺设计。研究人员通过PEBA2301弹性材料的选择性激光烧结（SLS）过程进行了实验验证。该方法能够实现在给定所需的弹性材料特性（即杨氏模量、泊松比和剪切模量）时，系统自动生成符合规范的定制微结构。然后，科研人员应用卷积神经网络（CNN）对数据进行训练，通过有限元法（FEM）计算力学性能，并

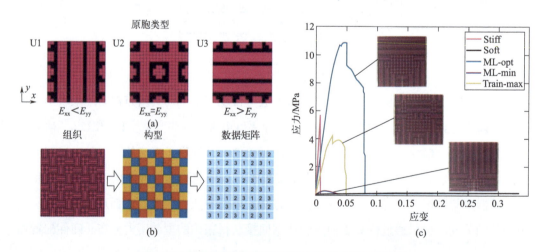

图2-32　基于机器学习的微观组织分析与材料工艺设计

创建复合超材料的新微观结构模式，该复合超材料的强度是原始工艺制造的材料的2倍，韧性是原始工艺制造的材料的40倍。他们的设计通过多材料喷射AM工艺进行了验证。其中一个亮点是，计算力学性能用FEM模拟大约需要5天，而CNN只需10小时即可完成训练，输出相同数量的数据不到1分钟。图2-33所示为基于卷积神经网络的材料结构预测与优化。

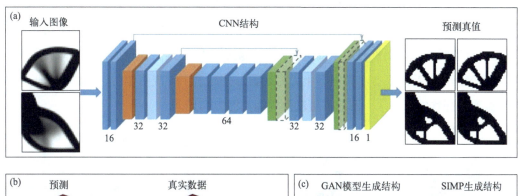

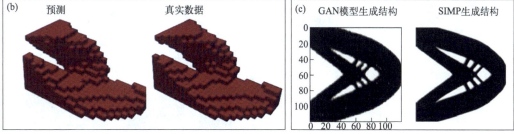

图2-33 基于卷积神经网络的材料结构预测与优化

2.4.2.3 典型应用案例

随着计算机硬件计算能力的提高和人工智能理论的进步，智能分析技术被更加广泛地应用于材料科学领域，分析结构材料间宏微观内禀关联关系。

① 在基于多传感器智能融合的间接测量方面，在基于机器视觉的工业生产在线测量与感知方面，日本基恩士通过持续研发新型视觉智能检测装置，在工业生产中通过视觉智能感知技术实现了产品尺寸和形状的快速检测，将良品率提高了20%。

在面向材料微结构表征的显微图像智能分析方面，美国橡树岭国家实验室（ORNL）建立了适用于铁素体显微缺陷尺寸和类型统计的图像分析模型。日本国立材料研究所构建了材料数据中心，涵盖了10个以上的材料专业数据库，并在此基础上利用显微图像处理技术分析材料微观结构，研发了超耐热高温合金材料并应用于最新型喷气发动机，每年预计为每架国际航班削减1亿日元燃料费用。我国钢铁研究总院开发了集采集、处理、分析为一体的高通量材料显微图像专用软件系统，其自主开发的高通量扫描电镜应用

（Navigator-OPA）荣获BCEIA2019金奖；中国科学院上海硅酸盐研究所进行了无机非金属材料的微结构表征和研究，通过原子尺度的结构和组成表征分析来揭示材料的形成机理和相关性能的微观机制；中国科学院金属研究所进行了微电子互连材料的微观结构与性能演化研究，开发的三维透射电镜表征技术（3D-OMiTEM）荣获美国显微学会创新奖。

在小样本复杂材料显微图像增广方面，针对用于训练材料显微图像分割模型所需的标注数据量匮乏且标注过程琐碎耗时的小样本瓶颈问题，提出了一种基于风格迁移的数据增广方法，通过风格迁移融合模拟仿真模型中的晶粒结构信息和真实图像中的纹理信息创建合成图像，以此扩充用于训练图像分割模型的数据集。实验结果表明，提出的数据增广策略的增益效果在小数据集上尤为明显，并超过了传统图像增广方法和基于预训练-微调的迁移学习方法。图像拼接软件界面如图2-34所示。

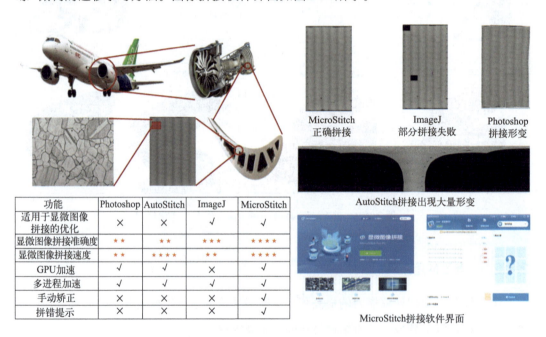

图2-34　图像拼接软件界面示意图

② 在基于多参量关联分析的指标追溯方面，中铝集团某铝加工公司研发的智能制造决策系统通过对企业生产制造数据、产品质量数据等多元异构数据进行采集整理，依托Hadoop等大数据平台，研发出基于大数据决策分析模型，构建了模型驱动的企业大数据智能分析与决策支撑平台。针对企业需求，以构建制造过程工业大数据为驱动力，利用数据分析和挖掘及可视化技术，从工业大数据中优化工艺规范、提升设备能力、提高产品质量、降低生产成本，实现产品的精益制造；通过对制造过程的KPI动态监控，及时发现问题、解决问题，实现企业运营过程的精益管理。图2-35所示为智能算法在质量感知中的应用，图2-36所示为铝板带生产全流程质量追溯。

质量主题		
质量指标	成品率	
	不良品率	
	退货率	
	降价率	
质量分析	工序缺陷分析	
	全流程追溯	
	缺陷分级	
质量预测	成品率预测	
质量成本	质量成本跟踪	
	质量成本指标分析	

图2-35　智能算法在质量感知中的应用

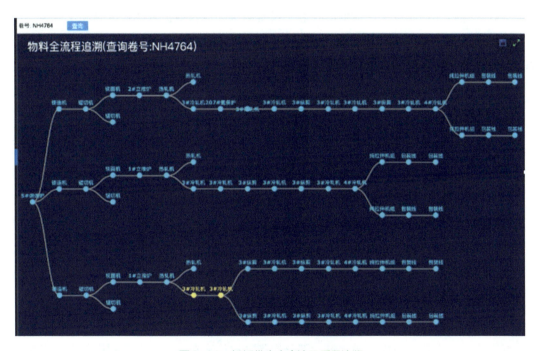

图2-36　铝板带生产全流程质量追溯

2.4.3　发展思路与方向

高端新材料成形过程的智能感知及在线检测技术对提高成形质量及生产效率、辅助进行智能化成形控制具有重要意义。与国外先进国家的高端新材料成形过程在线检测与智能感知技术相比，我国目前在核心传感器国产化率、系统集成度、系统稳定性、感知及检测数据服务成形控制的能力、产学研用协同示范应用等方面还存在较大差距。

① 核心传感器国产化率低　受制于《瓦森纳协定》的制约及我国传感器核心器件

生产能力不足的问题，目前传感器严重依赖进口，且材料成形过程使用的核心传感器大多为国外提供的标准件，部分设备的核心数据无法共享使用。加之在线检测过程的核心器件如相机、镜头、高精度显微镜、压电传感器等无法实现定制化，严重制约着高端新材料成形过程的表面缺陷、内部缺陷、表面粗糙度、表面温度等核心参数的在线检测，以及在此基础上的优化控制能力。综上可知，目前在工业生产过程检测中，还无法完全替代国外进口传感器，在线检测技术的核心传感器技术成为了目前"卡脖子"的重大技术之一。

② 系统集成度低　我国工业设计理念落后，系统思维未能充分应用到工业领域，设计冗余较多，设备工作环境恶劣、维修保养制度不完善等原因，造成目前高端新材料成形过程的智能感知及在线检测系统的集成度较低，不能较好地发挥核心器件的设计性能，往往运行在远比设计性能低的状态。设备本身的运行维护未能形成制度及标准，加剧了新的检测及感知系统的低集成度、高设计冗余度。建议通过构建智能感知及在线检测技术标准体系，探索开展系统集成设计竞赛，稳步提高我国智能感知及在线检测技术的系统集成度。

③ 系统稳定性差　受通信协议、控制软件、数据传输防护水平、软件平台设计、封装及防护设计等多方面因素的影响，检测系统的稳定性差。核心传感器及其配套的控制软件、通信协议等均为国外提供的标准化数据包，无法进行定制化设计及开发，降低了系统的稳定性。软件平台设计及维护水平低，与用户使用习惯的偏离，也会导致整套系统的稳定性变差。同时，整套检测系统的封装及防护设计、数据传输防护水平等经验较少，导致检测及感知系统在恶劣及复杂工况下容易出现稳定性降低的情况。建议加快构建底层数据通信协议及软件设计相关标准，构建在线检测及智能感知技术体系，以稳步提高系统的稳定性。

④ 感知及检测数据服务成形控制的能力差　由于存在各感知及检测系统的数据接口标准未统一、数据采集及通信难、部分检测数据传输滞后、成形控制模型未能将实时感知及检测数据融入等问题，导致智能感知及检测数据还存在利用率不足、服务高端材料成形过程控制的能力较差等问题。同时，各智能感知及检测系统还存在数据壁垒，缺乏共享机制。目前部分产线已建立数据中台等数据集中式管理范式，一定程度上解决了数据孤岛问题，但还需要加强实时感知及检测数据融入控制模型，参与闭环控制的能力。

⑤ 产学研用协同示范应用少　在智能感知核心器件及系统集成技术等方面，我国产业界、学术界、研究界与应用界之间的互动相对不足，造成各自为战的局面。建议依托于国家重点研发计划，采用揭榜挂帅、创新联盟、产学研用一体化平台等多个途

径及多种形式，加强产学研用的沟通及互动，形成协同创新的合力，以推动我国高端新材料成形过程在线检测与智能感知技术的进步，为高端新材料智能成形提供有效的支撑。

2.5　高端新材料智能成形过程预测与控制技术

2.5.1　工业信息物理系统

2.5.1.1　技术内涵

工业信息物理系统是通过集成先进的感知、计算、通信、控制等信息技术和自动控制技术，构建的物理空间与信息空间中人、机、物、环境、信息等要素相互映射、适时交互、高效协同的复杂系统，可以实现系统内资源配置和运行的按需响应、快速迭代、动态优化。

工业信息物理系统的本质是在工业领域内构建的一套赛博（Cyber）空间（信息空间）与物理（Physical）空间之间基于数据自动流动的状态感知、实时分析、科学决策、精准执行的闭环赋能体系，用于解决生产制造、应用服务过程中的复杂性和不确定性问题，提高资源配置效率，实现资源优化。工业信息物理系统的技术组成可以概括为以下几个方面：

（1）实现感知和自动控制

感知和自动控制分别是数据闭环流动的起点和终点。感知的本质是物理世界的数字化，通过各种芯片、传感器等智能硬件实现生产制造全流程中人、设备、物料、环境等隐性信息的显性化，是工业信息物理系统实现实时分析、科学决策的基础。而自动控制是在数据采集、传输、存储、分析和挖掘的基础上做出的精准执行，体现为一系列动作或行为，作用于人、设备、物料和环境上，如分布式控制系统（DCS）、可编程逻辑控制器（PLC）及数据采集与监视控制系统（SCADA）等。

该技术主要包括智能感知技术和虚实融合控制技术，如图 2-37 所示。智能感知技术，即传感器技术，将检测的信息按一定规律变换成电信号或其他所需形式的信息，输出到信息空间。而虚实融合控制技术则在状态感知的基础上，向更高层次同步或即时反馈信息。

（2）打造工业软件

工业软件是对工业研发设计、生产制造、经营管理、服务等全生命周期环节规律的

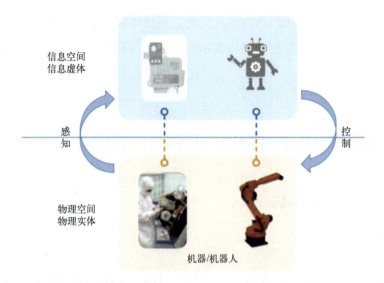

图2-37　信息空间与物理空间的交互

模型化、代码化、工具化，是工业知识、技术积累和经验体系的载体，是实现工业数字化、网络化、智能化的核心。工业软件定义了工业信息物理系统，其本质是要打造"状态感知-实时分析-科学决策-精准执行"的数据闭环，构筑数据自动流动的规则体系，实现制造资源的高效配置。

　　CPS应用的工业软件技术主要包括嵌入式软件技术和MBD技术。嵌入式软件技术主要通过把软件嵌入工业装备或工业产品之中，实现自动化、智能化地控制、监测、管理各种设备和系统的运行，紧密结合在CPS的控制、通信、计算、感知等各个环节，如图2-38所示。MBD（model based definition）技术采用一个集成的全三维数字化产品描述方法来完整地表达产品的结构信息、几何形状信息、三维尺寸标注和制造工艺信息等，将三维实体模型作为生产制造过程中的唯一依据。MBD技术支撑了CPS的产品数

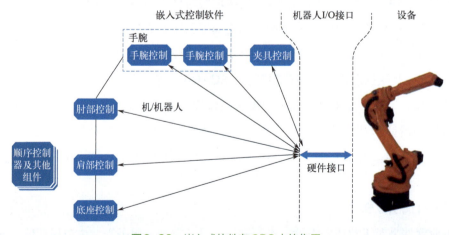

图2-38　嵌入式软件在CPS中的作用

据在制造各环节的流动，如图2-39所示。

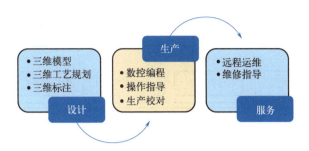

图2-39　MBD技术在制造业中的应用

（3）设计工业网络

工业网络是连接工业生产系统和工业产品各要素的信息网络，通过工业现场总线、工业以太网、工业无线网和异构网络集成等技术，实现工厂内各类装备、控制系统和信息系统的互联互通，以及物料、产品与人的无缝集成，并呈现扁平化、无线化、灵活组网的发展趋势。

（4）搭建工业云和智能服务平台

工业云和智能服务平台是高度集成、开放和共享的数据服务平台，是跨系统、跨平台、跨领域的数据集散中心、数据存储中心、数据分析中心和数据共享中心。平台通过边缘计算技术、雾计算技术、大数据分析技术等进行数据的加工处理，形成对外提供数据服务的能力，并在数据服务的基础上提供个性化和专业化服务，如图2-40所示。

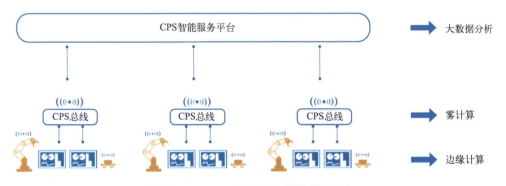

图2-40　CPS平台构建需要的计算技术

在实际生成过程中，工业信息物理系统的实现方式是多种多样的，但应围绕感知、分析、决策与执行闭环，面向企业设备运维与健康管理、生产过程控制与优化、基于产品或生产过程的服务化延伸等需求建设，并基于企业自身的投入选择数据采集与处理、工业网络互联、软硬件集成等技术方案。其通用的功能架构如图2-41所示，功能架构由业务域、融合域、支撑域和安全域构成。业务域是CPS建设的出发点，融合域是解决物理空间和信息空间交互的核心，支撑域提供技术方案，安全域为建设CPS提供保障。

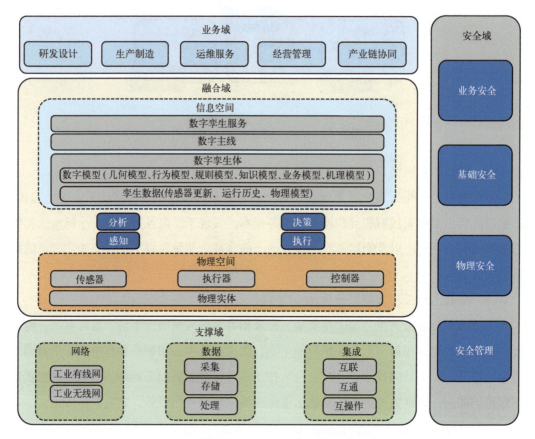

图2-41 CPS功能架构

2.5.1.2　国内外发展现状

　　信息物理系统（cyber physical systems，CPS）是支撑信息化和工业化融合的综合技术体系。在世界主要国家纷纷发布制造业转型升级、"再工业化"战略的大背景下，发展CPS成为支撑和引领全球制造业新一轮技术革命和产业变革的重要举措。

　　欧美各国推出相关政策以支持CPS技术研发。美国于2006年2月发布《美国竞争力计划》，将CPS列为重要的研究项目。2007年7月，美国总统科学技术顾问委员会在《挑战下的领先——竞争世界中的信息技术研发》中将CPS列为八大关键信息技术之首。同时，CPS技术多年来均被美国国家自然科学基金会（NSF）列为科研热点和重点，其在2017—2019年投入在CPS研究上的资金总计1.13亿美元，其中2019年投入资金5150万美元，占三年总投入的45.6%。欧盟于2007—2013年间投入约54亿欧元研究嵌入式智能系统，德国于2013年4月推出"工业4.0"，把CPS作为核心技术。众多研究机构纷纷开展CPS不同领域的研究工作，推动CPS技术多维度发展。美国国家自然科学基金会认为CPS是一种计算资源和物理资源紧密结合和协作的系统，未来的CPS在适应性、自主性、效率、功能、可靠性、安全性和可用性方面将远远超过现在的系统。近年来，NSF重点关注加速CPS成熟应用的工程实践以及测试、实验环境的相关研究。2019年，NSF联合德国科学基金会（DFG）在信息物理网络优先项目（SPP-1914）中对CPS通信网络领域的技术研究提供了支持。美国国家标准与技术研究院CPS公共工作组认为CPS应将计算、通信、感知和驱动与物理系统结合，以实现有时间要求的功能，它不同程度地与环境交互，包括与人互动。美国辛辛那提大学的Jay Lee教授认为实体空间对象、环境、活动大数据的采集、存储、建模、分析、挖掘、评估、预测、优化、协同，与对象的设计、测试和运行性能表征相结合，会产生与实体空间深度融合、实时交互、互相耦合、互相更新的网络空间（包括机理空间、环境空间与群体空间的结合），进而通过自感知、自记忆、自认知、自决策、自重构和智能支持促进工业资产的全面智能化。同时，Jay Lee教授进一步对数字孪生和CPS集成技术的关键特点和要求进行了归纳，并提出了在CPS中集成数字孪生和深度学习的参考构架。加州大学伯克利分校伯克利工业CPS研究中心（ICYPHY）的Edward A. Lee教授认为CPS是计算过程和物理过程集成的系统，可利用嵌入式计算机和网络对物理过程进行监测和控制，并通过反馈环实现计算过程和物理过程的相互影响。ICYPHY侧重于CPS体系结构、设计、建模和分析技术的开源，旨在通过CPS解决机械、环境、电力、生物医学、化学、航空等领域的工程模型与算法模型的融合，搭建学术研究与工业应用的桥梁。

与国外相比，国内的CPS技术发展相对滞后。2010年，科学技部启动了"面向信息-物理融合的系统平台"等项目。中国电子技术标准化研究院联合国内百余家企事业单位发起成立了信息物理系统发展论坛，共同研究CPS技术与应用。2017年3月，中国电子技术标准化研究院联合CPS发展论坛的成员单位共同编撰了《信息物理系统白皮书（2017）》，对面向制造业的CPS展开论述。北京航空航天大学团队于2017年将信息物理融合这一科学问题分解提炼为"物理融合、模型融合、数据融合、服务融合"4个不同维度的融合问题，设计了相应的系统实现参考框架，并结合数字孪生技术与制造服务理论，对物理融合、模型融合、数据融合和服务融合4个关键科学问题开展了系统性研究与探讨，提炼和归纳了相应的基础理论与关键技术。相关工作为相关学者开展数字孪生信息物理融合理论与技术研究，为企业建设并实践数字孪生理念提供了一定的理论与技术参考。

我国学术领域在理论、标准、平台应用研究领域均有突破。在基础研究领域，高校和科研单位对CPS技术和应用的研究进入核心攻坚阶段，重点突破物理仿真、实时传感、智能控制、人机交互、系统自治等CPS关键核心技术。中国科学院何积丰院士认为信息物理系统从广义上理解，就是一个在环境感知的基础上，深度融合了计算、通信和控制能力的可控可信可扩散的网络化物理设备系统，它通过计算进程和物理进程相互影响的反馈循环实现两个进程的深度融合和实时交互，从而增加或扩展新的功能，以安全、可靠、高效和实时的方式监测或控制一个物理实体。2019年7月，由周济院士领衔，中国工程院、华中科技大学、清华大学、密歇根大学的多位学者参与的论文《面向新一代智能制造的人-信息-物理系统（HCPS）》，从HCPS视角分析了智能制造系统的进化历程与趋势，重点探讨了面向新一代智能制造的HCPS的内涵、特征、技术体系、实现架构以及面临的挑战。郑州航空工业管理学院提出了一种基于数字孪生和AutomationML的CPPS信息建模方法，可以按照标准格式（即AutomationML）封装和定义各种制造服务，然后将相应的虚拟制造资源（DT）集成到CPPS中。

2.5.2 数字孪生系统

2.5.2.1 技术内涵

根据目前的资料显示，数字孪生术语由迈克尔·格里夫（Michael Grieves）教授在美国密歇根大学任教时首先提出。当时其被称为"镜像空间模型"[77]，后在文献[78]中被定义为"信息镜像模型"和"数字孪生"。2002年12月3日他在该校"PLM开发联盟"成立时的讲稿中首次图示了数字孪生的概念内涵，2003年他在讲授PLM课程时使用了"Digital Twin"（数字孪生）这一术语，在2014年他撰写的《数字孪生：通过虚拟工厂复制实现卓越制造》（*Digital Twin: Manufacturing Excellence through Virtual Factory Replication*）文章中进行了较为详细的阐述，奠定了数字孪生的基本内涵。

基于数字孪生体的概念模型，并参考GB/T 33474—2016和ISO/IEC 30141:2018两个物联网参考架构标准以及ISO 23247（面向制造的数字孪生系统框架）标准草案，图2-42给出了数字孪生系统的通用参考架构。一个典型的数字孪生系统包括用户域、数字孪生体、测量与控制实体、现实物理域和跨域功能实体共五个层次。

第一层（最上层）是使用数字孪生体的用户域，包括人、人机接口、应用软件以及其他相关数字孪生体（本书称之为共智数字孪生体，可简称共智孪生体）。

第二层是与物理实体目标对象对应的数字孪生体。它是反映物理对象某一视角特征的数字模型，并提供建模管理、仿真服务和孪生共智三类功能。建模管理涉及物理对象的数字建模、模型展示、模型同步和运行管理。仿真服务包括模型仿真、报告生成、分析服务和平台支持。孪生共智涉及共智孪生体等的资源接口、资源互操作、安全访问和

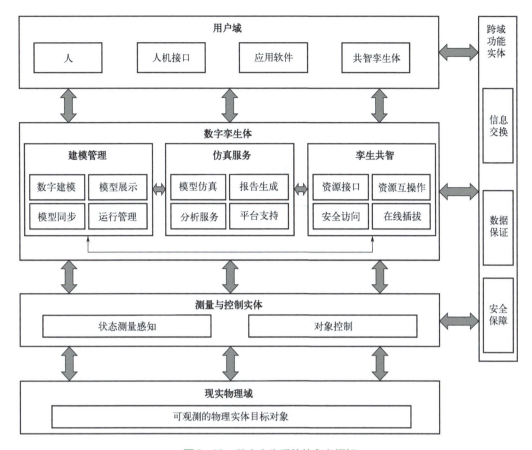

图2-42　数字孪生系统的参考框架

在线插拔。建模管理、仿真服务和孪生共智之间传递实现物理对象的状态感知、诊断和预测所需的信息。

第三层是处于测量控制域，连接数字孪生体和现实物理域的测量与控制实体，实现对物理对象的状态测量感知和对象控制功能。

第四层是与数字孪生体对应的物理实体目标对象所处的现实物理域。测量与控制实体和现实物理域之间有测量数据流和控制信息流的传递。

测量与控制实体、数字孪生体以及用户域之间数据流和信息流的传递，需要信息交换、数据保证、安全保障等跨域功能实体的支持。信息交换通过适当的协议实现数字孪生体之间的信息交换。安全保障负责数与字孪生系统安保相关的认证授权、保密和完整性。数据保证与安全保障一起负责数字孪生系统数据的准确性和完整性。

工业数字孪生是指满足工业产品全生命周期场景需求和功能要求，基于数字建模、物联网、大数据、人工智能等技术，构建的物理实体和信息空间的虚实客观映射。工业数字孪生构了建满足工业产品全生命周期场景需求和功能要求的一套完整工具与组件。基于工业数字孪生可以开发、实施和运行工业数字孪生系统。工业数字孪生的架构主要包括六个部分，分别是物理实体层、数据互动层、孪生数据层、统一建模层、数字孪生全周期管理层和应用服务层，具体架构如图2-43所示。孪生数据层通过将物理实体经过数据互动处理之后的数据传输给统一建模层进行建模，实现模型与数据之间的交互；同时，在数字孪生全周期管理层以孪生数据与模型实现数字孪生体的全周期管理，最终在应用服务层实现孪生封装、多维交互与孪生展示等功能。

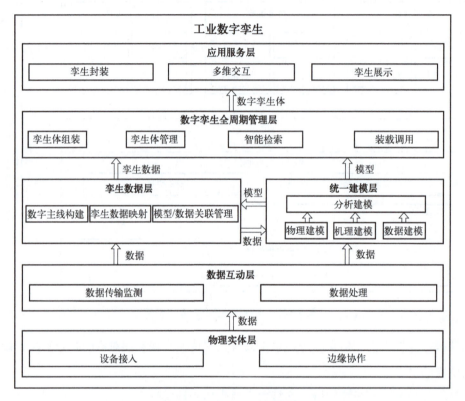

图2-43　工业数字孪生的架构

① 物理实体层是对物理实体进行感知接入和边缘端协作的模块，应具备设备接入和边缘协作功能，为数据互动层提供物理实体数据；

② 数据互动层是对物理实体数据进行处理和传输的模块，应具备数据传输监测和数据处理功能，为孪生数据层提供数据支持；

③ 孪生数据层是构建数字主线、将数据与模型匹配的模块，应具备数字主线构建、孪生数据映射和模型/数据关联管理功能，为统一建模层和上层应用开发提供高质量数据支撑；

④ 统一建模层是建立数字孪生基础模型的模块，应具备物理建模、机理建模、数据建模和分析建模功能，为数字孪生全生命周期管理层提供模型支持；

⑤ 数字孪生全生命周期管理层是组装数字孪生体并进行管理的模块，应具备孪生

体组装、孪生体管理、智能检索和装载调用功能，为应用服务层提供数字孪生体；

⑥ 应用服务层是提供数字孪生应用服务的模块，应具备孪生封装、多维交互和孪生展示的功能。

2.5.2.2　国内外发展现状

国际上，在学术界，以辛辛那提大学、美国国家航空航天研究所等为代表的研究机构在数字孪生架构、数字孪生定义和数字孪生建模方法等领域进行了研究，为数字孪生引擎的开发提供了理论基础。德国西门子 Stefan Boschert 等从仿真的角度对数字孪生进行了研究，利用数字孪生在机电产品运行中进行优化并连接产品生命周期不同环节。美国佛罗里达理工大学 Grieves 等提出了利用数字孪生减少复杂系统中不可预知的紧急情况，并给出了数字孪生相关定义和概念。美国辛辛那提大学 Jay Lee 等将数字孪生和深度学习融入信息物理系统（CPS）架构中，提出基于深度学习、数字孪生和 5C-CPS 的参考架构，以促进智能制造和"工业 4.0"转型。美国国家航空航天研究所 Seshadri 等利用数字孪生理念对飞机机翼损失大小、位置和方向进行准确估计。美国 ANSYS 公司的 Ryan 等针对汽车刹车系统，将不同领域的模型在 Simplorer 中利用 Modelica 建模语言耦合多领域系统模型，利用数字孪生仿真研究模型驱动的健康监测和预测性维护。

在工业界，以西门子、达索等为代表的工业领域技术服务厂商面向仿真分析、制造执行等需求已成功开发数字孪生平台，为数字孪生引擎功能架构标准的制定提供了案例支撑。在物联网、云计算、大数据等技术的支持下，德国西门子开发的 MindSphere 工业软件平台集成了产品全生命周期管理软件、制造执行系统软件和全集成自动化软件，用于构建产品开发、产品生产和设备预测数字孪生模型。法国达索在其开发的 3D Experience 平台中集成了多物理场仿真分析、仿真生命周期（SLM）、注塑仿真、多体仿真、流体场仿真、汽车建模仿真等诸多领域的能力，可面向工业、交通、航空航天等 12 个行业，帮助客户以数字方式重塑先进产品的开发与生产制造。美国通用电气通过开发 GE Digital 并作为 Predix 物联网平台的一部分，目前已建立了大量工业高保真数字孪生模型和实例。法国 ESI 开发的 HybridTwin™ 可以在实际产品从创造（制造）、使用到后期处理整个生命周期中存在，为产品的设计和整体质量提供精准的指引。加拿大 Maplesoft 开发的 MapleSim 可以创建数据驱动的数字孪生来辅助产品设计的所有阶段，对虚拟调试至关重要。

国内学术界，以北京航空航天大学、西安电子科技大学等为代表的研究机构对数字孪生建模理论、数字孪生分析方法和数字孪生应用方法进行了研究，为工业数字孪生引擎的开发提供了理论、技术基础。北京航空航天大学陶飞对数字孪生进行了深入的理论研究和应用实践，包括数字孪生车间、装备诊断和健康管理方法、数字孪生的五维模型和十大应用领域等。西安电子科技大学工业智能团队在铸造生产、地下施工等诸多领域探索数字孪生应用模式，开发了一套基于数字孪生的工业智能分析工具。北京理工大学庄存波对产品数字孪生的含义、体系结构和趋势、管理和控制框架进行了研究。东华大学鲍劲松提出了一种基于数字孪生的车间建模框架，解决了航天结构件制造车间物理空间与信息空间缺乏实时交互的问题。山东大学胡天亮在保持数控机床模型一致性等方面进行了研究，并利用数字孪生实现了数控机床智能场景感知、智能服务决策和预测性维护等应用。

在工业界，以安世亚太和塔力科技为代表的工业领域服务厂商陆续面向智能制造和铁路交通等领域开发了具有仿真、监控和控制等功能的数字孪生应用平台，为数字孪生引擎功能架构标准的制定提供了案例支撑。安世亚太致力于开发数字孪生技术整合框架和集成平台，用以支撑解决方案的工程化落地，目前，其研发的安世亚太仿真云平台和自主通用仿真软件在铁路交通、工业园区等领域进行了应用。西安塔力科技完全自主研发的超融合智慧数字孪生平台，融入了5G、大数据和人工智能等新一代技术，打造了新一代智慧数字孪生体系，从而实现了智能制造、智慧能源等系统的可视、可管和可控。中船重工先后推出的船舶管加工数字孪生车间系统和数字孪生监控系统分别实现了船舶管系全新智能制造加工模式和船舶工程现场远程实时监控，极大提高了工作效率，降低了企业运营成本。树根互联和三一重工联合构建了面向工程机械的基于服务搭建的设备IoT数字孪生，借助根云平台的大数据工坊和AI能力提升传统工程机械制造商企业的管理精度和效率。

综上所述，国外数字孪生相关机构在学术界和工业界进行了大量的理论研究和落地应用，尤其是工业界已经开发出高质量数字孪生平台和工业软件，可以支持企业涵盖其整个价值链的整合及数字化转型。国内数字孪生相关机构同样在学术界和工业界取得了不错的理论成果和应用案例，但是研究进展仍然落后于国外相关研究。目前，国内外学术界和工业界在数字孪生引擎功能架构方面缺乏相关探索。但是，现有国内外研究成果和应用案例均可以为工业数字孪生引擎功能架构标准的制定提供技术基础。

2.5.3　工业大数据与人工智能

2.5.3.1　技术内涵

（1）工业大数据

工业大数据是指工业领域相关的海量数据，包括信息化数据、物联网数据以及跨界数据，其已成为新工业革命的核心动力[79]。工业大数据本身不仅具有广义大数据的 3V 或 4V 特点，还呈现出"多模态""强关联"和"高通量"3 个特点[80]。

① 多模态　所谓多模态，是指非结构化类型工程数据包括设计制造阶段的概念设计、详细设计、制造工艺、包装运输等 15 大类数据，以及服务保障阶段的运行状态、维修计划、服务评价等 14 大类数据。例如，在运载火箭研制阶段，将涉及气动力数据、气动力热数据、载荷与力学环境数据、弹道数据、控制数据、结构数据、总体试验数据等。

② 强关联　所谓强关联，一方面是指产品生命周期的设计、制造、服务等不同环节的数据之间需要进行关联，即把设计制造阶段的业务数据正向传递到服务保障阶段，同时将服务保障阶段的数据反馈到设计制造阶段；另一方面，在产品生命周期的统一阶段会涉及不同学科、不同专业的数据。例如，民用飞机预研过程中会涉及总体设计方案数据，总体需求数据，气动设计及气动力学分析数据，声学模型数据及声学分析数据，飞机结构设计数据，零部件及组装体强度分析数据，多电系统模型数据，多电系统设计仿真数据，各个航电系统模型仿真数据，导航系统模型仿真数据，系统及零部件健康模型数据，系统及零部件可靠性分析数据等，这些数据需要进行关联。

③ 高通量　所谓高通量，即工业传感器要求瞬时写入超大规模数据。嵌入传感器的智能互联产品已成为工业互联网时代的重要标志，是未来工业发展的方向，机器数据已成为工业大数据的主体。以风机装备为例，风机故障状态其数据采样频率为 50Hz，每台平均 125 个测点，金风科技公司拥有 2 万台风机，其最高瞬时数据写入量超过 1 亿数据点 / 秒。

工业大数据应用特点集中体现在物理信息、产业链以及跨界 3 个层次的融合，这与其他领域大数据应用具有明显差异，因此需要从数据模型、语义、查询操作 3 个层面对工业大数据进行一体化管理。

（2）人工智能

人工智能技术广义上来看是一种通过算法模型对数据进行处理的技术，人工智能因此开始进入工业互联网建设方的视野，成为服务商拉高产品价值的落脚点。以深度学习和知识图谱为代表的人工智能技术可以提高系统建模以及处理复杂性、不确定性和常识性问题的能力，显著提升了对工业大数据分析的能力和效率，进一步扩大了工业互联网平台可解工业问题边界的深度和广度。人工智能驱动的工业数据智能分析支撑工业互联网实现了数据价值的挖掘，强化了工业企业的数据洞察能力，成为打通智能制造"最后一公里"的关键环节。

人工智能的核心技术主要包含深度学习、计算机视觉（机器视觉）、自然语言处理和数据挖掘等。应用的细分领域包含智能机器人、虚拟个人助理、实时语音翻译、视觉自动识别、推荐引擎等[81]。

① 深度学习（deep learning，DL）是实现人工智能的一种重要方法。机器学习的概念来自早期的人工智能研究者，简单来说，机器学习就是使用算法分析数据，从中学习并自动归纳总结成模型，最后使用模型做出推断或预测。深度学习的基础是大数据，实现的路径是云计算。只要有充足的数据、足够快的算力，得出的结果就会足够准确。目前，基于大数据、云计算这种智能化操作路径，可以在深度神经网络框架下来更好解释。

② 计算机视觉（computer vision，CV）是指计算机从图像中识别出物体、场景和活动的能力。

③ 自然语言处理（natural language processing，NLP）是计算机科学、人工智能、语言学等多学科交叉的领域，旨在使计算机能够理解、解释和生成人类语言。因此，自然语言处理是与人机交互的领域有关的。自然语言处理面临很多挑战，包括自然语言理解，因此，自然语言处理涉及人机交互的界面。

④ 数据挖掘（data mining，DM）是指从大量的数据中通过算法搜索隐藏于其中信息的过程。数据挖掘通常与计算机科学有关，并通过统计、在线分析处理、情报检索、机器学习、专家系统（依靠过去的经验法则）和模式识别等诸多方法来实现上述目标。

2.5.3.2　国内外发展现状

（1）工业大数据

美国通用电气（GE）联合Pivotal向全球开放了工业互联网云平台Predix，将各种工业资产设备接入云端提供资产性能管理（APM）和运营优化服务；美国PTC收购了物联网云平台公司Axeda，打造了智能互联产品ThingWorx；丹麦维斯塔斯（Vestas）联合IBM基于BigInsights大数据平台分析气象、传感器、卫星、地图等数据，支持风场选址、运行评估等工作；德国西门子面向工业大数据应用，整合远程维护、数据分析及网络安全等一系列技术，推出了Sinalytics数字化服务平台，作为其实现"工业4.0"的重要抓手；德国SAP开发了面向物联网应用和实时数据处理的HANA大数据平台，并利用其在传统企业信息化ERP系统上的优势，推动HANA与信息化系统的集成；美国国家航空航天局（NASA）对外开放自己的数据，帮助用户进行火星生命探测和天文观测等。此外，硅谷新兴的创业公司也在积极投入工业数据的技术和产品研发，典型代表有Uptake Technologies公司，为建筑、航空、采矿行业提供分析与预测软件服务。

国内工业大数据平台建设方面也有一定进展，主要依托国内互联网应用的基础，面向轻资产设备数据接入搭建通用平台，例如中国移动物联网开放平台、腾讯QQ物联平台等；在高端装备方面仍然是以龙头企业自建方式为主，例如陕鼓动力的鼓风机远程监测平台、三一集团工程机械物联网平台、远景格林威治风电云平台、红领制衣版型数据平台、南方航空公司航空大数据平台等。这些工业领域的大数据平台存在技术架构差异大、建设水平参差不齐、应用效果不明显等瓶颈问题。

　　未来，随着我国人口红利逐步消失，环境压力日益加大，工业大数据作为战略核心资产，将成为我国制造业转型过程中实现价值留存和新价值创造的关键要素。在此背景下，国家相继出台《国务院关于加快发展生产性服务业促进产业结构调整升级的指导意见》等指导性文件，制定"互联网+"行动计划，颁布《中国制造2025》战略规划，特别是国务院发布的《促进大数据发展行动纲要》与《〈中国制造2025〉重点领域技术路线图（2015版）》都将工业大数据作为重点发展方向。

　　（2）人工智能

　　人工智能概念的提出始于1956年的美国达特茅斯会议。人工智能至今已经有60多年的发展历史，从诞生至今经历了三个发展浪潮期，分别是1956—1970年、1980—1990年和2000年至今[82]。1959年，Arthur Samuel提出了机器学习，推动人工智能进入第一个发展高潮期。此后，20世纪70年代末期出现了专家系统，标志着人工智能从理论研究走向实际应用。20世纪80年代到90年代随着美国和日本立项支持人工智能研究，人工智能进入第二个发展高潮期，其间人工智能相关的数学模型取得了一系列重大突破，如著名的多层神经网络、BP（反向传播）算法等，算法模型和专家系统的准确度进一步提升。其间，研究者专门设计了LISP语言与LISP计算机，最终由于成本高、维护难而失败。1997年，IBM"深蓝"战胜了国际象棋世界冠军Garry Kasparov，是一个具有里程碑意义的事件。当前人工智能处于第三个发展高潮期，得益于算法、数据和算力三方面共同的进展。2006年，加拿大Hinton教授提出了深度学习的概念，极大地发展了人工神经网络算法，随后以深度学习、强化学习为代表的算法研究的突破，使算法模型持续优化，极大地提升了人工智能应用的准确性，如语音识别和图像识别等。大数据、云计算等信息技术的快速发展，GPU、NPU、FPGA等各种人工智能专用计算芯片的应用，极大地提升了机器处理海量视频、图像等的能力。在算法、算力和数据能力不断提升的情况下，人工智能技术快速发展。近年来，深度学习+大数据+并行计算共同推动人工智能技术实现跨越式发展，基于人工智能技术的各种产品在各个领域代替人类从事简单重复的体力或脑力劳动，促进了各个行业的发展和变革。

　　我国人工智能产业在政策、资本、市场需求的共同推动和引领下快速发展。产业上，我国人工智能企业"质、量"兼顾，同步发展，产业规模不断扩大，产业链布局不断完善。技术上，论文数量不断攀升，在复杂的国际环境中，我国迎难而上，芯片产业突破明显，在国际竞赛中，我国企业成果颇丰。为进一步推动技术创新，诸多高校设置了人工智能相关专业，成立了人工智能学院。融合上，我国人工智能与实体经济融合在广度和深度上都进一步深化，全国人工智能产业形成了特色化的发展格局。相关数据显示，2020年人工智能行业核心产业市场规模将超过1500亿元，预计在2025年将超过4000亿元。我国人工智能产业在各方的共同推动下进入爆发式增长阶段，市场发展潜力巨大，未来我国有望发展为全球最大的人工智能市场。我国高度重视人工智能技术进步与行业发展，已将人工智能上升为国家战略。在此背景下，许多地方出台了促进人工智能发展的政策，针对人工智能开展了布局。以广东省为例，广州、深圳、佛山等不少基础雄厚的城市都在积极谋划创建人工智能试验区，其中佛山市提出要"创建国家新一代人工智能创新发展试验区"，这一举措对区域在人工智能发展赛道上抢占先机十分有利，对于区域人工智能发展有着显著的带动效果。

2.5.4　典型应用案例

"智能工厂"的概念最早由奇思于2009年在美国提出，是实现智能制造的重要载体，是移动通信网络、数据传感监测、信息交互集成、人工智能等智能制造相关技术、产品及系统在工厂层面的具体应用，以实现生产系统的智能化、网络化、柔性化、绿色化。从广义上来看，"智能工厂"是以制造为基础，向产业链上下游同步延伸，涵盖了产品全生命周期智能化实施与实现的组织载体，其核心是工业化和信息化的高度融合。信息物理系统（CPS）和数字孪生都在高端新材料的智能成形过程中发挥着重要作用，数字孪生是实现CPS的核心技术之一，两者都具有数据数字化、连接性以及对物理系统监控的目标，并且在更大程度上赋予对象智能性。其区别在于CPS是一个整体系统，包括物理对象、通信接口、计算硬件、软件应用程序和数字模型，而数字孪生是表示物理对象的互连虚拟模型；CPS可以在不依赖数字孪生的情况下实现上述目标，而数字孪生必须依靠CPS基础设施来实现上述目标。

（1）智能铸造生产线

西安电子科技大学以典型精密铸造行业国产化柔性加工线为背景建立了智能工厂应用示范，研究智能铸造产线集成技术体系、智能铸造产线自动感知技术以获取精密铸造产线多协议多源异构数据，研究智能铸造产线全流程协同仿真与优化控制技术以建立专家知识（H）与C空间产线模型，研究智能铸造工业大数据建模与分析技术以打通H-C-P系统之间的数据流动并支撑系统研发，研发智能铸造产线集成系统，建立智能铸造产线HCPS，具备全过程自动化的设计仿真和信息-物理交互能力，实现复杂环境识别、人机交互、设备在线诊断、产品质量实时控制等功能，支持5种以上的工艺数据的在线感知。本项目的总体架构路线与研究内容如图2-44所示。

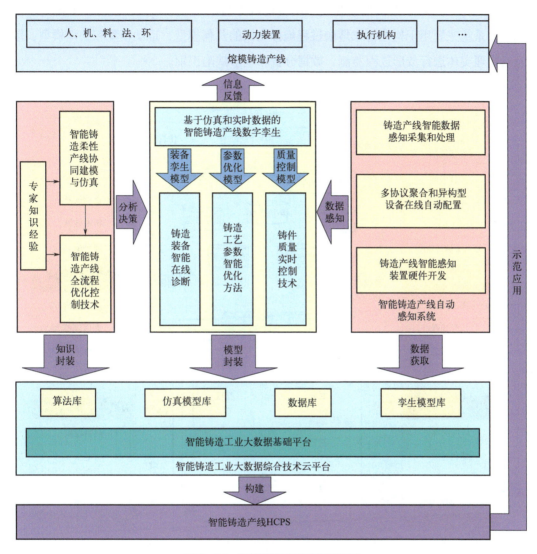

图2-44　智能铸造工厂总体架构图

传统的铸造模拟仿真是分工序开展，对铸造缺陷及尺寸误差的传递无法预测分析。该项目首先对蜡模压制-型壳焙烧-合金浇注过程的数值进行模拟仿真计算和全流程集成计算，进一步构建数据驱动的工艺优化模型，实现工艺参数和铸件尺寸精度的智能调控。首次开发了一套跨多平台的铸造全流程智能仿真优化设计平台，并形成精密铸造产线制造流程智能协同优化控制技术。

（2）选择性激光熔融成形在线控制

武汉科技大学提出了一种数字孪生驱动的金属选择性激光熔融（SLM）成形过程

在线监控方法[83]，基于粉末熔融过程的物理和虚拟建模、过程在线监测和大数据分析，构建了包括设备层、数据转换层、网络层、控制层和应用层的成形过程在线监控数字孪生系统框架，为基于选择性激光熔融的智能成形提供了理论与技术支撑。如图 2-45 所示，该系统主要用于构建粉末熔融过程虚拟空间的几何模型、运动模型和物理模型，以及对物理实体进行成形过程监测、数据分析和成形缺陷识别。

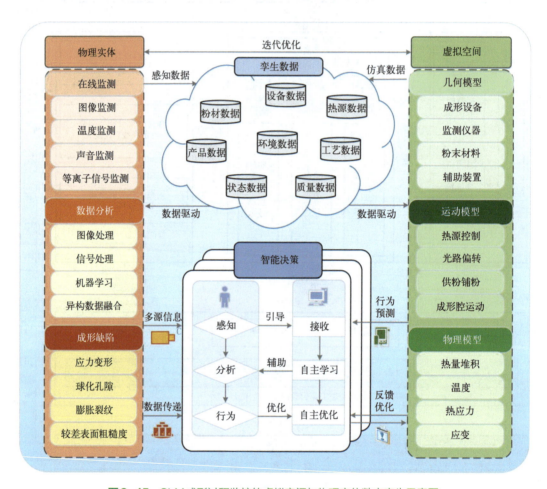

图 2-45　SLM 成形过程监控的虚拟空间与物理实体数字孪生示意图

在孪生体设计中，建立了成形设备、监测仪器、粉末材料和辅助装置等几何模型，热源控制、光路偏转、供粉铺粉和成形腔运动等运动模型，以及热量堆积、温度、热应力和应变等物理模型。如图 2-46 所示，所建立的框架包括成形设备层、成形数据转换层、网络层、成形过程控制层和成形应用层。对于物理实体，采用红外相机、温度传感器、声发射传感器和等离子体传感器等进行多源信号在线监测，通过对所获取的图像、温度、声音、等离子信号进行图像处理、信号处理、机器学习和异构数据融合等数据分析，识别应力变形、球化孔隙、膨胀裂纹和较差表面粗糙度等成形缺陷。虚拟空间的仿真数据和物理实体的感知数据一同构成了成形过程的粉材数据、设备数据、热源数据、产品数据、环境数据、工艺数据、状态数据和质量数据等孪生数据。仿真数据和感知数据之间的互联互通实现了虚拟空间与物理实体之间的信息传递。基于所构建的孪生数据，由用户设计的数据监测与分析模块和机器引导的自主学习与优化模块共同进行智能决策。其中，数据监测与分析模块从物理实体获取在线监测的多源信息，引导自主学习和优化模块接收行为预测数据；机器利用自主学习进行数据融合，以辅助用户分析数据。整个数字孪生体通过用户和机器共同优化，对物理实体和虚拟空间进行实时反馈优化。

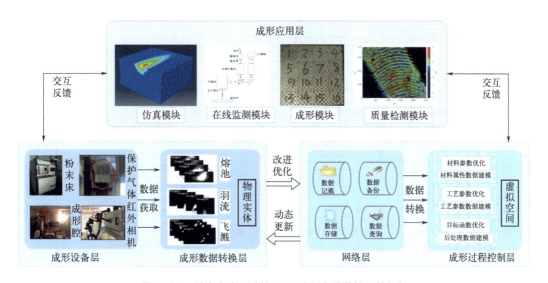

图2-46　数字孪生驱动的SLM成形在线监控系统框架

　　基于所设计的数字孪生系统框架，SLM成形过程在线监测与优化控制流程如图2-47所示，成形工艺规划、成形过程预测、成形过程在线监测与优化控制、成形件质量检测与评价这四个模块共同完成成形过程的在线监测与优化控制流程。成形过程预测主要按照工艺参数和策略，结合数值模拟和解析计算等方法，建立成形过程的温度场、应力场和变形等物理量预测模型，根据预测模型和经验数据范围选取最优成形工艺参数和策略。

（3）选择性激光熔融成形在线控制

　　北京机电研究所提出了基于数字孪生的智能航空锻造单元（intelligent aviation forging cell based on digital twin，DT-IAFC）概念，借助数字孪生技术为锻造单元赋能，达到锻造生产的信息物理深度融合，最终获得了具有自感知、自学习、自决策、自执行、自适应等功能的智能锻造生产方式[84]。DT-IAFC是面向航空锻造的物理系统与信息系统深度融合的生产单元，即构建航空锻造单元物理实体对应的数字孪生模型，如图2-48所示（DT-

IAFC=PFC，VFC，AS，DD，CN）。其中，PFC为物理锻造单元（physical forging cell）；VFC为虚拟锻造单元（virtual forging cell）；AS为应用与服务（application and service）；DD为DT-IAFC在运行中产生的各种孪生数据（digital data）；CN为DT-IAFC中各个组成部分之间的连接（connection）。以"动态感知、实时分析、自主决策、精准执行"的闭环优化策略作为线索，DT-IAFC的系统架构可以描述为图2-49所示的4层闭环结构。系统架构的4个层次分别为物理层、孪生数据层、虚拟层以及应用与服务层，各部分之间通过数据和信息流有机连接在一起，共同构成DT-IAFC。

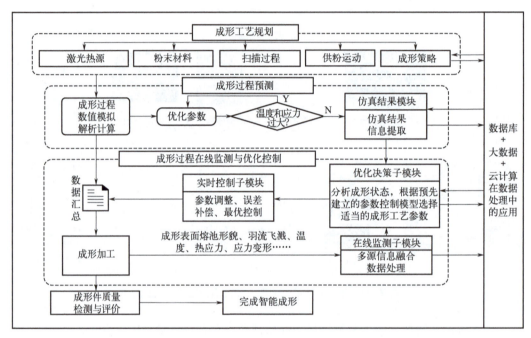

图2-47　SLM成形过程在线监测与优化控制流程

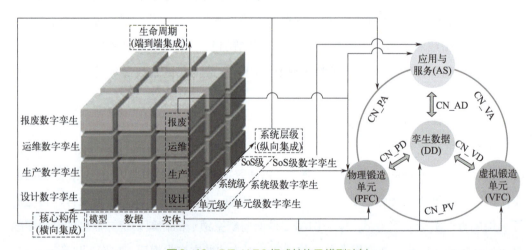

图2-48　DT-IAFC组成结构及模型映射

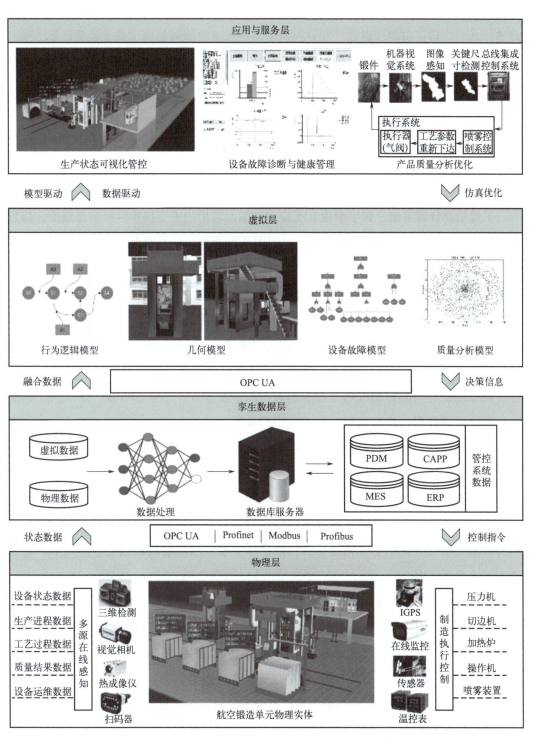

图2-49　DT-IAFC系统架构

　　通过二维可视化监控界面，依托现场的多源数据感知与融合系统，生产过程数据将实时驱动模型的运行，实现对生产过程的实时映射。在此基础上，管理人员能够直观地对锻件加工流程进行在线追踪。此外，对生产过程的监测还集成了异常报警功能，提醒管理人员及时处理生产过程的异常情况。在构建质量分析数字孪生模型时与人工智能技术和有限元仿真技术相结合，通过不断积累的历史数据对质量分析模型进行更新、修正和完善，持续提升模型的仿真程度。

2.5.5　发展思路与方向

　　工业信息物理系统、数字孪生、工业大数据及应用的主要技术包括信息建模、信息同步、信息强化、信息分析、智能决策、信息访问界面、信息安全等七个方面，尽管目前已取得了很多成就，但仍在快速演进当中。模拟、新数据源、互操作性、可视化、仪器、平台等多个方面的共同推动实现了相关技术及相关系统的快速发展。随着新一代信息技术、先进制造技术、新材料技术等系列新兴技术的共同发展，上述要素还将持续得到优化，材料智能制造技术发展将一边探索和尝试、一边优化和完善。

　　智能制造一直是十年来的热门话题，越来越多的行业正在实施智能产线来制造产品。而高端新材料的智能成形是智能制造中的重要部分，尽管CPS被广泛采用，但数字孪生的真正实现往往被忽视，且工业中的大数据价值也往往被忽视。如将智能制造引入航天大型构件制造领域，应重点解决以下几方面的矛盾：质量要求日益提高与生产方式落后之间的矛盾；快速低成本生产与传统的组织管理模式之间的矛盾；复杂构件协同制造与传统的孤岛式研发模式之间的矛盾。随着对成形件性能要求的提升，对其成形过程质量在线监控和智能化的要求也越来越高。因此，未来包含过程预测和控制的智能成形发展应从工业物理系统、数字孪生系统和工业大数据三方面入手，主要基于以下两个方向。

　　（1）复杂多源异构数据转换与集成技术

　　在材料的成形过程中，数据的来源广泛（包括材料物理属性数据、生产工艺数据、设备数据、热源数据、产品要求数据、环境数据、状态数据和质量数据等），数据的结构多样（如图片、文字、数值等），需要保证生产过程中信息系统对数据处理的实时性和准确性，这给多源异构数据的收集和处理带来了巨大的挑战。

　　设备的多样性和复杂性会给数据采集方法、技术带来新的挑战，需要增加更为丰富、可靠、高效的数据采集方法和技术，应用在智能成形的整个流程中。同时，来自不同成形设备和长时间积累的海量数据对数据存储技术的容量、效率、精度等提出了更高的要求，也对传统的 SQL、NoSQL 等数据存储系统的扩展能力提出了更高的要求，综合数据存储系统成为未来发展的趋势。另外，实际生产中，为了快速对材料成形状态进行检测和反馈，提高产品质量，弥补生产缺陷，数据清洗、降维及分析的方法和技术也是未来亟待发展的重要方面。随着边缘计算在工业生产过程中的快速应用，面向边缘控制器、边缘网关和边缘云的数据采集、存储、处理和分析的方法和技术的研发将成为重点研究方向。

（2）大数据驱动的数字孪生技术

数字孪生驱动的大数据制造服务模式涉及物理世界和虚拟世界，涵盖了产品全生命周期各个环节，其核心是数字孪生、大数据两类技术的支持。在实际的应用案例中，材料的成形过程复杂，难以通过数字孪生体真正模拟物理实体的整个流程，前期需要结合材料的大数据库实现对生产过程中的工艺参数的仿真优化，实际成形过程中还需要结合传感器的实时感知数据实现对工艺参数的动态优化，后期仍需通过多次生产积累的历史数据持续提升数字孪生模型的准确性。以上过程需要结合人工智能技术和材料的专家知识，从而实现产品的过程预测、反馈控制、质量分析与工艺参数优化，但目前尚缺乏构建数字孪生所需要的数据基础和技术支撑。

高端新材料具有先进性、复杂性等特性。未来需要大力发展数字孪生整体框架的各项技术，探索面向智能成形的数字孪生关键技术，融合工业互联网大数据、人工智能、云计算等新一代信息技术，建立起具有动态感知、实时分析、自主决策和精准执行功能的智能成形技术，把握材料生产数据价值，构建针对不同成形技术的材料数据库，结合实际案例对技术不断地进行优化。将生产制造模式与先进技术有机融合，逐步实现以感知、分析、执行一体化为代表的智能制造，实现生产过程的数字化、信息化和智能化。

2.6　高端新材料智能成形系统

2.6.1　技术内涵

为了突破高端新材料规模化制备的成套技术与装备，需要坚持创新驱动和数字赋能相结合，聚焦国家重大战略需求和产业发展瓶颈，加快关键核心技术攻关，大力发展材料智能化制备和成形加工技术与智能制造系统。1989 年，Kusiak 首次明确提出了"智能制造系统"（intelligent manufacturing system，IMS）一词，并将智能制造定义为"通过集成知识工程、制造软件系统和机器人控制来对制造技工们的技能和专家知识进行建模，以使智能机器可自主地进行小批量生产"。此时，智能制造的概念主要是从技术方面阐述的，描述为是一种面向生产制造过程的工程技术。基于对工业革命与现代制造概念形成及发展的分析，以及对制造业和制造技术发展永恒目标的认识，人们对"工业4.0"时代的智能制造内涵有了进一步的认知，即：智能制造是先进制造技术与新一代信息技术等深度融合形成的新型生产方式和制造技术，它以产品全生命周期价值链的数字化、网络化和智能化集成为核心，以企业内部纵向管控集成和企业外部网络化协同集成为支撑，以物理生产系统及其对应的各层级数字孪生映射融合为基础，建立起具有动态感知、实时分析、自主决策和精准执行功能的智能工厂，进行赛博物理融合的智能生产，实现高效、优质、低耗、绿色、安全的制造和服务。

作为智能制造系统关键基础性技术的智能加工是为了解决传统加工技术所不能解决的众多问题和适应现代加工技术的迫切需求以及顺应 IMT 与 IMS 的发展而产生的。它的目标是建立 IMS 的智能物理环节，为 IMS 提供可向上集成的实物系统。它是集数字化设计制造理论与人工智能理论于一体的先进加工技术，也是实现质量高、效益佳、控制优的关键技术。作为智能制造的一部分，智能成形技术离不开智能系统和装备的支撑。智能成形技术是指借助先进的传感器、检测设备、加工装备及模拟仿真软件，实现对加工过程的建模、仿真、预测，实现对真实加工系统的监测与控制；同时，集成现有加工知识，使加工系统能根据实时工况自动优选加工参数、调整自身状态，获得最优的加工性能与最佳的加工质效。智能成形技术属于制造过程智能化范畴，是包括知识集成、动态集成、信息物理融合的成形技术，以实现加工过程智能化为目标。智能成形技术的内涵包括以下几个方面。

① 智能成形技术涵盖智能加工流程中的车间层与现场控制层之间的 CAM 系统、MES 和 NC 装备的纵向集成。实施时，通过基于特征知识的 NC 编程，获得初始加工过程，进行基于物理模型的加工过程仿真，通过加工质效评估与过程优化获得优化后的加工过程。在整个数控驱动的成形过程中，需要考虑在位检测、状态反馈、离线检测与基于知识的控制，如图 2-50 所示。

② 智能成形技术包含设备层、现场层、车间层、工厂层和云网层的交互，涵盖工艺模型信息处理系统、局部加工工艺知识库、智能加工过程控制系统、数控加工机床等。如图 2-51 所示为数字化、网络化、智能化深度融合与集成制造系统模型（Y 模型），该模型定义了从底层装备、智能加工系统、智能车间、智能工厂到智能制造系统的技术要素。

③ 智能成形系统由工艺模型信息处理系统、智能成形过程控制系统、局部工艺

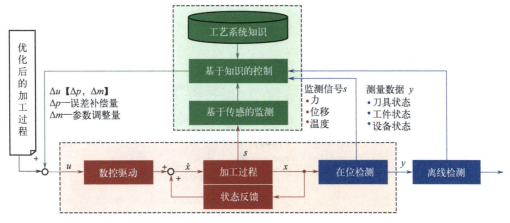

图2-50 智能成形过程

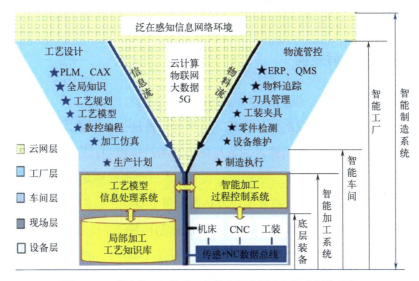

图2-51 数字化、网络化、智能化深度融合与集成制造系统

知识模型与设备等组成，通过与真实加工成形过程的数据采集系统的动态集成，结合物料流与信息流的融合，共同构成了信息物理融合的加工系统架构。其还包括过程监测、工况识别、过程调控、联网通信，以及基于工艺模型信息处理系统的知识集成。通过建立加工系统状态及其动态模型，以及加工过程监测和工艺决策调控，实现预测的一致性。

　　传统的加工成形工艺系统的复杂性与成形过程的高一致性和高品质要求相互矛盾，要解决此问题，必须借助先进的多传感器数据采集系统、智能数控机床、智能决策调控系统和现场数据处理平台构成的智能成形系统，如图2-52所示。智能成形系统通过各系统之间的信息传递、数据处理和反馈控制，实现了对航空发动机关键构件成形过程的技术保障，其先进性对相应工业领域的发展及产品的竞争优势起着举足轻重的作用。

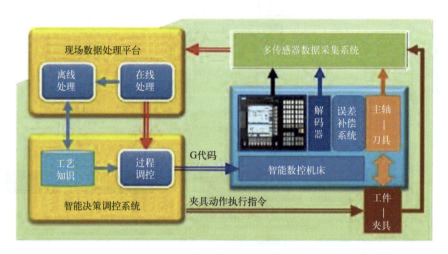

图2-52　智能成形系统集成

2.6.2　国内外发展现状

20世纪80年代中期，以美国为代表的先进工业国家提出了材料智能化制备加工的基本概念。首先确定了广义的性能目标（包括使用性能、生产成本和环境效益等），以此为基础进行组织设计，然后通过制备与成形加工过程控制，在获得理想组织的同时，降低生产成本，控制环境污染。智能加工成形技术已是现代高端制造装备的主要技术特征与国家战略重要发展方向，在欧美等发达国家备受重视，它们近年来不断投入大量资金进行研究，典型研究计划有IPM计划、SMPI计划和NEXT计划等。

美国国防部于1985年首次提出IPM计划，开始了第一个IPM项目的研究。自20世纪90年代中期以来，材料智能化制备与成形加工技术方面的研究受到各国较为广泛的重视。美国国防部根据成形加工过程模型、专家系统和微观组织性能原位传感器等方向的研究进展，相继提出了几个IPM项目，其中包括大直径砷化镓单晶智能化制备、快速凝固钛粉和钛铝合金粉热等静压智能化成形、碳纤维增强碳素复合材料智能化制备以及钛基复合材料感应耦合等离子体沉积智能化制备等。美国海军科研局投资140万美元用15个月在美国特拉华大学建立了先进材料智能化成形加工中心。美国钢铁研究院和美国能源部联合投资2300万美元支持美国国家标准与技术研究院开展了一项为期五年的"材料智能化成形加工"项目的研究。美国ITN投入大量资金开展了"薄膜材料智能化成形加工"研究。美国弗吉尼亚大学专门成立了材料智能化成形加工实验室，目前正在开展材料智能化铸造研究。美国特拉华大学也成立了先进材料智能化成形加工中心，开展聚合物基复合材料智能化成形加工研究。世界上其他一些国家和地区也在积极开展IPM项目的相关研究，如表2-5所示。

表2-5　部分国家和地区开展IPM研究情况

国家或地区	研究机构	研究内容
日本	大阪大学	智能化涂层 纳米/微米组织控制智能化成形加工 金属薄板智能化增量成形
	东京城市大学	金属薄板智能化成形加工
	京都大学	金属材料智能化增量成形
波兰	国家科学院、国家铸造研究所	原位自生复合材料定向凝固智能化制备研究
加拿大	不列颠哥伦比亚大学 工业材料研究院	智能化连铸 联合开展材料智能化吹铸加工研究
中国台湾	台湾科技大学	联合开展材料智能化吹铸
	元智大学	加工研究
中国大陆	哈尔滨工业大学等	机器人焊接智能化技术
印度	甘地原子能研究中心	奥氏体不锈钢智能化成形
韩国	釜山国立大学	金属基复合材料智能化半固态成形

除此之外，美国政府于2005年支持通过了SMPI（智能加工系统研究）计划，美国国防部累计拨款超过1000万美元资助该项研究。参与单位包括美国国家航空航天局（NASA）、武器装备研究发展与工程中心（ARDEC）等政府部门，GE、波音、TechSolve等公司，美国马里兰大学、德国亚琛工业大学等科研机构。SPMI计划的研究内容包括基于设备的局部活动以及基于工艺的全局活动，充分体现了美国对智能机床等领域的高度重视。2008年，贝尼特实验室开始研究"下一代加工"技术，目的是提高智能成形加工的能力。贝尼特实验室对"下一代加工"技术的使能技术、目前面临的挑战、预期成果以及近期研究重点进行了分析，指出要进一步开发MTConnect（负责车间级数据集成化管理）标准，并进行应用研究；充分应用知识驱动的制造系统，如在整个车间级应用虚拟模型、虚拟加工等；要持续研究机床建模、虚拟加工、动力学模型等；对机床和加工过程的健康监测进行验证；开发在机检测零件合格性的方法。美国国防制造与加工中心已经将MTConnect标准应用于一款制造软件的开发过程中，可以实现车间内来自不同设备供应商的机器人与机床间的即时通信，并可在数小时内完成设备之间的协调；美国陆军开展MTConnect项目研究，建立了弹药样件生产检验平台，大幅削减废品率，提高产量；另外，美国陆军武器研发与工程中心与贝尼特实验室联合建立了一个集成化智能制造环境试点，通过一个仪表盘实施跟踪加工数据，进行生产管理和制造环境操作。在SMPI计划的支持下，GE Fanuc开发出了Proficy Machine Tool Efficiency（MTE）软件，具有全面的设备效率监控功能，能够精确计算零件加工的效率，还具有设备维护生命管理功能，通过跟踪机床零件的实际使用量来减少维护成本，在平均使用

率的基础上预测需要强行维护的时间，制定维护计划，而非被动维修。

2011年6月，美国发布了"先进制造伙伴计划"（AMP），目的是通过政府、高校和企业等之间的合作来加强创新型的智能制造工艺及先进材料、新一代机器人等关键制造产业，从而提升美国制造业的竞争力。同年，美国智能制造领导联盟和美国国家制造科学中心结成了合作伙伴关系，共同打造国家智能制造生态系统，推动工业建模和仿真工具的研发和应用。美国国家标准与技术研究院积极部署了"智能制造系统模型方法论""智能制造系统设计与分析""智能制造系统互操作"等重大科研项目工程。2012年2月又出台"先进制造业国家战略计划"，提出通过加强研究和实验税收减免、扩大和优化政府投资、建设"智能"制造技术平台以加快智能制造的技术创新。2012年美国开始实施国家制造创新网络计划，目前已围绕增材制造、下一代电力电子、数字化设计与制造、轻质与现代金属制造、先进复合材料制造等领域成立了5个制造创新机构。

除美国外，日本在1994年发布了"先进制造国际合作研究项目"，项目涵盖了全球制造、制造知识体系、快速产品实现的分布智能系统技术等。国际生产工程科学院（CIRP）于2003年通过了IPM计划，参加机构包括CIRP的相关成员单位以及德、法等国的大学。该计划研究内容主要包括：加工过程模型的建立与研究（包括切削、磨削、成形过程）、设备的在线监控研究（包括智能主轴系统、刀具磨损预测等）以及连接二者的工艺与设备的交互作用（包括交互作用的描述、仿真与优化，以及机床系统结构行为）的研究。

欧盟于2002年发布了NEXT计划，这是第六框架研发计划支持的下一代生产系统研究计划，由欧洲机床工业合作委员会（CECIMO）管理。参加单位包括西门子、达诺巴特集团等机床生产企业，博世、菲亚特等终端用户企业，以及德国亚琛工业大学机床与生产工程研究所（WZL）、汉诺威大学生产工程研究所（IFW）、布达佩斯技术与经济大学（BUTE）等研究机构。主要研究内容为：加工仿真与新技术开发、新型机床研发（包括高速机床研发、开放式数控系统以及光纤传感器应用等）、轻型结构及机床组件研究（包括轻型材料机床组件、旋转轴准确度测定及空气静力轴承等）和并联机床研发等。2009年，欧盟支持启动的国际性的合作研究计划——"智能制造系统2020"（IMS 2020），致力于通过研发智能制造技术，实现快速、自适应的以用户为中心的制造，构建高度灵活的、自组织的价值链网络，能够通过不同方式组织生产系统（包括相关的基础设施），缩短从与用户接洽到交付解决方案所用的时间。

德国在2013年4月推出"工业4.0"，旨在利用信息物理系统（CPS）将生产中的供应、制造、销售信息数据化、智慧化，最后达到快速有效的个性化产品供应，提升制造业的智能化水平，建立具有适应性、资源效率及人因工程学的智能工厂，确保德国制造业的未来竞争力和引领世界工业发展潮流。德国"工业4.0"描述了未来制造的几大关键特征，包括一个核心、两大主题和三项集成。其中，"一个核心"是指信息物理系统（CPS）；"两大主题"是指智能工厂和智能生产；"三项集成"包括横向集成、垂直集成和端到端集成。

国内智能成形领域研究始于20世纪80年代末，华中理工大学杨叔子教授等积极研究智能加工成形技术，对智能制造系统进行了客观的评价，并提出了关于智能制造的多项关键技术。1994年，我国开始实施重点项目"智能制造技术基础"，其研究内容涉及智能数控技术、智能质量保证、监测与诊断技术、智能机器人、智能加工中心（IMC）等。由于机械制造基础能力的制约及相关学科发展的限制，我国的基础实现技术环节较为薄弱，但在智能加工研究的必要性、主要问题、关键技术以及采取的研究策略方面进行了积极的研究。

我国的制造强国战略的研究报告认为，智能制造是制造技术与数字技术、智能技术及新一代信息技术的融合，是面向产品全生命周期的具有信息感知、优化决策、执行控制功能的制造系统，旨在高效、优质、柔性、清洁、安全、敏捷地制造产品和服务用户。智能制造的内容包括：制造装备的智能化、设计过程的智能化、加工工艺的优化、管理的信息化和服务的敏捷化/远程化等。工业和信息化部发布的《智能制造发展规划（2016—2020年）》给出了智能制造另一个新的表述：智能制造是基于新一代信息通信技术与先进制造技术深度融合，贯穿于设计、生产、管理、服务等制造活动的各个环节，具有自感知、自学习、自决策、自执行、自适应等功能的新型生产方式。《中国制造2025》指出："组织研发具有深度感知、智慧决策、自动执行功能的高档数控机床、工业机器人、增材制造装备等智能制造装备以及智能化生产线，突破新型传感器、智能测量仪表、工业控制系统、伺服电机及驱动器和减速器等智能核心装置，推进工程化和产业化"。

在新的工业发展背景下，人工智能在加工成形中的应用也展现出新的技术特征：一是基于先验知识和历史数据的传统优化将发展为基于数据分析、人工智能、深度学习的具有预测和适应未知场景能力的智能优化；二是面向设备、过程控制的局部或内部的闭环将扩展为基于泛在感知、物联网、工业互联网、云计算的大制造闭环；三是大制造闭环系统中的数据不仅是结构化数据，而且包括大量非结构化数据，如图像、自然语言等；四是基于设定数据的虚拟仿真、按给定指令计划进行的物理生产过程，将转向以不同层级的数字孪生、赛博物理生产系统的形式将虚拟仿真和物理生产过程深度融合，从而形成虚实交互融合、数据信息共享、实时优化决策、精准控制执行的生产系统和生产过程。

2.6.3　典型应用案例

（1）智能增量成形技术

通过精密模锻、精密冲裁、挤压等精密塑性成形加工的机械构件的外形精确、尺寸精度和形位精度高、表面质量好，但一般需要专用模具，需整体加载，能源消耗大。因此，无需复杂模具的增量成形技术得到国内外学者普遍关注。

金属板材数字化增量成形是一种数字化柔性加工技术，其工作特点是通过数字控制设备，采用预先编制好的控制程序逐点成形板材零件。这项技术尤其适合汽车覆盖件、飞机蒙皮、洁具等的小批量、多品种新产品开发，可以大大缩短产品开发周期、降低开发成本和新产品开发的风险。但由于板料变形过程中弹性应变的存在，使塑性变差，工具头从接触点移开后，板料立刻产生回弹，数字化渐进成形存在成形回弹问题。传统模具试验补偿法（即试错法）解决回弹问题需要多次试错，修模时间长，费用高，不能很好地满足工程实际需要。近年来，采用数值模拟技术进行回弹控制成为研究的热点。W.Gan 提出了"修正法"位移，其核心思想是根据模拟计算的回弹量反向调整相应节点位移，得到补偿模具型面。Karafillis 提出了"反向补偿法"，即在计算回弹时反向施加作用在板料接触点的接触力，从而得到与回弹计算相反的结果。实际应用中这两种方法都取得了较好的效果。华中科技大学材料成形与模具技术国家重点实验室针对板材数字化渐进成形过程存在回弹问题，建立了增量成形精度闭环控制模型，如图 2-53 所示，利用反馈控制解决了回弹问题，实现了增量成形的智能化加工。

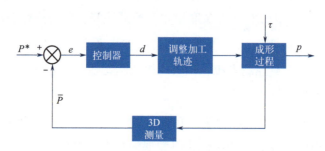

图2-53　数字化渐进成形闭环控制示意图

（2）智能无模拉拔技术

无模拉拔是通过对棒材进行局部加热和冷却，通过施加拉力使棒材产生局部塑性变形（断面尺寸变小），并通过合理地控制局部加热温度（T）、拉拔力（f）、拉拔速度（v_1）、加热源的移动速度或坯料的送进速度（v_2）、冷却强度（q）和冷热源之间的距离（D）实现连续成形的一种新技术。与常规的通过模具使棒材产生塑性变形的拉拔法相比，无模拉拔具有不需要模具、加工柔性大、道次加工率大、变形力小、可实现变断面加工直接成形零件和工艺简化等优点，但也存在工艺参数的合理匹配与精确控制、尺寸的稳定性与精确度控制难度大及产品质量均匀性不易保证等缺点。实现智能化控制是解决上述无模拉拔缺点的有效方法。

图2-54所示为智能化无模拉拔系统，其中的目标函数为产品质量，包括产品的组织性能、尺寸稳定性与精确度等。北京科技大学开发出了一种智能化连续式无模拉拔成形实验设备，其工作原理如图2-55所示。

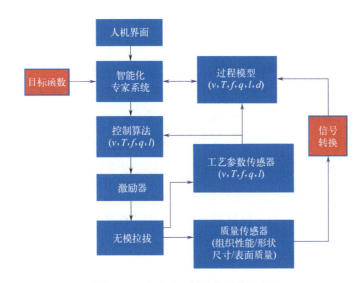

图2-54　智能化无模拉拔系统示意图

d—线径；v—速度；T—加热温度；f—拉拔力；q—冷却强度；l—冷热源之间距离

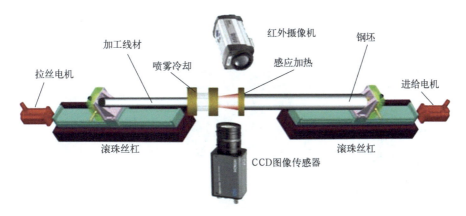

图2-55　北京科技大学研制的智能化连续式无模拉拔成形实验设备工作原理示意图

（3）智能焊接技术

智能焊接以"传感-决策-执行"为着眼点，对焊接过程参数进行监测与控制。一方面，智能焊接强调在加工过程中引入信息流，通过安装多种传感器的方式，更全面、具体地获取加工过程信息，从而认识加工过程；另一方面，智能焊接强调信息与人之间的转换与融合，从而实现智能焊接加工系统与系统操作者无缝人机交互。

为实现航天产品铝合金自动钨极氩弧焊接过程的实时控制，上海航天精密机械研究所开展了基于激光传感器的自动焊接系统的集成与应用实验研究。基于激光传感器的自动焊接系统架构如图2-56所示。在数字焊接电源与机器人系统集成的基础上，焊前采用智能激光传感器测量坡口几何信息。激光传感器采用数字传感器技术，能够抗反光和适应恶劣的焊接环境。控制单元是焊缝跟踪和焊缝成形自适应控制系统的核心，包含焊缝跟踪和自适应焊接参数控制所需的视觉处理和过程控制功能。控制单元可以通过以太网、RS232/422串口、模拟信号和数字I/O接口与机器人、PLC或运动控制器通信，实现焊缝跟踪和焊缝成形自适应控制功能。控制单元可以连接多个激光传感器，传感器通过以太网与PC连接，由人机界面实现传感器的参数设置、视觉算法选择。激光传感系统是一种紧凑的焊缝跟踪系统，体积小、结构紧凑、检测精度高，在抗镜面反射以及弧光干扰方面表现优异，适于在空间狭小环境中跟踪焊接作业。该系统配备了一个激光传感器，并带有内置2D CMOS摄像头，激光发生器将激光投射到工件接头处形成激光条纹，CMOS对激光条纹成像，反馈给控制器进行后续处理。激光传感器的分辨率为0.05。通过激光传感器提取焊缝坡口几何信息，并经过相应焊接算法和反馈控制，实现焊接过程的焊缝路径自动跟踪功能以及焊接工艺参数选择。

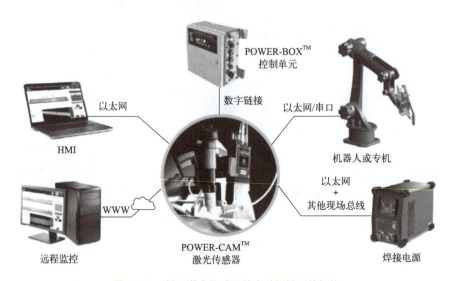

图2-56　基于激光传感器的自动焊接系统架构

这种自动焊接系统采用线性扫描激光传感器采集与分析焊接坡口几何信息，采用中心位置算法实现机器人自动焊接过程中的焊缝轨迹自动跟踪，以适应复杂示教路径的自适应调整与修正，不同厚度铝合金板的20°～80°坡口角度、0.2～10mm间隙和0.1～3mm错边基本能实现精确跟踪，实现了1～4mm渐变间隙的自适应跟踪调整，采用填充控制算法进行焊接工艺参数补偿，实现焊缝均匀熔透成形。

（4）智能粉末注射成形系统

粉末注射成形（powder injection molding，PIM）是一种源于塑料注射成形的新型粉末冶金近净成形技术。由于其在制作几何形状复杂、组织结构均匀的产品以及高性能的近净成形产品方面具有独特的技术和经济优势而备受瞩目，被誉为当今最热门的零部件成形技术。工艺参数是影响注射成形产品质量最重要的因素之一。在实际生产过程中，材料、机器、模具都已经确定的情况下，改善工艺参数是缩短成形周期、降低制造成本、改善制品质量最有效的途径。传统工艺参数设置方法主要是尝试法，工艺人员首先凭借以往的经验和比较简单的计算公式设置一组初始工艺参数并试模，再根据试模过程中出现的制品缺陷来不断调节工艺参数，以消除制品缺陷，获得合格制品。在实际注射成形生产中，需要调节的工艺参数种类繁多，主要包括注射参数、VP切换参数、保压参数、冷却参数、储料参数及射退参数六大类，而每类又包括温度、速度、压力等参数。随着经济的发展，苛刻的精度/性能需求、复杂的材料体系（添加玻纤、碳纤等以增强性能）以及微薄化产品结构，对注射制品质量和生产效率提出了更严格的要求。但是，因为其成形工艺流程复杂，影响因素繁多，所以生产过程耗时费力，生产周期长，大批量生产时产品质量无法得到持续保障。

注射成形过程中，工艺参数与注射制品质量之间存在着非线性、强耦合和时变性关系，难以获得精确的数学模型。注射成形工艺参数的设置属于弱理论、强经验领域。而人工智能技术在弱理论、强经验领域具有很大优势。因此，将智能控制技术引入粉末注射成形中来，对生产过程进行实时监测和精确控制，可以极大地缩短操作流程和降低生产成本，同时提高产品质量。工艺过程的智能化控制将是PIM技术重要的发展方向。PIM过程的智能化是计算机技术、自动控制技术、传感器技术、信息处理技术以及注射成形理论有机结合的综合性技术。其突出特点是：根据成形过程和原料的特点，利用易于检测的物理量，在线识别材料的性能参数，预测最优的工艺参数，并自动以最优的工艺参数完成注射成形过程。

根据人工智能技术在注射成形工艺参数智能设置与优化中的应用情况，可以将其分为实例推理技术、专家系统技术以及数据拟合优化技术三大类别。实例推理（case based reasoning，CBR）最早是由耶鲁大学R.Schank教授提出的一种动态记忆结构理论，该理论主要描述了记忆组织、从过去经验中获得智能以及新经验存储等方面的内容。专家系统是一类具有专门知识和经验的计算机程序，通过对人类专家的问题求解能力建模，采用人工智能中的知识表示和知识推理技术来模拟通常由专家才能解决的复杂问题，达到具有与专家同等解决问题能力的水平。专家系统的基本结构主要包括人机交互界面、知识库、推理机、解释器、综合数据库、知识获取等六部分。其中知识库和推理机是专家系统的核心。数据拟合优化技术分为三个步骤。

① 采样，用各种实验设计方法来获得样本数据。

② 模型拟合，基于采样获得样本数据，采用代理模型来对样本数据进行拟合，建立工艺参数与质量之间的关系模型。

③ 优化，基于拟合的关系模型，采用各种优化算法来迭代寻优，获得最优的工艺参数。

北京科技大学新材料技术研究院何新波等基于数值模拟和人工神经网络模型以及对智能控制工艺过程的适当简化，为拉伸样模型的注射过程建立了一套智能化控制仿真系统，PIM智能化控制原理如图2-57所示。研究表明，该系统能够根据样品对性能的要求（如密度分布），自动进行注射工艺参数的优化。采用优化后的注射工艺参数重新进行注射过程模拟计算后，发现注射坯密度分布的均匀性较调整前有显著提高，基本符合预期的密度要求，证明该智能化控制仿真系统可行。

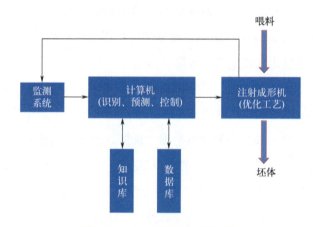

图2-57 PIM智能化控制原理

（5）智能塑料注射成形系统

华中科技大学李德群及其团队综合考虑塑料注射成形工艺参数设置的特性和要求，采用嵌入式编程，开发出了塑料注射成形工艺智能系统，实现了工艺智能系统与多种注射机控制系统的通信，包括博创、海太、震雄、恩瑞德等的多型号注射机的集成应用。工艺智能系统采用模块化分层设计，包括界面层、API层、算法层、数据库层以及通信层，如图2-58所示。具体思路为：注射机操作面板将制品、模具、材料、缺陷等信息传给注射机控制系统，注射机控制系统将这些信息传给工艺智能系统，并请求工艺智能系统获取工艺参数，工艺智能系统通过计算后得到的工艺参数传给注射机控制系统，然后再由控制系统传给注射机操作面板，从而实现注射成形工艺参数的智能设置与优化。

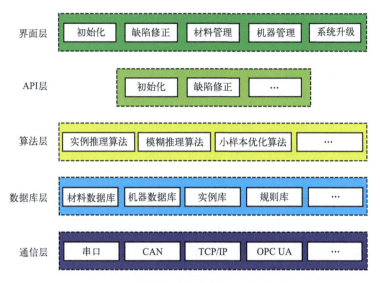

图2-58 注射成形智能工艺系统层次结构

（6）智能轧制成形系统

日本和德国学者率先把人工智能应用于轧制领域。早在20世纪90年代，我国曾经出现了一波轧制技术智能化热潮，推出了一批专家系统、神经元网络、模糊逻辑等智能化方法在轧制中应用的实例，用于生产计划编排、坯料管理、加热中的优化燃烧控制、轧制中的设定计算及厚度和板形控制等。顺应轧制技术进步的新形势，我国东北大学、北京科技大学、燕山大学、中国钢研科技集团有限公司（原钢铁研究总院）和宝钢、武钢、鞍钢等大型骨干企业均在轧制过程智能化方面开展了一系列研究与现场应用，内容涉及轧制过程参数预报与优化、板材宽度控制、板形控制、厚度控制、卷取温度控制、数据分析与处理、负荷分配和组织性能预报等。

人工智能在轧制领域中的应用方式主要有3种类型：一是对轧制生产过程进行在线智能控制；二是利用人工智能工具对轧制过程参数进行优化计算；三是采用智能化方法对轧制产线上采集的海量数据进行处理（简称智能化信息处理），实现对轧制过程的在线智能控制。

从某种意义上说，自动化是替代人的四肢，解放操作工的体力劳动；智能化则是替代部分大脑，解放技术人员的脑力劳动。智能控制的优点是：能够更加适应生产过程中外部条件的变化，及时、有效地对控制策略、控制模型、控制参数和控制量做出调整和修正，使生产过程、设备状态及产品质量更加接近设定的控制目标。

在轧制产线上的各个环节，都有应用智能控制的实例。例如对加热炉，采用专家自整定、模糊自整定、神经元自整定的PID智能控制器；利用模糊神经元网络自学习和自寻优功能，结合动态PD反馈补偿策略的加热炉燃烧过程的智能控制系统等；对板带热连轧，有精轧机微张力模糊智能控制，综合 AGC 系统的智能化控制等；对层流冷却和卷取，有基于案例推理和前馈、反馈补偿的混合智能控制等；对冷轧机组，有利用粒子群算法对冷连轧机组进行智能设定，利用模糊预测方法对带钢边部减薄和平直度进行智能控制等；对型材和棒线材轧机，有在精轧机组的后几个机架采用在线动态液压检查，利用高精度尺寸控制实现深度负偏差轧制，以及根据钢坯称重和在线测长通过微调辊缝实现棒材产品全定尺的智能控制等。

东北大学谭树彬等结合带钢连续轧制过程控制系统的特点，提出了基于多智能体理论的控制方法，构建了多智能控制系统仿真平台，将多智能体理论应用于连续轧制过程的控制之中，给出了基于多智能体轧制过程的控制系统架构，并对多智能体控制系统的划分机制、协调机制和模型结构等关键问题进行了分析和研究，提出了一套基于多智能体的带钢连续轧制过程控制系统的全新控制结构。该结构有利于建立轧制流程的广义集成模型，消除控制系统之间的耦合关系，实现连续轧制生产的高度自动化和智能化。

中天钢铁开发了智能轧钢系统，是在原有系统基础上进行的升级改造，重点新增了智能微张力控制与调节功能、智能补偿功能两大综合模块。该系统可实现自动控制机架间的张力，调节轧机间的推拉关系，保证料形的稳定性，同时根据不同钢种特性，进行智能调节，使张力趋向于生产所需的设定值。此外，在过钢稳定性和降低对下游设备冲击方面也有显著改善，有效提升了产品质量。该系统还对轧制表录入界面进行了优化调整，增加了部分界面数据的直观显示，操作更人性化。通过程序优化和硬件升级，PLC主程序运行效率得到大幅提升，平均扫描周期由20ms缩短至5ms，在智能轧钢大数据运算同时加载的情况下，该系统粗轧区钢坯头部、尾部跟踪精度分别达到99.88%、99.81%，精轧区钢坯头部、尾部跟踪精度分别达到99.86%、99.82%，充分保障了补偿效果，提升了质量。经过1个多月的跟踪反馈，轧机咬钢过程平稳，红钢料形尺寸控制精准，轧线电气曲线走势好转，料形尺寸通条性明显改善，整体提升了钢种质量，年增效可达500万元。

另外，RAL实验室的智能轧制技术也取得了新突破。依托河钢邯钢公司邯宝2250mm热连轧生产线，基于原有自动化与信息化系统，深度融合数据驱动模型与机理模型，首次开发了热连轧过程动态数字孪生模型并建立了CPS控制系统平台，提高了轧制工艺对复杂多变工况的原位分析能力，改善了热连轧过程尺寸控制指标。整个智能系统框架如图2-59所示。利用数字感知技术对热连轧生产过程数据进行智能处理和集成，并采用机器学习算法进行数据挖掘，从海量数据中准确透视工艺、设备、质量等关键参数之间的复杂关系，开发了分析与挖掘模块，建立了命中率低的数据分布图，找到了规格切换过程中的模型误差分布规律，为后续的数据驱动的模型节点选择和模型优化提供了依据，并实现了尺寸控制过程异常的解析、判断与溯源。系统控制逻辑图如图2-60所示。

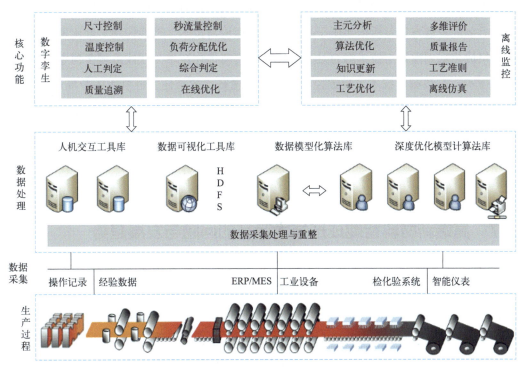

图2-59　热轧过程智能系统框架

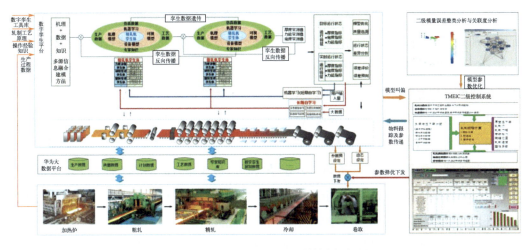

图2-60　热轧过程CPS系统控制逻辑图

2.6.4　发展思路与方向

　　智能加工成形一体化系统已是现代高端制造装备的主要技术与国家战略的重要发展方向，在成形设备与成形过程之间形成交互，为实现生产制造更高层次的自动化、科学化、智能化创造了条件。目前，智能成形加工技术已在部分领域取得了较大进展，但实际应用于生产时还面临诸多问题，未来将在以下几个方向上加快发展进程。

后续的发展方向包括但不限于：新型传感理论与技术，智能控制与优化理论，智能化、集成化规划理论与技术融合几何与物理仿真与优化技术，在线监测多信息的融合与处理技术，在线测量技术，反馈控制技术，质量高、效益佳、控制优的智能成形系统；对成形过程监控数据进行协同和交互，同时采用多层数据融合和大数据分析技术贯穿成形过程的监控流程，提高加工成形的智能化水平；加强智能成形系统工业软件开发，建立系统规范。

2.7   高端新材料智能成形技术存在的问题与发展趋势

全球制造业迎来了以数字化、网络化、智能化为发展方向的深刻变革，以新一代信息技术与先进制造技术深度融合为基本特征的智能制造，已成为新工业革命的核心驱动力。发展智能制造已成为提升国家竞争力、赢得未来竞争优势的关键举措。全球新一轮科技革命和产业变革，为制造业的全面创新升级带来了新的历史机遇。

作为工业制造与信息技术融合发展的交汇点，智能制造将引领和推动新一轮工业革命，进一步促进新一代信息技术、先进制造技术的深度融合，助推传统产业实施技术优化和升级，支持新兴产业培育和发展，带动新技术、新产品、新装备发展，推动制造业迈入数字化、网络化、智能化阶段。此外，全球制造业孕育着制造技术体系、制造模式、产业形态和价值链的巨大变革。基于信息物理系统的智能工厂正在引领制造方式向智能化方向发展，云制造、网络众包、异地协同设计、大规模个性化定制、精准供应链、电子商务等网络协同制造模式正在重塑产业价值链。智能制造以信息的泛在感知、自动实时处理、智能优化决策为核心，驱动各种制造业业务活动的执行，实现跨企业的产品价值网络的横向集成，贯穿企业设备层、控制层、管理层的纵向集成，以及从产品设计开发、生产计划到售后服务的全生命周期集成，从而极大地提升产品创新能力，增强快速响应市场的能力，提高生产制造过程的自动化、智能化、柔性化和绿色化水平。

世界各国广泛关注这场以智能制造为核心的制造业变革，工业强国普遍将智能制造作为推动制造业创新发展、巩固并重塑制造业竞争优势的战略选择。为此，各个国家都推出了一系列的智能制造支持政策和发展计划，例如美国的国家科学基金智能制造项目和先进制造业国家战略计划、欧盟的7个研发框架计划、德国的"工业4.0"战略计划等。这些计划的实施促进了智能制造技术的快速发展，已经攻克了一批智能成形关键技术难题，如数据采集与数据库技术、数据驱动的工艺设计技术、实时反馈与控制技术等；推动了多种成形工艺的发展，包括铸造、塑性变形、热处理、粉末冶金、增材制造等；促进了一批制造企业的智能化升级。

新材料智能成形技术发展迅速，但仍存在一些问题，主要涉及数据库构建、数据驱动技术发展、智能成形与智能设计交互几个方面。

（1）工业技术数据数量不足，数据标准不统一

数据是高端新材料数据驱动智能成形技术的基础和前提，主要包括数据的数量和质量，高质量的大数据是进行数据驱动设计的理想条件。然而，新材料智能成形常面临数据数量不足、数据标准不统一的问题。新材料发展时间短、成形工艺多样化、成形成本往往较高等问题，使得其成形工艺-组织-性能数据较少。此外，这些数据大多由实验室产生，由于各个实验室进行相关实验的流程和标准存在差异，因此获得的这些成形数据的标准不统一，导致数据存在系统误差，难以直接构建新材料成形数据库和进行数据驱动方法的应用。

一方面，传统加工过程积累了大量的材料成形数据，这些数据包含的知识可以辅助新材料成形设计，且这些数据多在期刊、手册等文献中，而文本智能化识别和数据自动提取技术可实现数据的快速收集。另一方面，随着高通量计算和高通量实验的发展，高通量成形技术可以辅助新材料成形数据库的建设。通过高通量计算、高通量实验方法，可在短时间内快速获取较多的数据，且数据标准统一，数据质量较高。

（2）智能化成形技术发展迅速，集成系统与工业软件发展缓慢

基于可靠的新材料智能成形数据库，开发有针对性的智能化成形技术，是实现高端新材料智能成形的前提。随着数据库技术的更新、数据驱动机器学习在材料中应用的深入和材料专业机器学习方法的发展、在线监测和反馈技术的换代，已经发展了一批材料智能成形技术，包括材料专业数据库构建技术、实验数据驱动的成形智能设计技术、集成计算驱动的成形智能设计技术、工业大数据驱动的成形智能设计技术、成形过程在线监测技术、智能感知与反馈技术等。在上述关键技术基础上构建智能成形系统是将这些先进技术落地应用、进行生产升级的关键。然而，现有的智能成形系统主要停留在较初级阶段，主要包括专家系统结合反馈控制的加工模式，而先进的智能感知、数据驱动设计和反馈控制技术仍需进一步集成。

先进智能成形技术的集成和智能成形系统构建的技术难点在于集成策略的开发和实时信息传递与反馈机制的构建。先进智能成形技术的集成策略要求具有统一的技术衔接标准、可靠的衔接桥梁和高的技术稳定性，而实时信息传递与反馈机制要求各先进技术的时效性，即能在极短时间内完成计算与输出过程。因此，攻克上述集成技术难题将成

为高端新材料智能成形系统发展的重要方向。

（3）建立材料成形过程数字孪生系统，实现材料智能设计与制造

新一代信息技术与制造业的加速融合发展，正在引发一场深刻的产业变革。数字孪生技术就是推动这场变革的强劲动力之一。材料成形过程数字孪生系统是一个多领域物理系统，各个组件之间具有复杂的耦合性，通过建立数字孪生模型有望实现材料智能设计与制造。

材料成形过程的数字孪生体建模需要完成以下4个步骤：数字孪生系统需求分析、几何属性的数字化复刻、内核模型的构建、数字孪生模型的测试验证。数字孪生构建过程中需要解决的技术问题包括：新型传感理论与技术，智能控制与优化理论，智能化、集成化规划理论与技术，融合几何与物理属性的仿真与优化技术，在线监测多信息的融合与处理技术，在线测量技术，反馈控制技术等，质量高、效益佳、控制优的智能成形系统等。

参考文献

[1] Total Materia [EB/OL]. https://www. totalmateria. com.

[2] Matmatch [EB/OL]. https://matmatch. com.

[3] MatWeb [EB/OL]. https://matweb. com.

[4] Huo H, Rong Z, Kononova O, et al. Semi-supervised machine-learning classification of materials synthesis procedures[J]. npj Computational Materials, 2019, 5(1): 62.

[5] Tshitoyan V, Dagdelen J, Weston L, et al. Unsupervised word embeddings capture latent knowledge from materials science literature[J]. Nature, 2019, 571(7763): 95-98.

[6] Jessop D M, Adams S E, Willighagen E L, et al. OSCAR4: A flexible architecture for chemical text-mining[J]. Journal of Cheminformatics, 2011, 3(1): 41.

[7] Olivetti E A, Cole J M, Kim E, et al. Data-driven materials research enabled by natural language processing and information extraction[J]. Applied Physics Reviews, 2020, 7(4): 041317.

[8] Swain M C, Cole J M. ChemDataExtractor: A toolkit for automated extraction of chemical information from the scientific literature[J]. Journal of Chemical Information and Modeling, 2016, 56(10): 1894-1904.

[9] Jensen Z, Kim E, Kwon S, et al. A machine learning approach to zeolite synthesis enabled by automatic literature data extraction[J]. ACS Central Science, 2019, 5(5): 892-899.

[10] Pfeiffer O P, Liu H, Montanelli L, et al. Aluminum alloy compositions and properties extracted from a corpus of scientific manuscripts and US patents[J]. Scientific Data, 2022, 9(1): 128.

[11] Materials Project [EB/OL]. https://legacy. materialsproject. org.

[12] MDCS [EB/OL]. https://github. com/usnistgov/MDCS.

[13] Materials Cloud [EB/OL]. https://www. materialscloud. org.

[14] Ball A, Duke M. Data citation and linking[M]. Digital Curation Centre, 2011.

[15] 钢研. 新材道 [EB/OL]. https://www. atsteel. com. cn.

[16] 材易通 [EB/OL]. https://www. mat. ai/home.

[17] 寻材问料 [EB/OL]. http://materials. cn/html.

[18] CAMDS 中国汽车材料数据系统 [EB/OL]. https://www. camds. org. cn/#.

[19] Wang W, Jiang X, Tian S, et al. Automated pipeline for superalloy data by text mining[J]. npj Computational Materials, 2022, 8(1): 58-69.

[20] Liu S, Su Y, Yin H, et al. An infrastructure with user-centered presentation data model for integrated management of materials data and services[J]. npj Computational Materials, 2021, 7(1): 779-786.

[21] MGEDATA [EB/OL]. http://mgedata. cn.

[22] Fang S, Wang M, Song M. An approach for the aging process optimization of Al-Zn-Mg-Cu series alloys[J]. Materials & Design, 2009, 30(7): 2460-2467.

[23] Raccuglia P, Elbert K C, Adler P D F, et al. Machine-learning-assisted materials discovery using failed experiments[J]. Nature, 2016, 533(7601): 73-76.

[24] Liu X, Li X, He Q, et al. Machine learning-based glass formation prediction in multicomponent alloys[J]. Acta Materialia, 2020, 201: 182-190.

[25] Xue D, Xue D, Yuan R, et al. An informatics approach to transformation temperatures of NiTi-based shape memory alloys[J]. Acta Materialia, 2017, 125: 532-541.

[26] Liu P, Huang H, Antonov S, et al. Machine learning assisted design of γ'-strengthened Co-base superalloys with multi-performance optimization[J]. npj Computational Materials, 2020, 6(1): 1138-1146.

[27] Wen C, Zhang Y, Wang C, et al. Machine learning assisted design of high entropy alloys with desired property[J]. Acta Materialia, 2019, 170: 109-117.

[28] Agrawal A, Choudhary A. An online tool for predicting fatigue strength of steel alloys based on ensemble data mining[J]. International Journal of Fatigue, 2018, 113: 389-400.

[29] Deng Z, Yin H, Jiang X, et al. Machine leaning aided study of sintered density in Cu-Al alloy[J]. Computational Materials Science, 2018, 155: 48-54.

[30] Chheda A M, Nazro L, Sen F G, et al. Prediction of forming limit diagrams using machine learning[C]//IOP Conference Series: Materials Science and Engineering. IOP Publishing, 2019, 651(1): 012107.

[31] Chen Y, Tian Y, Zhou Y, et al. Machine learning assisted multi-objective optimization for materials processing parameters: A case study in Mg alloy[J]. Journal of Alloys and Compounds, 2020, 844: 156159.

[32] Kuehmann C J, Olson G B. Computational materials design and engineering[J]. Materials Science and Technology, 2009, 25(4): 472-478.

[33] National Research Council. Application of lightweighting technology to military aircraft, vessels, and vehicles[M]. National Academies Press, 2012: 118-119.

[34] National Research Council. Integrated computational materials engineering: A transformational discipline for improved competitiveness and national security[M]. National Academies Press, 2008: 1-138.

[35] Paul A, Mozaffar M, Yang Z, et al. A real-time iterative machine learning approach for temperature profile prediction in additive manufacturing processes[C]//2019 IEEE International Conference on Data Science and Advanced Analytics (DSAA). IEEE, 2019: 541-550.

[36] 王栋, 王云志. 集成计算材料工程在钛合金微观结构设计中应用的进展[J]. 中国材料进展, 2015, 34(4): 282-288.

[37] Leema N, Radha P, Vettivel S C, et al. Characterization, pore size measurement and wear model of a sintered Cu-W nano composite using radial basis functional neural network[J]. Materials & Design, 2015, 68: 195-206.

[38] Khalili K, Vahidnia M. Improve the accuracy of crack length measurement using machine vision[J]. Procedia Technology, 2015, 19: 48-55.

[39] Yoon H S, Chung S C. Vision inspection of micro-drilling processes on the machine tool[J]. Transactions of the Korean Society of Mechanical Engineers A, 2004, 28(6): 370-373.

[40] Kawasue K, Komatsu T. Shape measurement of a sewer pipe using a mobile robot with computer vision [J]. International Journal of Advanced Robotic Systems, 2013, 10(1):1-7.

[41] Mohamed A, Esa A H, Ayub M A. Roundness measurement of cylindrical part by machine vision[C]//2011 International Conference on Electrical, Control and Computer Engineering (INECCE). IEEE, 2011: 486-490.

[42] 谢红, 廖志杰, 邢廷文. 一种非接触式的圆孔形零件尺寸检测[J]. 电子设计工程, 2016, 24(19): 155-158.

[43] 戴知圣, 潘晴, 钟小芸. 基于机器视觉的工件尺寸和角度的测量[J]. 计算机测量与控制, 2016, 24(2): 27-29+41.

[44] 唐瑞尹, 王荃, 何鸿鲲, 等. 基于小波变换和数学形态学的孔径测量研究[J]. 应用光学, 2017, 38(4): 622-626.

[45] 付泰, 王桂棠, 程书豪, 等. 基于机器视觉的复杂平面零件尺寸精密检测[J]. 机电工程技术, 2016, 45(8): 7-9+84.

[46] Luo Q, He Y. A cost-effective and automatic surface defect inspection system for hot-rolled flat steel[J]. Robotics and Computer Integrated Manufacturing, 2016, 38: 16-30.

[47] Tsai D M, Chen M C, Li W C, et al. A fast regularity measure for surface defect detection[J]. Machine Vision and Applications, 2012, 23(5): 869-886.

[48] Simonyan K, Zisserman A. Very deep convolutional networks for large-scale image recognition[J]. eprint arXiv:1409. 1556, 2014.

[49] He K, Zhang X, Ren S, et al. Deep residual learning for image recognition[C]//Proceedings of the IEEE Conference on Computer Vision and Pattern Recognition. 2016: 770-778.

[50] Huang G, Liu Z, Van Der Maaten L, et al. Densely connected convolutional networks[C]//Proceedings of the IEEE Conference on Computer Vision and Pattern Recognition. 2017: 4700-4708.

[51] Howard A, Sandler M, Chen B, et al. Searching for mobileNetV3[C]//Proceedings of the IEEE/CVF International Conference on Computer Vision. 2019: 1314-1324.

[52] White R M. Generation of elastic waves by transient surface heating[J]. Journal of Applied Physics, 1963, 34(12): 3559-3567.

[53] Askaryan G A, Bulanov S V, Dudnikova G I, et al. Magnetic interaction of ultrashort high-intensity laser pulses in plasmas[J]. Plasma Physics and Controlled Fusion, 1997, 39(5A): A137-A144.

[54] Scruby C B, Dewhurst R J, Hutchins D A, et al. Quantitative studies of thermally generated elastic waves in laser‐irradiated metals[J]. Journal of Applied Physics, 1980, 51(12): 6210-6216.

[55] 张淑仪. 激光超声与材料无损评价[J]. 应用声学, 1992, (4): 1-6.

[56] 许伯强. 层状材料的激光超声有限元模拟和神经网络方法反演材料参数的研究[D]. 南京: 南京理工大学, 2004.

[57] 严刚, 徐晓东, 沈中华, 等. 激光超声表面缺陷检测的实验方法[J]. 光电子·激光, 2006, 17(1): 107-110.

[58] Dunegan H L. An acoustic emission technique for measuring surface roughness[J]. The DECI report. Dunegan Engineering Consultants Inc. , Midland, Texas, 1998, 79711.

[59] Alegre E, Barreiro J, Suarez-Castrillon S A. A new improved Laws-based descriptor for surface roughness evaluation[J]. The International Journal of Advanced Manufacturing Technology, 2012, 59(5): 605-615.

[60] Esteban C H, Vogiatzis G, Cipolla R. Multiview photometric stereo[J]. IEEE Transactions on Pattern Analysis and Machine Intelligence, 2008, 30(3): 548-554.

[61] Zhou P, Lu S, Chai T. Data-driven soft-sensor modeling for product quality estimation using case-based reasoning and fuzzy-similarity rough sets[J]. IEEE Transactions on Automation Science and Engineering, 2014, 11(4): 992-1003.

[62] Yuan X, Huang B, Wang Y, et al. Deep learning-based feature representation and its application for soft sensor modeling with variable-wise weighted SAE[J]. IEEE Transactions on Industrial Informatics, 2018, 14(7): 3235-3243.

[63] Yuan X, Li L, Wang Y. Nonlinear dynamic soft sensor modeling with supervised long short-term memory network[J]. IEEE Transactions on Industrial Informatics, 2020, 16(5): 3168-3176.

[64] Liu Y, Ni W, Ge Z. Fuzzy decision fusion system for fault classification with analytic hierarchy process approach[J]. Chemometrics and Intelligent Laboratory Systems, 2017, 166: 61-68.

[65] Ge Z, Huang B, Song Z. Nonlinear semisupervised principal component regression for soft sensor modeling and its mixture form[J]. Journal of Chemometrics, 2014, 28(11): 793-804.

[66] Azimi S M, Britz D, Engstler M, et al. Advanced steel microstructural classification by deep learning

methods[J]. Scientific Reports, 2018, 8(1): 1-14.

[67] DeCost B L, Lei B, Francis T, et al. High throughput quantitative metallography for complex microstructures using deep learning: A case study in ultrahigh carbon steel[J]. Microscopy and Microanalysis, 2019, 25(1): 21-29.

[68] Li Z, Liu F, Yang W, et al. A survey of convolutional neural networks: Analysis, applications, and prospects[J]. IEEE Transactions on Neural Networks and Learning Systems, 2021, 33(12): 6999-7019.

[69] Maksov A, Dyck O, Wang K, et al. Deep learning analysis of defect and phase evolution during electron beam-induced transformations in WS_2[J]. npj Computational Materials, 2019, (1): 1039-1046.

[70] 马博渊, 姜淑芳, 尹豆, 等. 图像分割评估方法在显微图像分析中的应用[J]. 工程科学学报, 2021, 43(1): 137-149.

[71] Ogorodnyk O, Martinsen K. Monitoring and control for thermoplastics injection molding a review[J]. Procedia CIRP, 2018, 67: 380-385.

[72] Mao T, Zhang Y, Ruan Y, et al. Feature learning and process monitoring of injection molding using convolution-deconvolution auto encoders[J]. Computers & Chemical Engineering, 2018, 118: 77-90.

[73] Tsai K M, Lan J K. Correlation between runner pressure and cavity pressure within injection mold[J]. The International Journal of Advanced Manufacturing Technology, 2015, 79(1/4): 273-284.

[74] Cheng L, Wang C, Huang Y, et al. Silk fibroin diaphragm-based fiber-tip Fabry-Perot pressure sensor[J]. Optics Express, 2016, 24(17): 19600-19606.

[75] Zhou G, Zhao Y, Guo F, et al. A smart high accuracy silicon piezoresistive pressure sensor temperature compensation system[J]. Sensors, 2014, 14(7): 12174-12190.

[76] Qi X, Chen G, Li Y, et al. Applying neural-network-based machine learning to additive manufacturing: Current applications, challenges, and future perspectives[J]. Engineering, 2019, 5(4): 721-729.

[77] Grieves M W. Product lifecycle management: The new paradigm for enterprises[J]. International Journal of Product Development, 2005, 2(1/2): 71-84.

[78] Grieves M W. Virtually perfect: Driving innovative and lean products through product lifecycle management[M]. Space Coast Press, 2011.

[79] 陈志涛, 杨小东, 朱义勇. MES 系统下工业大数据安全机制的研究[J]. 智能计算机与应用, 2017, 7(6): 164-166.

[80] 王建民. 工业大数据技术综述[J]. 大数据, 2017, 3(6): 3-14.

[81] 杨斌(成都格理特电子技术有限公司). 一种基于大数据分析技术的工业安全应急管理平台[P]. CN 111626636A. 2020. 09. 04.

[82] 吕泽宇. 人工智能的历史、现状与未来[J]. 信息与电脑, 2016, (13): 166-167.

[83] 段现银, 陈昕悦, 向峰, 等. 数字孪生驱动的金属选择性激光熔融成形过程在线监控[J]. 计算机集成制造系统, 2021, 27(2): 403-411.

[84] 彭宇升, 孙勇, 凌云汉. 航空锻造单元数字孪生系统构建及应用[J]. 锻压技术, 2022, 47(4): 51-61.

高端新材料智能制造与应用

Intelligent Manufacturing and
Applications of
Advanced Materials

第3章　高端新材料智能铸造成形与应用

　　铸造是装备制造业的重要基础工艺。用于铸造成形的高端新材料，主要包括各类新型高性能轻质合金（如铝合金、镁合金、钛合金等）和特种合金（如特种铸铁、高温合金等）。这些材料在新能源汽车、航空航天、轨道交通、船舶海工、武器兵装等关键领域扮演了越来越重要的角色。压铸、精密铸造、反重力铸造等特种铸造是高端新材料铸造成形的常用方法。高端新材料智能铸造成形在铸造行业呈现出快速发展的态势，发展"优质、高效、智能、绿色"铸造技术已成为行业共识[1]。

3.1　智能铸造技术体系

　　我国高端铸件的制造水平与发达国家相比还有比较大的差距，存在"关键质量点超差、质量波动大"等共性技术问题，突出表现为内部疏松缺陷多、晶粒尺寸大、冶金质量难以控制、外在尺寸精度差与尺寸稳定性低、尺寸超差严重等。例如，机匣、导向器等航空发动机中关键构件，即使在材料成分完全已知的条件下，仍然难以制造出质量完全合格的铸件，只能让步使用，这类高温合金大型复杂铸件的研制已成为我国传统航空发动机自主研制的一个"卡脖子"问题[2]。

　　长期以来，高端铸件的研发依赖于大量经验积累和简单循环试错为特征的"经验寻优"方法，其缺点在于孤岛控制、科学性差、偶然性大，因而造成研发周期长和产品合格率低的问题[3]。当前，在国际上，美国能源部已开展了精密铸造全流程数字化研究，实现了4000个工艺参数的监控[4]。美国国家航空航天局（NASA）发布的《2040愿景：材料体系多尺度模拟仿真与集成路径》中，提出采用混合数字孪生技术对制造工艺过程进行分析和改进。英国伯明翰大学开展了全流程数字化凝固理论与铸造技术研究[5]。同时，英国罗罗公司在镍基高温合金构件的集成计算材料工程方面已走在了国际前列[6]。英、美发动机公司长期坚持与高校等科研机构合作研究[7]，成功地制备了大尺寸单晶叶片与机匣承力结构件等重大核心关键部件，并形成技术封锁与垄断。欧洲诺瑞肯集团采用数字化和人工智能技术，将一家铸铁厂的废品率降低了50%。韩国启动了制造业创新3.0计划，韩国工业技术研究院提出了压铸大数据分析平台的体系结构和系统模块，以实现中小型企业的工厂智能化。

　　当前，我国铸造行业智能制造及企业信息化基础总体偏弱，设备数控化率和联网率偏低，基础工业软件、工业互联网平台及智能制造系统的能力不足，制约了我国铸造行业智能化水平的提升[8-9]。为了缩短与国外先进水平的差距，我国迫切需要转变传统研发模式，发展能快速引领我国高端铸件制造水平实现跨越式进步的新原理新方法。

　　发展与推进智能铸造，要立足制造本质，紧扣智能特征，以数据为基础，以工艺、装备为核心，构建虚实融合、知识驱动、动态优化、绿色低碳的智能铸造系统，推动高端铸造业实现数字化转型、网络化协同、智能化变革。如图3-1所示，智能铸造技术体系应优先发展以下技术：铸造工艺智能设计技术，铸造成形过程智能控制技术，铸件质量智能控制技术，铸造成形智能装备、智能产线、智能工厂与数字化管理系统。在加强基础理论与关键核心技术攻关的同时，加速系统集成技术开发，并加快实现在航空发动机、新能源汽车等的关键铸件制造中应用示范。

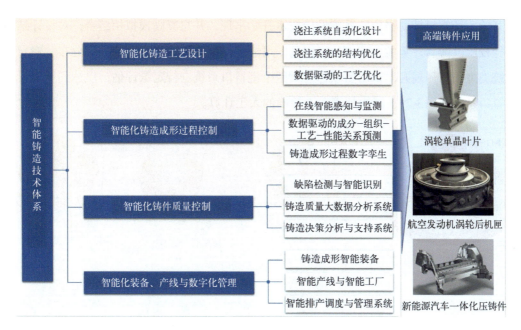

图 3-1 智能铸造技术体系及应用

3.2 铸造工艺智能设计技术

3.2.1 浇冒口系统自动设计与优化技术

3.2.1.1 浇冒口系统自动设计技术

（1）研究背景与内涵

实际生产中，铸件浇冒口系统的工艺设计大多依赖于设计人员在长期实践中积累的经验，通过反复试错制定最终方案。这种方法实验周期长、成本高，并且难以找到问题的原因。通过智能化技术能够提高铸造成形技术水平，浇冒口系统自动设计在确保零件质量的同时，可以缩短产品研发周期，降低生产成本，节约资源消耗。因此，铸造业对浇冒口系统自动设计技术有迫切需求。欧美发达工业国家均将浇冒口系统自动设计技术作为资助领域，我国作为铸造业大国也迫切需要浇冒口系统自动设计技术，这是我国铸造业进一步发展壮大，成为世界铸造业强国的重要途径之一。

浇冒口系统设计的正确与否关系到铸件铸造的成败，是铸造工艺设计中的关键技术，也是衡量铸造工程师经验与水平的重要标准。传统的浇冒口系统设计多凭经验公式进行计算，如 Chvorinov 准则[10]，但受铸件复杂几何形状等因素的影响，人工计算往往相当烦琐，通常采用近似法做很多简化，因而降低了最终设计的精确性。20 世纪 90 年代开始，计算机辅助浇冒口系统设计技术开始出现，并与凝固模拟相结合，对设计结果进行校验。随着计算能力的大幅度提高，可通过模拟实际生产中铸造缺陷分布、浇冒口系统类型和布局规则，采用多项标准对整个浇冒口系统进行定量评估，以达到智能设计浇冒口系统（图3-2），减少烦琐、不精确的人工计算。

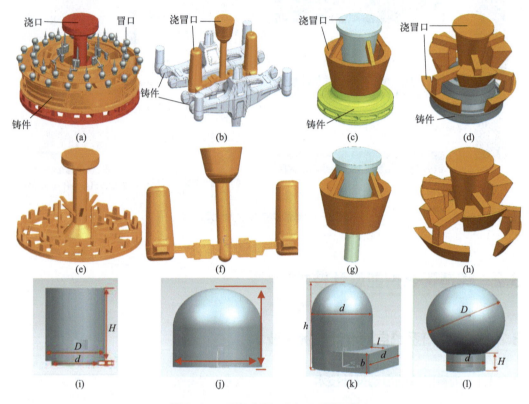

图3-2　不同标准冒口几何尺寸模型图

（a）机匣铸件；（b）转向桥铸件；（c）出口管；（d）离心轮；（e）机匣铸件浇冒口；（f）转向桥浇冒口；（g）出口管浇冒口；（h）离心轮浇冒口；（i）标准圆柱形明冒口；（j）标准圆柱形暗冒口；（k）标准侧冒口；（l）标准球形冒口

（2）研究现状

2004年，西北工业大学张丹等[11]基于数值模拟结果将结构优化领域中的形状优化方法应用于浇冒口系统设计过程，建立了设计、分析和优化集成的系统。针对铸造工艺建立了优化模型，并给出设计变量的灵敏度分析公式，利用全局收敛法（GCM）自动获取优化过程的搜索方向和搜索步长，给出了一个冒口设计的算例，证明该优化模型和算法的可靠性，在保证铸件质量的同时达到了材料损耗最小的目的，实现了浇冒口系统参数的自动化设计。德国开发的Visiometa软件可以根据铸件的几何特征快速计算出三维热模数场，以评估铸件局部热节大小和凝固顺序，再根据热节位置自动快速地实现浇冒口系统设计；此外，其还提供了雕刻工具包，可以实时修改和分析铸件几何形状，进行铸造工艺性优化，如添加凝固补缩通道。

（3）存在的问题

① 浇冒口系统自动设计存在算法模型烦琐、精度不够等问题，导致其仍难以在实际生产中实现应用。

② 浇冒口系统自动设计使用的 CAD 系统与模拟仿真 CAE 系统往往是独立运行的，缺少 CAD 与 CAE 系统集成，导致系统间数据传递复杂，应用烦琐，这也是限制该技术应用的一大问题。

（4）发展趋势

① 发展先进浇冒口系统自动设计模型，使其适用性更广；

② 发展高精、高效、智能算法，提高工艺设计效率与精度；

③ 发展 CAD/CAE 系统集成技术。

3.2.1.2　浇冒口系统自动优化技术

（1）研究背景与内涵

在铸造工艺设计过程中，对浇冒口系统的优化，通常需要依赖人工干预的迭代试错法进行，而浇冒口系统自动优化则通过分析铸造模拟软件的计算结果，自动判断铸件缺陷的位置，建立冒口的体积最小的目标函数，以及以工艺要求为约束条件，运用基于梯度的数值优化算法，得到初始冒口，再利用形状优化方法对初始冒口进一步优化，得到优化冒口。目前，计算机模拟技术是铸造行业内评定铸造工艺可行性常用的技术手段。

（2）研究现状

2008 年，高桥勇等[12]提出了冒口形状自动优化设计的方法，通过计算机自动修改冒口的直径及高度，并自动进行冒口工艺设计的评价。以 T 型铸件为例，对冒口的直径和高度进行自动优化设计，并与实验结果对比，验证了此方法的实用性。2009 年，伊朗 Tavakoli 和 Davami[13-14]建立了冒口体积约束拓扑优化方程，并通过有限元法、显式设计敏感度和数值优化计算求解方程，提出了浇冒口工艺自动优化设计方法，当对多个冒口进行工艺设计时，先进行第一个冒口的工艺设计，再进行第二个冒口的工艺设计，以此类推，并用一个多圆柱铸件案例验证了该方法的可行性。2008 年，华中科技大学华铸团队沈旭等[15-16]提出了浇冒口自动优化方法，利用 CAD 软件获得铸件的 STL 三维模型，通过分析初次凝固模拟结果，结合数值优化算法，对典型热节模型进行了预测对比，得到的结果如图 3-3 所示，然后再应用形状优化方法对初始冒口进一步优化，最终获得最优的冒口体积，冒口的体积比初始冒口的体积减少了 21%，结果如图 3-4 所示。

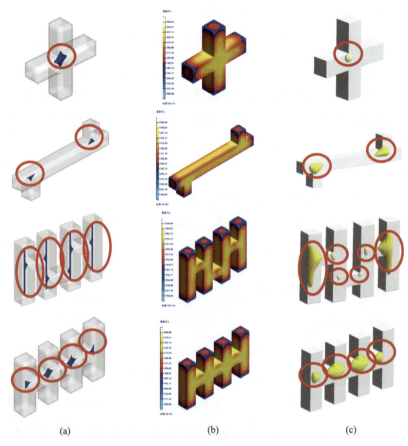

图3-3　典型热节模型热节预测对比分析结果[15-16]

（a）几何热节结果；（b）温度场结果；（c）基于温度场的热节预测

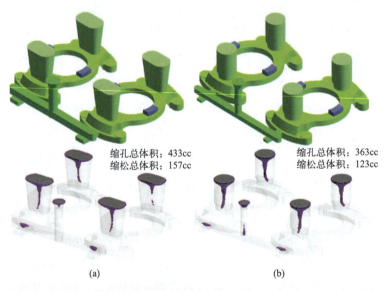

缩孔总体积：433cc
缩松总体积：157cc

缩孔总体积：363cc
缩松总体积：123cc

（a）　　　　　　　　　　　　　　（b）

图3-4　冒口原始工艺与优化后工艺结果对比图[15-16]

（a）冒口原始工艺；（b）优化后冒口工艺

（3）存在的问题

① 浇冒口系统自动优化主要依赖于热节的信息，不同热节对其影响较大，热节信息的准确获取目前仍是一大难点问题。

② 浇冒口系统自动优化使用的补缩路径只考虑了凝固过程，并未考虑铸造全过程，忽略了充型过程的影响，还存在浇冒口系统自动优化精度不够的问题。

（4）发展趋势

① 研发全过程无人值守浇冒口系统自动优化系统，从计算到分析实现复杂铸件的自动优化。

② 补缩路径考虑充型、凝固等铸造的整个过程，以提高模拟结果的精度。

③ 考虑多因素对冒口优化的影响，大幅减少产品后续检测和修复的时间。

3.2.2　数据驱动铸造工艺设计与优化技术

3.2.2.1　数据驱动铸造工艺设计

（1）研究背景与内涵

随着对大型一体化高端铸件性能的要求越来越高、结构越来越复杂，基于计算机模拟的物理模型已逐渐取代传统的经验与试错法，成为铸造工艺设计常用方法。然而，铸造工艺与铸件性能之间的复杂关系往往是高维度非线性问题，仅用物理模型描述复杂关系，对算力与研发成本要求相对较高，并且存在简化与抽象，不能实现"工艺-性能"关系的精确建模与多参数优化，也难以适应瞬息万变、随机性较强的实际生产过程。近年来，随着机器学习的发展，基于大数据驱动的数字黑箱模型正受到越来越多的关注。机器学习模型大多仅关注输入与输出之间的映射关系，弱化了中间过程的物理原理，可以快速高效地实现铸造工艺与铸件性能之间高纬度、非线性关系的精确拟合，适合解决多参数优化问题，且具有自学习、自适应的特点，可以根据实际生产过程中发生的各类扰动进行统计性的学习，是铸件铸造工艺设计的智能化解决方案。

适用于"工艺-性能"关系模型建立的机器学习方法众多，包括随机森林、集成学习、支持向量机与人工神经网络等。其中，人工神经网络（artificial neural network，ANN）因自适应性强、对大数据的学习性能优越，受到了最广泛的关注。目前，国内已有部分研究人员投入到基于人工神经网络的铸造工艺参数智能化设计的研究中。

（2）研究现状

2010年，中船江南重工股份有限公司艾志等[17]利用人工神经网络对风力发电机轴承座的铸造过程多参数优化问题进行了机器学习建模，成功获得了最大相对误差仅为0.126%的可靠预测模型，该模型可用于解决轴承座等大型铸件铸造工艺的多参数优化问题。2020年，吉林工程职业学院张锴等[18]以遗传算法改进的人工神经网络（GA-ANN）对镁合金建筑板材压铸过程中浇注温度、模具温度、真空度、铸造压力等工艺参数对力学性能与耐蚀性能的影响规律进行建模，实现了板材力学性能的精确预测，为工艺参数的反向设计提供了基础模型。2021年，中国矿业大学吴兆立等[19]利用人工神经网络对机械筒形铝合金铸件离心铸造过程中浇注温度、旋转速度、旋转半径等工艺参数与力学性能之间的映射关系进行建模，通过该映射模型实现了离心铸造工艺参数的智能优化，使铸件抗拉强度提升了18MPa。由此可见，利用数据驱动的机器学习模型来解决铸造工艺的多参数优化问题是行之有效的。

（3）存在的问题

基于数据驱动的机器学习模型能够较好地指导、辅助先进合金铸造工艺离线设计，但是也存在几方面的问题。

① 此类研究数量较少，缺乏系统性的知识体系，现有知识体系未必完全适合铸造工艺设计。

② 研究大多集中在结构较为简单、工艺参数较少的传统铸件上，形成的模型也较为简单、初级，缺乏对于新型高端复杂铸件的研究。

③ 此类研究大多基于少量实验数据（稀疏数据），称不上"大数据驱动"，模型的针对性较强、推广性有限，难以应对工业生产中复杂多变的工况条件。

（4）发展趋势

为了推动新能源汽车、航空航天领域的大型高端铸件的智能铸造水平，未来更应关注基于大数据驱动的工艺智能设计研究，克服目前相关研究存在的一系列问题。

① 针对训练数据缺乏与碎片化的问题，应建立完善的铸造工业大数据库，利用互联网技术为各类机器学习的进行提供充足可靠的大数据基础。

② 针对系统性知识体系缺乏的问题，应加大各类合金工艺设计的机器学习研究投入，提升研究广度，形成可用于关联分析的知识图谱。

③ 加大大型一体化轻合金压铸件工艺智能设计研究，研发适用于大型一体化铸件预测的大数据机器学习方法与模型，开发工艺智能优化的算法与相关工业软件。

3.2.2.2 数据驱动铸造工艺优化技术

（1）研究背景与内涵

21世纪以来，信息化、数字化、智能化技术作为新一轮工业革命的主要驱动力，在制造业已经得到广泛应用。信息化、数字化等技术的发展为制造业质量管理与控制提供了新的技术路径。如国内很多制造业企业都应用了企业资源管理计划（enterprise resource planning，ERP）系统和制造执行系统（manufacturing execution system，MES）等信息化管理系统。但由于铸造生产过程复杂，铸造生产条件脏、乱、差等客观因素，信息化技术在铸造业特别是铸造车间的应用并不多，所以，传统砂型铸造企业的信息化、数字化水平较低、发展缓慢。但近年来，在产业升级、环保、客户需求等压力不断提升的新形势下，铸造企业的自动化、信息化水平有了大幅度的提升，一线生产中使用了很多数据采集设备并对接信息管理系统，这些信息管理系统记录了铸造生产中设备、工艺、环境、质量等大量一线真实生产数据，是一笔包含生产参数和铸件质量关系的财富，但现有的这些"财富"并没有转化为信息和知识，或只有少量数据被利用，企业生产呈现出"数据爆炸、知识匮乏"的窘态。

（2）研究现状

基于数据驱动的模型拟合和工艺优化方法已被广泛用于定量确定产品的最佳工艺参数。2006 年，希腊雅典国立技术大学 A. Krimpenis 等[20]建立了压铸浇不足缺陷和凝固时间的预测模型，以铸件无缺陷和最短凝固时间为求解目标，使用遗传算法进行求解和优化，提高了压铸件质量和生产效率。2008 年，浙江大学童永光教授团队张响[21]建立了低压铸造车轮工艺和质量指标的预测模型，以最小化凝固时间和最小化缺陷率为求解目标，采用遗传算法进行求解，得到全局最优的浇注温度、模具温度等工艺参数组合。2008 年，韩国汉阳大学 Y. W. Park 等[22]建立了激光焊接铝合金焊缝抗拉强度的预测模型，综合可焊性（抗拉强度）和生产率（焊接速度和送丝速度）确定适应度函数，使用遗传算法进行求解，得到最佳焊接条件下的工艺参数组合。2009 年，上海交通大学 J. Zheng 等[23]建立了压铸表面缺陷指数的预测模型，进行工艺参数优化，得到了最佳成形质量的压铸件。

大数据等技术的发展为该问题的解决提供了新的技术路径。图 3-5 所示为工艺参数优化的基本流程，包括数据获取过程、模型拟合过程和参数优化过程。模型拟合和工艺优化方法已被广泛用于定量确定产品的最佳工艺参数[18]。

利用数据驱动方法（机器学习、神经网络等）拟合可靠的定量关系表达式，从而进

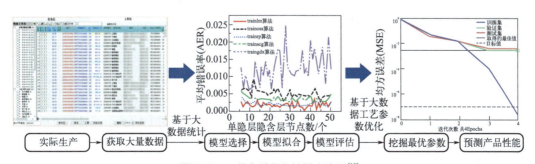

图 3-5　工艺参数优化的基本流程[18]

行质量问题预测（如故障、缺陷的预测）和质量特性预测（如产品的物理性能、力学性能的预测）。利用铸造MES、ERP等系统累积大量的真实生产工艺数据，再通过数据驱动方法进行铸造工艺参数优化。

（3）存在的问题

目前国内外针对质量预测方法、工艺参数优化的研究仍然存在一些问题，主要分为样本数据的问题和铸造领域的问题两大类。

① 样本数据需求量越大，非线性关系越复杂，同样的映射精度下，所需要的样本数量就越多，实践中的经验是样本数量需要达到网络连接权总数的5～10倍。

② 国内外对质量预测方法、工艺参数优化的研究大多数集中在压铸、激光焊接、3D打印、注塑、熔模铸造、金融、能源等领域。砂型铸造工艺参数的设置还是主要依靠实验和经验，各工艺参数和铸件质量（力学性能与缺陷）的量化关系不明确，更无法达到预测的目的。

（4）发展趋势

① 高精高效的铸造生产过程软硬件集成数据监测平台。

② 对铸造过程缺陷高精度预测的大数据挖掘模型。

③ 高精高效柔性化数据驱动铸造工艺优化模型。

3.2.3　铸造热物性参数数据库构建及参数反求技术

（1）研究背景与内涵

铸造过程涉及金属材料、造型/制芯材料、涂料等多种材料，这些材料有着本质的不同。在铸造过程中，铸件、铸型或辅助材料的温度和状态都发生很大的变化，铸造数值模拟可靠性高度依赖材料物性参数。当前阶段，铸造过程数值模拟中应用到的材料性能参数可以划分为充型凝固模拟用性能参数、热应力分析用力学性能参数以及微观组织模拟用性能参数等，如表3-1所示。

表3-1　铸造过程数值模拟常用材料性能参数

材料性能参数种类	具体参数
充型凝固模拟用性能参数	密度、热导率、比热容、热焓（结晶潜热）、体积收缩系数、线收缩系数、黏度、表面张力、电导率等
热应力分析用力学性能参数	界面换热系数、杨氏模量、剪切弹性模量、塑性硬化模量、泊松比、屈服应力、断裂应力等
微观组织模拟用性能参数	相变温度、过冷度、溶质扩散系数等

对于金属材料来说，某些热物性参数可以通过实验等方法进行测量，但由于铸造过程的不可控因素较多，合金成分也会随着现场的熔炼情况有细微的变动，单个热物性参数分别求解的方法运用在铸造数值模拟中，通常达不到理想的效果。材料热物性参数的设定，直接影响铸造过程中的模拟精度，进而影响缺陷预测结果，因此，获得准确完整的热物性参数对铸件质量预测非常重要。

此外，材料参数还和模拟尺度有关系。例如某些材料的弹性模量，在宏观尺度上表现为各向同性；而在介观尺度上则表现为明显的各向异性。另外，随着模拟计算的深入，涉及多尺度、多物理现象的耦合等，精度要求不断提高，因此材料性能参数与材料内在特性的知识已经不能满足铸造过程凝固模拟的需求。而目前，获得准确且完整的物性参数仍然十分困难，这是当前影响铸造过程数字化的重要因素之一。由此，构建高可靠性参数数据库是发展数字化铸造工艺设计技术的迫切需求。

（2）研究现状

为满足铸造数值模拟技术的需求，随着计算机技术和数值模拟理论的发展，国内外学者发展了基于高精数值模拟技术与铸造温度场监测的铸造数值模拟用热物性参数反求的方法，如图3-6所示。1999年，台湾成功大学Shih-Yu Shen[24]采用两个边界元方法——搭配法和加权法，从纯数学的方法角度很好地解决了一维反热传导问题，并详细分析了两种方法带来的计算误差。2005年，伊朗科学技术大学Abdollah Shidfar和Ali Zakeri[25]通过使用半隐式有限差分的方法建立了一维反热传导模型，尝试反计算求解了初始温度，通过采用合适的参数，获得了最佳估计值，很好地解决了反热传导问题的不适定性，最终求解了比较准确的初始温度。

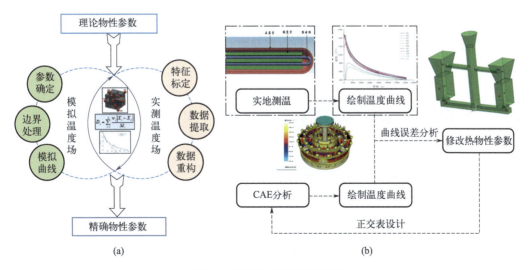

图3-6　热物性参数反求示意图
（a）热物性参数反求总思路；（b）反求步骤

2007年前后，清华大学郭志鹏等[26-27]基于热传导反算法建立了压铸界面换热系数的求解数学模型，采用傅里叶数表征模型反算，改善反算的稳定性和求解精度，建立了压铸过程铸件-铸型界面换热系数与铸件凝固分数和凝固速率之间的函数关系。2008年，华中科技大学华铸团队沈旭等[15]基于GA-PB算法构建了铸造热物性参数反求模型，并搭建了热物性参数反求软硬件集成平台。2008年，上海交通大学隋大山[28]提出了Tikhonov正则化理论，采用先验和后验两种不同的方法得到正则化参数的数学表达式，得到了基于灵敏度系数的新型正则化泛函计算方法[29]。2010年，西北工业大学张卫红教授等[30]结合数值预测、优化方法和有限的实验数据，使用热传导反计算方法建立了铸件/铸型间换热系数随时间变化的函数关系，并采用全局收敛方法寻找到了最优的界面换热系数。

（3）存在的问题

① 热物性参数反求能得出较准确的参数，但仍需人工设置各个热电偶位置，针对不同铸件取得热物性参数均需要人工涉入。

② 对于制备不同工艺条件下的型壳等缺乏泛化能力。

（4）发展趋势

未来本领域的发展趋势主要有以下方面：

① 建立标准化的铸造过程信息分类方法，并以此为基础建立开放的铸造材料数据库；

② 建立先进的软硬件集成平台，为获得精确的材料物性参数提供技术支持，并为数字化铸造技术提供实验验证平台；

③ 以信息学技术研究材料不同物理量之间的内在联系，建立完善的数字化、网络化、智能化铸造应用数据库，在铸造行业实现数据共享。

3.3　铸造成形过程控制技术

3.3.1　多源异构数据变频柔性采集技术

（1）研究背景与内涵

随着人工智能、大数据、物联网等技术的发展，复杂的技术开始应用于制造业以提升企业的自动化水平，德国的"工业4.0"与中国的"中国制造2025"战略都描述了未来制造业的发展蓝图。其中，设备数据采集是铸造企业走向智能制造的重要关卡和必经之路，设备运行中关键参数的变化与产品质量息息相关，如浇注温度、浇注时间等。然而，当前铸造车间设备众多、来源广、自动化程度不一，针对特定设备的数据采集方法实施周期长，难以快速适用于不同设备，普适性差；且现有的设备数据采集主要靠人工记录和现场复制等方式，只采集部分关键的参数，存在监测困难、数据记录效率低、数据可视化效果差等问题；此外，数据采集的实时性差，采用固定的时间间隔采集数据，数据会丢失部分信息，导致难以有效利用这些数据。

因此，为了实现对铸造生产过程的质量监测，首先要设计设备数据柔性采集方法，快速实现车间不同来源、不同自动化程度设备的运行数据的柔性采集与存储；在此基础上，要获得比较完整的、质量较高的运行数据，需要设计针对铸造生产的连续型数据变频采集方案；最后，针对检测数据可视化差的问题，需要设计设备监测与数据可视化系统。

（2）研究现状

2018年，华中科技大学华铸团队王武兵[31]根据铸造设备的数据存储方式，分别设计了基于PLC与组态相结合的设备数据柔性采集和基于数据库的设备数据柔性采集两种方法并应用于两家典型铸造企业，实现了车间不同来源、不同自动化程度设备的运行数据的快速柔性采集与存储。

2021年，华中科技大学周建新团队向观兵[32]对比了等时间间隔、旋转门算法、抖动比三种典型的数据采集方法的差异（图3-7），提出了砂型铸造生产过程的变频采集方法，在保证数据不失真的情况下数据量减少了18%。

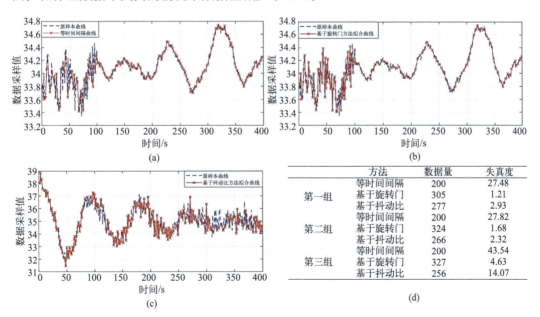

图3-7　三种混砂温度数据采集方式示意及结果图[32]

（a）等时间间隔的数据采样示意图；（b）基于旋转门方法的数据采样示意图；（c）基于抖动比方法的数据采样示意图；（d）等时间间隔等法比较

在国外，2015年，弗吉尼亚理工大学Avik Dayal[33]等在传统数据采集与监视控制（supervisory control and data acquisition，SCADA）系统基础上引入了虚拟化概念，提出了VSCADA平台，系统基于OPCUA协议实现与下位机的通信，用于仿真设备监控。对于已经建立SCADA系统的企业，该系统利于SCADA系统分析历史数据，提高决策的准确性。2018年，美国杨百翰大学的Eduardo J.Alvarez等[34]通过分析SCADA系统中风力涡轮机的转矩数据，提高了风力发电机组寿命预测的准确性。

（3）存在的问题

① 目前，在铸造业领域，多源异构数据的采集技术还不够灵活、不够精准。必须对铸造过程中的"多源异构"参数进行全流程监测、异动感知与实时调整，以数字化、信息化的智能控制方法取代落后、低效的传统工艺控制方法。

② 采集的数据缺少与大数据挖掘软硬件集成平台的融合，导致大量生产数据不能发挥其应有的作用，生产效率和铸件质量不能得到有效提高，浪费了资源，拖延了我国铸造业迈向智能化的进程。

（4）发展趋势

① 发展更为柔性、精度更高的数据采集技术；

② 进一步向微型化、网络化与智能化方向发展；

③ 进一步与大数据挖掘软硬件集成平台融合，进而实现数据采集与数据分析一体化。

3.3.2 复杂工序下多源异构数据在线智能感知技术

（1）研究背景与内涵

在线智能感知技术是一门结合了传感器、物联网、大数据存储、人工智能等技术的综合性技术，分别对应数据采集、数据传输、数据储存等不同环节，往往作为后续决策模型建立的技术基础，并与模型一同形成"感知-决策-执行"智能化控制模式，实现现代化的智能生产模式。在材料加工领域，焊接过程的智能感知技术已有相对成熟的研究与工程应用，已发展出多功能激光视觉传感系统与基于物联网的焊接数据智能管控及质量评价方法等智能在线感知技术。与焊接过程相比，铸造过程工序更多、数据结构更多元化、数据采集难度更高。与传统铸件相比，高端铸件往往具有形状复杂、性能要求高、尺寸精度要求高等特点，对其铸造过程各环节的精确控制也提出了极高的要求。

（2）研究现状

2017年，华中科技大学凌宏江团队涂成春[35]设计了一种基于Wi-Fi数据传输技术的低压铸造机工艺参数采集与远程控制系统，可以实现低压铸造机工艺参数的高效、精确的采集、传输与储存，为铸造过程的在线智能感知技术提供了可能性论证与基础研究。2019 年，昆明理工大学张寿明团队李鹏飞[36]通过脉冲流量计、温度传感器、压力传感器以及西门子可编程控制器模块以及模糊神经网络算法建立了对铝合金半连续铸造过程部分参数监控的系统，一定程度上提高了铝合金铸锭的质量与生产效率。2019 年，华中科技大学华铸团队田臻[37]设计并开发了一套设备监测与数据可视化系统，实现了对各类设备运行状态的监测，展现了良好的数据可视化效果，提升了工作效率和数据记录的准确性。2020 年，安徽电子信息职业技术学院吕婷[38]利用 ZigBee 无线传感技术对铸造车间设备运行状态、运行参数进行在线监控与远程管理，为铸造车间一体化智能管理提供了思路。2021 年，商洛学院严新华[39]设计了一种工业炉管离心铸造大数据实时监控系统（图3-8），通过各类传感器对相关变量数据进行实时采集并进行大数据分析，可及时调整铸造参数。

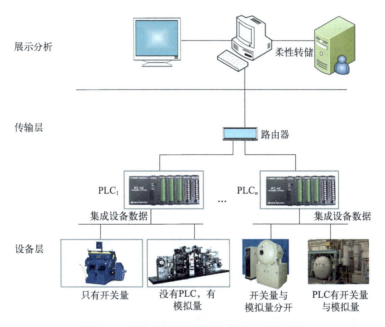

图3-8　铸造车间设备监测与数据可视化系统

国外，在工业监控领域，1996 年美国 North Andover 公司首先将 PLC 与 Intermet 相连，其影响深远，直到今天，仍然有许多用户从中受益。现场设备的控制及通信是基于以太网技术的，客户通过浏览器与之通信。此种方式中，客户可在浏览器中设定过程参数，还可通过浏览器实现对控制对象的启动和停止，但对设备的实际控制仍然是由 PLC 完成的而不是浏览器本身。2003 年，美国的 Pacific Scientific Instruments 公司将监测、过程控制、传感器总线以及 Web 技术用于测量半导体内部杂质的设备控制器系统，利用 Web 网络技术实现了控制器与机床传感器直接通信，数据传输通过以太网和总线，由计算机将原始数据与生产实际数据综合用于控制设备运行、故障检测及过程控制参数决定等[40-41]。具体到关于铸造过程在线监控的研究，国外少有记录。

总体而言，对于国内外相关企业，在大型一体化压铸件与熔模精密铸件等高端铸件的铸造过程的在线智能化监控技术方面均是一个较为薄弱的领域，缺乏相关系统性研究与成熟应用案例。

（3）存在的问题

① 尽管压铸机本身已经具有对诸多参数的实时采集功能（表3-2），但要满足压铸过程控制与铸件产品质量预测的需求，还需对模温机、真空机、点冷机等多种外设所对应的各种参数进行实时监控；

表3-2　力劲DCC2000压铸机可采集参数

压铸工序	压铸机可采集参数机
冲头润滑	冲头润滑时间，润滑油计量
喷涂	涂料配比，喷涂时间，喷涂方式
合模	合模时间，合模方式，模具温度
浇注	浇注时间，浇注温度，浇注重量
充型	启动时间，启动速度，启动压力
位置	慢速充型时间，速度，开始位置，压力曲线
	快速充型时间，速度，开始位置，压力曲线
	增压和保压时间，开始位置，压力曲线
开模	开模时间，方式
取件	取件时间

② 对于高温合金的熔模铸造过程而言，铸造过程更长，各工序之间相对独立，多源异构数据的采集难度比压铸过程更高；

③ 由于不同设备间的数据往往彼此独立，各设备数据间缺乏有效互联与传输；

④ 多工序中的多参数异动的识别、定位的精准度不够；

⑤ 已有的传感器在特殊铸造环境（如高温、熔体、腐蚀、压力）中灵敏度、精度及耐用度不够。

（4）发展趋势

其发展趋势如下：

① 建立成熟的多源异构数据的"实时采集-传输-储存"方法；

② 实现复杂工序下的多参数异动监测；

③ 发展适合铸造环境（如高温、熔体、腐蚀、压力）的特殊高灵敏度、高精度、高耐用度传感器。

3.3.3　铸件内部缺陷/力学性能/组织成分在线预测与控制技术

（1）研究背景与内涵

近年来，在产业升级、环保、客户需求的要求不断提高的新形势下，砂型铸造企业的自动化、信息化水平有了大幅度的提升，一线生产中使用了很多数据采集设备并对接信息管理系统。信息管理系统记录了铸造生产中设备、工艺、环境、质量等大量一线真实生产数据，虽然可以做到全过程记录和追溯，但各工序的工艺参数、环境因素等对铸件质量的影响作用和影响程度依然不明。长期以来，这些参数的设置和控制主要依靠经验和反复实验，无法对其进行准确调整，可能会导致力学性能不合格和内部缺陷超标，所以亟待明确各工艺参数同铸件力学性能和缺陷的量化关系，从而实现对参数的准确调整。另外，由于铸造部分生产过程和质量检测脱节，因此急需一套用于提升生产过程的可靠性的铸件力学性能与缺陷超前预测系统。

大数据等技术的发展为该问题的解决提供了新的技术路径。将人工神经网络应用于铸造领域，可以更好地表达铸造过程中出现的大量经验性和非确定性知识，使得预测或分类结果更具科学性与灵活性。人工神经网络可以避免具体数学公式的表示，方便快捷地训练出输入与输出变量之间的非线性映射关系，因而人工神经网络在铸造领域得到了广泛的应用。近年来，人们已经成功应用人工神经网络来解决许多与铸造业有关的问题。

（2）研究现状

2018年，华中科技大学华铸团队豆义华[42]采用BP神经网络建立了一套汽车发动机铸铁件断芯缺陷的诊断模型，并基于此模型研究了各影响因子对缺陷产生的敏感程度，结合实际过程相关参数的波动性获得了过程控制策略，用以指导实际生产，如图3-9所示。

2021年，华中科技大学华铸团队张志鹏[43]基于生产数据，采用BP神经网络建立了典型铸件力学性能与砂眼缺陷的预测模型，并混合BP神经网络和遗传算法对铸造工艺参数进行求解优化。

在国外，研究者们对铸造的质量预测问题也进行了研究。1999年，韩国汉阳大学H. Park等[44]在CO_2激光焊接领域，使用焊接等离子体信号作为输入，分别建立了多元回归模型和神经网络模型并进行对比，结果表明神经网络预测效果优于回归模型。2006年，雅典国立技术大学A. Krimpenis等[20]在压铸领域，使用熔融金属温度、模具初始温度等四个工艺参数建立神经网络模型，进行了压铸件浇不足缺陷和凝固时间的预测。2008年，韩国汉阳大学Y. W. Park等[22]针对激光焊接铝合金焊缝强度问题，使用激光功率、焊接速度和送丝速度三个工艺参数建立神经网络模型，进行了焊缝的抗拉强度预

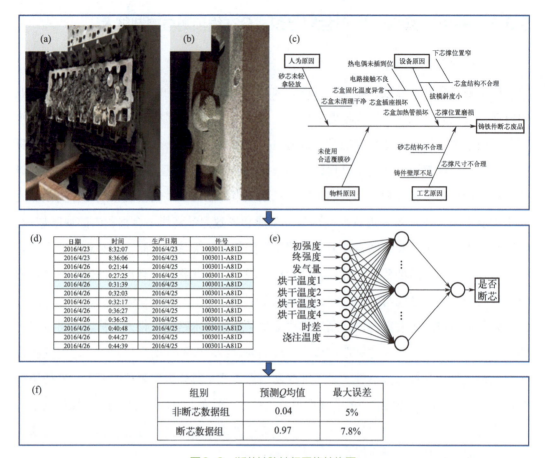

图3-9 断芯缺陷神经网络结构图

（a）铸件；（b）断芯缺陷；（c）全流程工序分析；（d）数据挖掘；（e）断芯缺陷预测模；（f）应用验证

测。2017年，印度B. H. Gardi工程技术学院A. Sata等[45]在熔模铸造领域，提出了一种基于贝叶斯推理的铸造缺陷预测和优化方法，使用浆料温度、涂层室湿度等24个工艺参数进行熔模铸件缩松、夹渣等缺陷的预测。2019年，加拿大里贾纳大学J. K. Virdi[46]在熔模铸造领域，建立了多元线性回归模型和K-最近邻、随机森林等多种机器学习模型，进行不锈钢熔模铸件力学性能的预测。

（3）存在的问题

① 目前，针对铸件内部缺陷/力学性能/组织成分的预测已经有了一定发展，但实际生产中，在数据的实时采集阶段，会记录大量冗余甚至出现错误的信息，对预测环节产生非常恶劣的影响；

② 在线预测和控制的即时性、有效性也存在一定问题；

③ 预测模型的精度有待进一步提高，与在线工艺调控技术的融合程度较低。

（4）发展趋势

其发展趋势主要有以下方面：

① 进一步发展高保真实时在线监测技术；

② 进一步发展噪声数据过滤技术；

③ 进一步与在线工艺调控技术融合，实现铸造工艺在线调优。

3.3.4　异步工序质量在线协同调控技术

（1）研究背景与内涵

协同的概念从20世纪80年代起就应用于各种工作类软件中，从信息技术角度看，协同主要体现在技术人员、工作数据流与集成技术三个层面。铸造本身工序多、工艺复杂。铸造工艺参数的种类多、数量多，且因为生产过程中波动无处不在，多工序之间相互影响，铸件质量难以控制。目前大部分的工序质量控制方法都是事后检验方法，在发现问题时已经造成了经济和资源的浪费。而随着科学技术的进步，我国制造业的信息化和自动化水平日益提高，信息技术、自动化技术、现代管理技术与制造技术逐步结合，提高了生产技术水平。因此，利用信息技术对工序进行在线协同调控的方法被越来越多的研究者所关注（图3-10）。

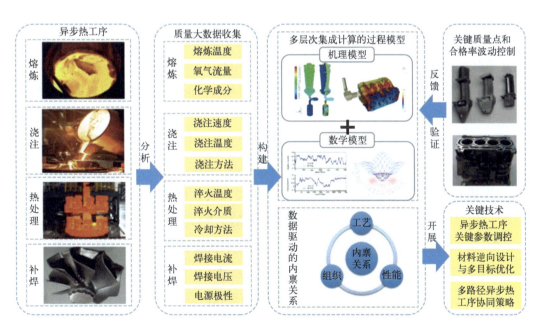

图3-10　异步工序协同调控

（2）研究现状

国内，2016年，上海交通大学来新民团队刘畅辉[47]将误差流方法引入熔模铸造过程，建立了全过程误差流模型，并提出了基于熔模铸造误差流模型的稳健控制方法，在实际生产中使最终铸件的精度由CT6提高到CT3。2016年，华中科技大学华铸团队林塁等[48]提出了一种铸件质量、工艺、生产三角协同的管控方法，能有效指导车间对不合格品进行管控，预防产品重复性报废，提升工艺水平，节约生产成本。2017年，沈阳航空航天大学杜宝瑞团队刘跃[49]从装配质量形成机理出发，对装配过程铸型装配质量实时信息做出了及时预测与相应调整，实现了装配误差累积控制和装配质量预测，为提高铸型装配质量的稳定性提供了理论依据与技术支持。2022年，哈尔滨理工大学周伟等[50]提出了考虑多工序设备权重的资源协同综合调度算法。该算法在提高综合调度设备整体利用率和减少复杂产品时间成本等方面具有优越性。

国外，2008年，印度Dhenkanal Synergy工程技术学院D. B. Karunakar等[51]针对砂型铸造缺陷优化问题，使用造型、熔炼两个工序中的11个工艺参数建立了神经网络模型，进行裂纹、气孔等五种铸造缺陷的预测，并用于生产车间。2021年，韩国京畿道韩国工业技术研究院J. Lee等[52]使用压铸生产流程中多个工序的工艺参数组成47个输入变量，建立了神经网络模型，进行压铸件裂纹等缺陷的预测，总体预测准确率达到96.9%，有望降低压铸行业的缺陷率和生产成本。

（3）存在的问题

本领域目前存在的问题包含以下方面：

① 铸件铸造成形过程中异步工序多，各工序之间相互影响，目前铸造车间的智能化水平相对较低，针对多工序的协同控制在实施中存在一定难度；

② 当实际生产中某步工序的中间参数与预测值有出入时，后续的预测将不够准确，优化方案的给出也不够及时。

（4）发展趋势

本领域的发展趋势包含以下方面：

① 基于铸件铸造成形过程中异步工序多的特点收集并分析数据，构建多层次、跨尺度、全过程、集成计算的过程模型和数据驱动的工艺-组织-性能内禀关系模型；

② 基于材料逆向设计与多目标工艺（性能、表面质量等）优化的相关技术，开展多路径异步工序协同调控，实现对铸造过程关键质量点和合格率波动的控制；

③ 降低以上技术的使用难度，提升其用户友好性，提高其在实际生产中的实用性。

3.3.5　智能铸造数字孪生系统

（1）研究背景与内涵

铸造业属于传统产业，多数铸造企业存在以下问题：数字化基础设施薄弱（包括 5G 网络、工业互联网、数据的存储传输等硬件设施和数据库系统及数据分析管理等软件设施），难以在短期内实现数字化转型；装备落后，自动化、智能化水平较低，产品种类多，生产工艺和流程复杂导致数据之间关联协作程度不高。铸造现场工艺过程控制能力对产品的成本和质量起着重要作用，对企业的经营与发展有着重要的战略意义。随着熔模铸造产品的商品化、国际化程度日益增加，提高质量就能增强产品的竞争力，因此，通过铸造数字孪生实现生产的自动化、智能化是当前我国正面临的从铸造大国向铸造强国迈进的重要课题之一，其作用在于帮助企业实现当前业务的优化和预测。将数字孪生作为系统的精确虚拟复制，已成为工业领域的一场变革。未来将开发数字孪生以及智能算法、数据驱动的运营监控与优化，用于创新产品，创造价值。

　　图 3-11 和图 3-12 分别为华中科技大学华铸团队为企业开发的低压铸造车间数字孪生系统的功能和主界面。

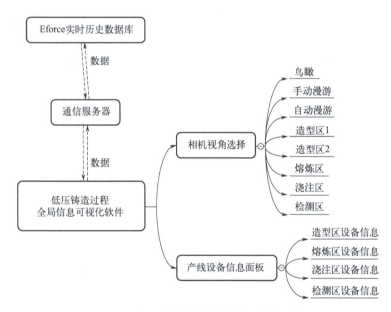

图 3-11　低压铸造车间数字孪生系统的功能

图 3-12　数字孪生系统主界面

（2）研究现状

国外，2020年，法国国立高等工艺学院A. Ktari等[53]提出了一种用于铝合金砂型铸造的基于神经网络的数字孪生方法来设计门控系统，可以监测和预测铸造过程中整个浇注系统的参数，能够比传统方法更快、更可靠地完成参数设计和充型。2022年，挪威水电资源开发中心K. O. Tveito等[54]通过数字孪生对铸造产线中不同的流槽布局/设计、脱气器、过滤器、初始温度、填充速度和液位控制等关键参数进行了分析，并将其预测结果与实验数据进行了比较。

国内，2021年，内蒙古工业大学岑海堂团队朝宝[55]为提高铸件产量，消除生产过程中的不利因素，以砂型铸造车间为研究对象，借助工业物联网（industrial internet of things，IIoT）、仿真技术结合价值流图（value stream mapping，VSM）分析法提出了基于数字孪生的铸造车间生产流程仿真框架。2022年，西北工业大学凝固技术重点实验室[56]面向精密铸造技术领域，建立了集成金属材料铸造性能测试与标准试样高通量制备的方法和系统，通过集成3D打印技术，实现了系统设计和制备的数字孪生。2022年，太原重工股份有限公司技术中心从远程集控、自动运行、智能感知、智能监测、人机交互及数字孪生6个方面论述了铸造起重机智能化应具备的功能，以及存在的难题，为后续我国铸造起重机智能化转型指明了发展方向。

华中科技大学华铸团队致力于铸造生产车间数字孪生系统开发，其在某企业生产车间中可以进行鸟瞰、手动漫游、自动漫游、造型区1、造型区2、熔炼区、浇注区和检测区视角切换，各个视角如图3-13所示。

（3）存在的问题

尽管从文献中可以看出基于各类数字孪生系统的模型能够提升实际生产的效率，但是也存在以下几方面的问题。

① 此类研究的数量较少，缺乏系统性的知识体系，其现有知识体系未必完全适合所有的铸造工艺设计；

② 数字孪生系统往往面向具体的生产过程，对于铸造过程没有形成确定的范式；

③ 智能铸造的数据采集系统、物理场模拟和实际生产的大数据分析决策系统没有很好地结合，很少利用智能铸造的数字孪生系统对铸件的铸造工艺进行优化设计以提高铸件质量。

（4）发展趋势

① 对铸造过程数字孪生进行系统性构建，形成一个新的理论体系，并且可以指导实际生产的数字孪生系统的准确构建；

② 建立完善的铸造工业大数据库，为构建数据模型提供基础，而不局限于软件模

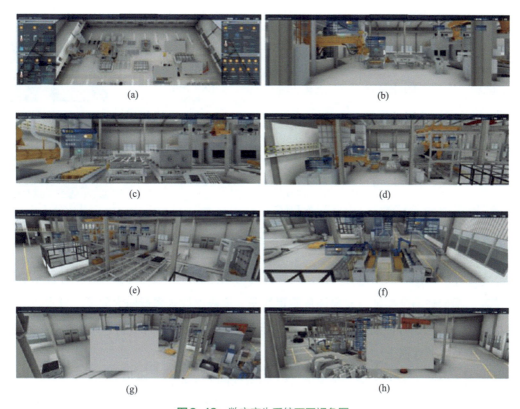

图3-13 数字孪生系统不同视角图

（a）鸟瞰；（b）手动漫游；（c）自动漫游；（d）造型区1；（e）造型区2；（f）熔炼区；（g）浇注区；（h）检测区

拟的数据模型；

③ 发展数据采集、数据库构建、大数据决策相关过程的关键算法，采用多源异构数据融合构建关键指标的数据模型。

3.4 智能化铸件质量控制技术

3.4.1 X射线内部缺陷智能检测技术

（1）研究背景与内涵

X射线检测因能够在不破坏铸件结构、性能的前提下获取直观呈现铸件内部缺陷的位置信息、类别信息的图像，而被用于高端新材料铸件内部缺陷的检测识别工序。铸件生产企业往往通过人工评片的方式对铸件X射线胶片或电子图像内的缺陷进行识别。例如，某拥有国内大规模航空钛合金精密铸造产线的企业的质检部门采用如图3-14所示的流程实现航空钛合金铸件的X射线检测。

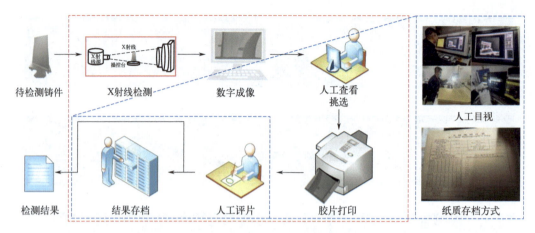

图3-14 航空钛合金铸件X射线检测流程

人工评片是依赖人工目视对复杂铸件探伤的成像进行缺陷评片，存在本体混杂缺陷定位难、相似缺陷分类难、缺陷评片稳定性差、离线评片效率低四大问题，导致缺陷易漏检误检，影响铸件的质量和可靠性，甚至严重影响重大装备的性能、寿命和安全性。问题表现为以下方面。

① 复杂的铸件结构与各类缺陷混杂，造成缺陷人工定位、辨识难。

②"气孔与低密度夹杂""焊补未熔合与裂纹"等缺陷形态相似，造成缺陷人工分类难。

③ 人工目视受检测人员个人经验、主观意识、身心状态的影响，造成人工评片稳定性差。

④ 目前的探伤检测依靠人工经验进行离线评片，不能实现缺陷的快速在线识别，难以满足当前智能高效优质批量生产国防重大装备的需求，迫切需要转变"人工离线评片模式"为"机器在线自动评片模式"，实现铸件X射线探伤检测缺陷"评得准、评得稳、评得细、评得快"。为此，国内外学者针对探伤图像缺陷分割定位与分类问题开展了大量研究。

（2）研究现状

针对缺陷分割定位，2017年，加拿大马尼托巴大学Youngjin Cha等[57]使用卷积神经网络的深层架构来检测图像中的缺陷。2020年，沈阳铸造研究所高端装备轻合金铸造技术国家重点实验室李兴捷等[58]提出了一种融合多级分辨率特征的语义分割网络，经测试集测试，网络性能综合指标平均交并比mIoU达到了0.86。2021年，太原科技大学谢刚团队[59]采用更小的骨架网络MobileNetv2替换原来的特征提取网络结构Darknet53，同时在深层特征和浅层特征相融合的基础上增加新的检测尺度，一定程度上增强了对小缺陷目标的检测能力。2021年，华中科技大学华铸团队周建新、计效园等[60]针对钛合金铸件探伤图像中缺陷的检测分割问题，以支板类简单结构铸件为研究对象，采用选择性搜索方法对所有疑似缺陷进行检测，统计分析并建立了真实缺陷的尺寸、长宽比和边缘曲率等边缘轮廓特征过滤器，用于过滤伪缺陷，提高了缺陷检测定位分割的准确度，误检率从去伪前的49.1%降至8.24%，漏检率从4.01%下降到0.31%，如图3-15所示。

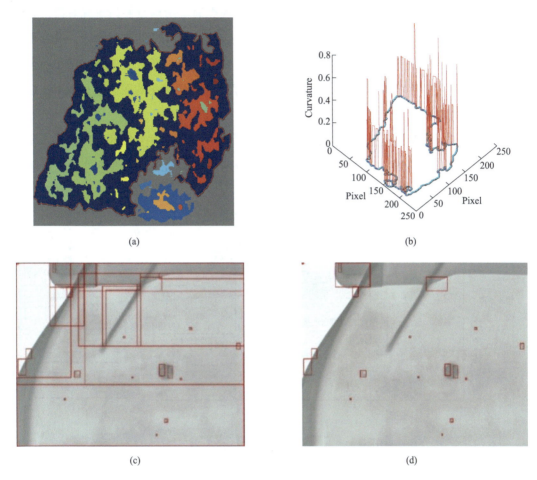

图3-15　选择性搜索与特征分析图像缺陷检测

（a）铸造缺陷边缘检测；（b）铸件缺陷目标区域边缘-曲率三维图；（c）选择性搜索算法目标区域检测；（d）尺寸统计去伪后目标区域检测

针对缺陷分类问题，2018年，太原科技大学孙志毅等[61]围绕CNN对铸件识别展开相关研究。2018年，太原科技大学刘浩[62]以Caffenet为基准，在减小卷积核尺寸和卷积层数量降低模型复杂度的同时提升了识别精度，同年Y. Kai在原AlexNet模型中加入一个哈希层，与原AlexNet模型相比，改进后的模型的缺陷分类精度提高了8%。加拿大安大略理工大学R. Jing等[63]于2019年提出了一种深度学习模型三阶段训练方法，对气孔缺陷识别的准确率达90%以上。上海理工大学王永雄等[64]在2019年采用改进灰度分层的伪彩色映射方法将单通道DR图像转化成伪彩色3通道图像，并将其输入到结合通道间权重机制的VGG16网络模型，实现了模型对铸件缺陷区域的聚焦。2020年，王永雄等[65]构建了包含深度可分卷积的缺陷分类模块（defects classification model，DCM），实现了含有微小缺陷的图像分类。2020年，重庆大学沈宽等[66]提出了Mask R-CNN结合引导滤波增强的缺陷检测方法，较好地实现了对铸件X射线DR图像缺陷的分级分类。2021年，华中科技大学华铸团队周建新等[67]以支板类简单结构铸件为研究对象，分别构建了人工设计的均布式卷积神经网络模型、基于DenseNet121的改进稠密深度卷积神经网络模型（图3-16），将样本划分为低密度孔、线状缺陷、高密度夹杂、缩松四类和铸件本体，采用监督式训练和反馈调节，均得到了性能得到优化的图像分类模型，提高了缺陷分类的准确度，提高目标总体分类准确度到87%以上。

华中科技大学华铸团队周建新、计效园等[68-71]自主研发了华铸FDI系列软件，软件主界面及车间应用效果分别如图3-17和图3-18所示。华铸FDI系统已通过重庆市重科

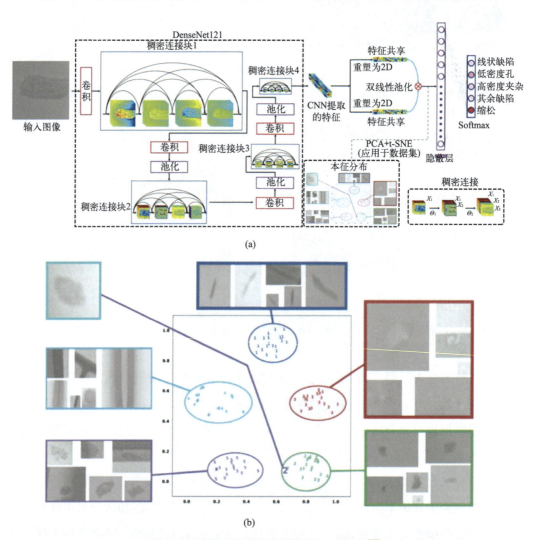

图3-16 神经网络目标分类模型和应用实例[67]
（a）基于DenseNet121的改进稠密深度卷积神经网络目标分类模型；（b）提取的最终特征的本征二维分布和X射线图像实例

理化计量中心有限公司、湖北省标准化与质量研究院等专业机构测试，识别准确度达93.38%，速度为0.144秒/张，同时已在中国兵器某所等单位进行实际应用，有望在近几年实现推广应用。

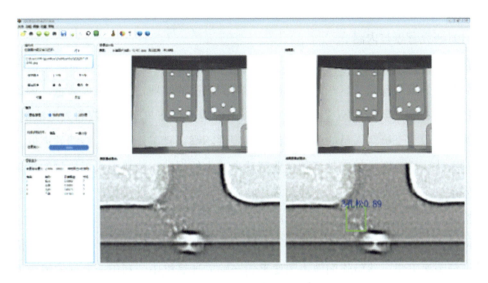

图3-17　华铸FDI系统主界面

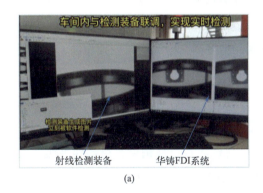

(a)

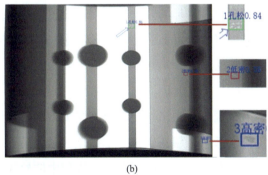

(b)

图3-18　车间应用和效果

（a）车间应用；（b）检测效果示例

（3）存在的问题

① 缺陷样本数据质量差，主要体现为缺陷类别不均衡、同类缺陷形貌单一、缺陷样本少，进而导致多类缺陷检测实现难、模型训练效果差、易出现漏检误检；

② 现有研究不能满足航空航天、武器装备等领域实际生产中对可检测最小缺陷尺度、检测准确度、漏检率、评价误差、评片速度等方面的要求。

（4）发展趋势

① 铸件质量检测环节不断向"拍片-评片-定位"全自动化方向发展；

② 开展无监督学习、半监督学习、强化学习研究，降低对数据集的依赖性；

③ 行业内缺陷识别用数据集的构建、调度管理与共享交流。

3.4.2　可见光表面缺陷智能检测技术

（1）研究背景与内涵

在铝合金铸件的生产过程中，由于各种原因，在铝合金压铸件表面难免会产生气孔、裂纹、划痕等缺陷，这些缺陷会严重影响到产品的物理性能和表面质量，因此对缺陷进行检测在生产实际中意义重大。目前，国内铸造生产车间大多依靠人工检测缺陷，检测的结果取决于检测人员的先验知识，客观性不强，且工作量大、检测效率低。随着市场对压铸件质量要求越来越高和企业劳动力成本的提升，依赖于人工检测的传统质量监控体系已不适应现代生产的发展需求，特别是压铸件的大批量生产。可见光表面缺陷智能检测成为铸件质量检测的发展方向。

可见光表面缺陷智能检测流程如下：在一个光照稳定的环境中，工业相机对待检测物体进行图像采集，然后将图像由图像采集卡输入计算机中，利用一系列的图像处理算法对其进行检测识别，并输出最终结果。该检测方法包括定性检测和定量检测，定性检测主要是指目标的分类与识别以及质量检测；定量检测主要指目标定位、尺寸测量等。该方法可以应用于恶劣的生产环境中，具有客观、精度高、检测结果一致性高、工作时间长等优点。

（2）研究现状

在国内，2016年，华侨大学刘斌等[72]通过对铝压铸件常见的缺陷形态进行分析，提出了适用于铝压铸件表面缺陷的检测算法，具有低成本、高精度、可操作性强等优点，能有效提高铝压铸件生产过程中的检测效率。2019年，太原科技大学李伊韬[73]研发并设计了一套板齿铸件表面缺陷检测视觉系统，该系统能对厂家生产的板齿进行自动检测，并能自动保存有缺陷的板齿图片，以便后续的人工确认和系统改进。2022年，常州大学马宇超等[74]提出了一种深度网络自适应优化的Mask R-CNN模型，将其应用于铸件表面缺陷检测中，实现了裂纹、气孔、缩松等缺陷的精确识别和分类，如图3-19所示。

在国外，2021年，意大利波尔扎诺自由大学G. Cavaliere等[75]面向铝压铸部件表面缺陷检测开展研究，商业深度学习系统已被证明在识别铸件合格与不合格时的准确率达到了90%。2013年，西班牙德乌斯托大学Pastor-Lopez Iker等[76]针对铸铁的夹杂物、冷隔和浇不足缺陷，通过标记铸件上的可能缺陷区域，然后采用集体分类技术来确定这些区域是否有缺陷的方法，在获得高精度的同时减少了标记工作量。

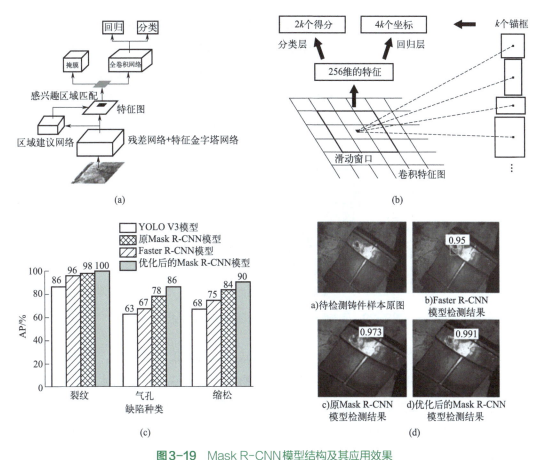

图3-19　Mask R-CNN模型结构及其应用效果

（a）Mask R-CNN模型结构；（b）区域建议网格结构；（c）不同模型对3种缺陷的AP值；（d）缺陷检测结果示例（置信度）

（3）存在的问题

目前，基于机器视觉的对各种材料表面缺陷检测的研究中针对铸件表面缺陷检测的研究较少，且仅针对某一种表面缺陷进行研究，无法满足实际需求。

（4）发展趋势

① 缺陷检测及图像处理技术需适应彩色图像空间；

② 实现对多种缺陷进行识别分类；

③ 对缺陷特征的提取不应局限于单一的特征，应充分分析研究缺陷区域，能尽量完整地表达出目标区域的信息，从多方面考虑提取特征，提高算法的可靠性。

3.4.3　蓝光外观尺寸变形智能检测技术

（1）研究背景与内涵

光学测量系统由于其非接触、快速、高精度等特点，在工业自动检测、逆向设计、生物医学、虚拟现实、文物保护、人体测量等多个领域中有广泛的应用。生产推动技术的发展，巨大的生产应用需求，促使光学测量系统快速发展。随着计算机、数字投影技术和光学器件的发展，很多三维测量技术已经进入商业应用阶段，同时新的测量技术还在不断涌现。通过蓝光实现对铸件的测量是检测铸件外观尺寸是否变形的重要手段，如图3-20所示为蓝光面扫描三维形貌测量系统基本结构图。

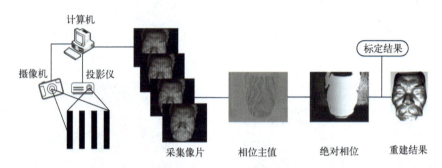

图3-20　蓝光面扫描三维形貌测量系统基本结构图[77]

光学三维测量技术主要分为两大类：接触式测量与非接触式测量。接触式测量主要借助机械臂或者机械手，利用探针直接接触物体表面来获取待测物体的三维形貌数据。该方法由于需要接触待测物体，在测量过程中容易对物体造成损伤。非接触式测量是在不接触待测物体的情况下，利用传感器获取待测物体的三维形貌数据的手段，按照成像有无照明可以分为两类，即被动式测量和主动式测量。被动式测量技术不需要附加光源，根据立体视觉原理，使用两台以上摄像机拍摄，通过计算得到图像中的视差，然后利用摄像机之间的空间位置关系计算空间点的三维坐标。主动式测量技术需要附加光源，主要有飞行时间法、激光雷达成像法、三角测量法（条纹投影法）以及光学全息、散斑干涉、莫尔条纹等光学测量方法。

随着计算机、数字投影技术、图像处理单元和光学器件的发展，光学三维测量技术得到了快速发展。该方法作为非接触式测量的代表，利用不同的光学器件，如激光、数字投影设备、摄像机等，在避免对待测物体表面损伤的同时发挥光学器件精度高、速度快等优势，对物体进行快速、高精度测量。

（2）研究现状

近年来，国内外不同的高校和公司推出了多款基于结构光的商用三维测量系统。其中，由Breuckmann教授成立的实验室推出的不同型号的测量系统，广泛应用在工业检测、文物数字化、人体测量等多个领域。除Breuckmann教授以外，Steinbicler教授、Wolf教授及德国Technical University of Braunschweig的Reinhold Ritter教授也是结构光测量技术（PMP是目前使用最广泛的一种结构光三维测量技术，本书后续部分所述的结构光三维测量技术与系统，在没有特别说明时，均基于 PMP）领域的先驱，他们在 20 世纪 90 年代分别成立了 Steinbichler GmbH、Dr.Wolf GmbH 和 GOM GmbH，并相继推出了多款结构光测量系统，如 Steinbichler GmbH 的 COMET6 型结构光三维测量系统、GOM GmbH 的 Atos-Plus 型结构光三维测量系统等。日本的 EYENCE 最新推出的 VR-3000 系列 3D 轮廓测量仪，高度测量精度可达 3μm，宽度测量精度最高可达 5μm，是目前光学三维测量系统测量精度最高的一款产品，但由于价格昂贵，在国内难以普及。

　　近十年来，国内清华大学、上海交通大学、西安交通大学、华中科技大学等多所高校也在跟踪、消化、吸收国外先进技术的基础上，对结构光测量技术进行了系统研究。图 3-21 所示为 2015 年华中科技大学李中伟团队[78]对飞机发动机机匣铸造用蜡模与钛合金铸件进行的整体三维测量与精度评价。此外，还有不少公司推出了商品化的结构光测量系统，如北京天远三维科技有限公司的三维扫描仪，上海数造科技有限公司的综合型三维扫描仪等。上述测量系统在不同领域得到了良好的应用。

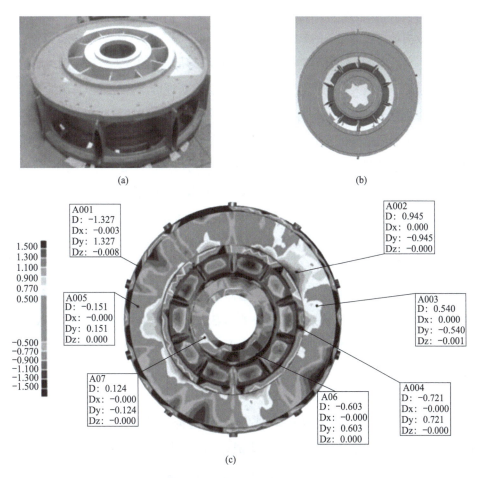

图 3-21　飞机机匣铸造用蜡模与钛合金铸件整体三维测量与精度评价
（a）实物图；（b）整体三维测量数据；（c）精度评价

（3）存在的问题

近年来，通过测量系统实现铸件尺寸变形智能检测有了显著的进展，但是国产设备在测量精度、测量稳定性和工业设计上与国外先进设备还存在一定差距，仍不能满足高标准工业需求。

（4）发展趋势

① 通过改进相位计算方法、结构光三维测量系统标定方法，开发出高精度、高稳定性的测量系统，构建应用于蓝光数据处理的高精度神经网络模型；

② 开发基于蓝光检测的铸件外观尺寸自动化检测软硬件集成平台，实现铸件外观尺寸变形的高精度检测。

3.4.4　铸造质量大数据分析系统

（1）研究背景与内涵

质量大数据是与质量相关的数据集的总称，是在工业领域，从客户需求到研发、设计、工艺、制造、售后服务、运维等全生命周期各个环节所产生的各类数据及相关质量工程技术和应用的总称。质量大数据针对工业质量设计、分析评价、智能管控、运维服务等特定工业场景，将贯穿于产品全生命周期的多源、多种类、多模态的数据有效集成，通过分析挖掘，建立有效的质量分析评价、管理控制、运维服务等模型，实现工业装备的质量追溯与优化提升。基于质量大数据建立起来的分析系统可以通过深度学习、线性回归等手段，获取到事物本身存在的难以用物理或数学模型精确描述的规律，从而为生产提供指导。

目前，我国航空、航天、汽车、轨道交通、工程机械等领域重大装备用机匣、叶片等复杂铸件的制造过程存在"关键质量点超差、质量波动大"等共性难题，且这些问题难以用物理数学方法精确描述规律，导致我国重大装备的可靠性、使用寿命无法满足要求，制约了制造强国战略的实现。因此，急需研发复杂铸件成形制造过程质量大数据分析软件平台。质量大数据分析系统有两个关键点：一是要能够实时、全面地收集铸造生产全过程产生的数据；二是要有相应的技术手段对数据进行分析，剖析数据之间的内禀关系，为生产提供指导。

（2）研究现状

2021年，上海工程技术大学余童等[79]针对铸造企业现场生产过程数据多变量、非线性、强耦合、高维度的特点，用基于集成计算与数据驱动的尺寸精度控制方法寻找最优的收缩补偿率，得到的产品尺寸满足公差CT6等级。上海交通大学汪东红等[80]于2021年提出基于集成计算与数据驱动的冒口创新设计方法，利用可靠性设计方法，有效提高了工艺出品率。2021 年，重庆长安汽车股份有限公司贾宪水等[81]根据业务场景实际数据开展分析，采用孤立森林算法对发动机缺陷特征进行建模，模型建立过程中融入机器学习、深度学习和强化学习的思想，最终预测模型具有很高的精确性和鲁棒性。

　　面对铸造质量大数据分析系统的两个关键点，近年来，华铸团队根据如图 3-22 所示的技术路线开展了相关研究，建立了面向混批制造质量追溯的单件化大数据模型[82-83]，模型支持少品种大批量产线制造、多工序多品种自由组批拆批制造两种典型制造方式，支持单件的设计、工艺、生产、检测 4 个环节各工序的原始记录和关键参数的质量追溯，在 100GB 数据量下的单件追溯时间≤5min；建立了面向多源异构信息融合的柔性化大数据模型，通过参数化方式实现新数据表单，融合了设计、工艺、生产、检测 4 个环节的多源数据，涉及非结构化、半结构化、结构化 3 种异构数据；模型的承载数据能力≥0.8TB。

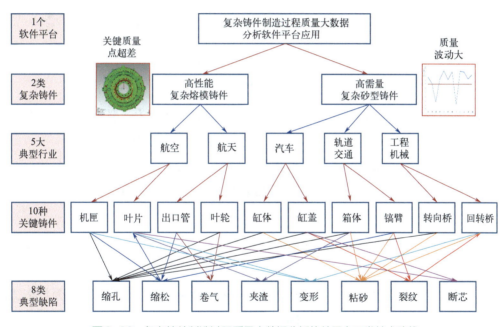

图3-22　复杂铸件制造过程质量大数据分析软件平台开发技术路线

　　同时，华铸团队还开发了包括神经网络、深度学习、元启发等相关公用核心算法以及用于分析铸造缺陷的专用算法，并着力开发"1+N"模式制造过程质量大数据分析软件平台，该分析软件平台具有数据采集、数据处理、在线异常监测、质量溯源模块功能，能够组件式调用集成的 CAD、CAE 等 N（N 不小于 5）个数据预处理通用软件和各类缺陷分析优化专用软件，能够通过共享数据池、资源智能体方法实现集成，数据承载能力＞1.5TB。图 3-23 为该软件平台项目的总览图。

　　（3）存在的问题

　　① 在缺陷预测方面，现有算法的计算结果精确性仍有待进一步提高；

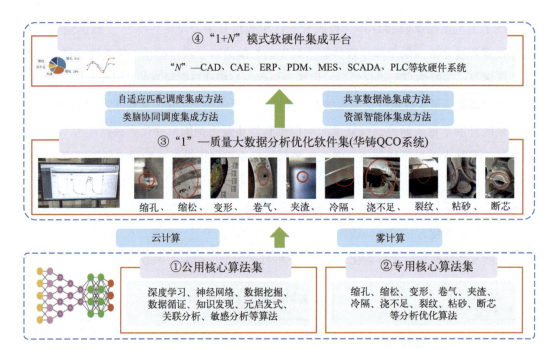

图3-23 华铸复杂铸件制造过程质量大数据分析核心算法、软件及平台

② 由于算力的限制，往往无法对生产过程中存在的所有生产要素进行综合统计分析，且目前质量大数据分析结果和实际生产之间的结合不够紧密；

③ 目前，质量大数据分析系统中数据的收集与分析是由不同的系统进行的，需要不断进行数据交互，影响分析效率，因此需要进一步提高系统的集成性。

（4）发展趋势

① 为了提高计算的准确性，需要通过对基于雾计算的典型缺陷高精高效在线监测与预测技术的研究，为关键参数实时监测与缺陷高精预测提供技术支撑；

② 通过对基于生产波动与冶金缺陷演变关系的质量控制技术的研究，为复杂铸件制造过程全要素关键参数波动异常感知与智能控制提供技术基础；

③ 结合领域铸造工艺设计知识，为实现实际复杂铸件浇冒口系统的创新设计和关键工艺参数的优化、相似产品的工艺推荐与参数优化奠定技术基础；

④ 通过对多行业、多源异构信息系统柔性集成技术的研究，研发"1+N"模式质量大数据分析软硬件集成平台，为提升典型复杂铸件质量提供平台技术条件。

3.4.5　铸造决策分析与支持系统

（1）研究背景与内涵

随着信息化系统不断向大型化、集成化、复杂化方向发展，铸造企业中信息化专业人才的缺乏严重制约了铸造企业的信息化进程。由此，信息化系统需要大力发展铸造决策分析与支持系统，以指导用户的部分工作甚至能够替代部分用户进行工作。

铸造企业决策分析与智能化技术从系统用户方面来看可以分为智能任务、智能分析、智能决策、智能托管四个层面。智能任务技术，即实时地、智能地为每个用户提供当前作业任务。智能分析技术，即根据系统约束集合，分析和评估用户当前的作业/决策是否完整、可行、合理。智能决策技术可以根据一定的条件智能地给出决策方案。智能托管技术可以根据之前设定好的托管时间和条件自动地进行作业和决策，免除了人为的操作[82]。

铸造决策分析与支持系统的基础是铸造管理系统。我国对铸造管理系统的研究与应用目前已从通用性深入发展到专业性、柔性排产、集成性，研究向精细化、智能化、柔性化、考核精细化、管理在线化、业务集成化、硬件集成化、管理云端化、管理移动化等方向发展[83]。在实行全面全流程的EMPS管理的基础上，基于人工智能以及大数据技术，为铸造企业提供智能决策分析技术是大势所趋。

（2）研究现状

目前，我国的铸造数字化管理系统软件在智能任务和智能分析方面已经有了较大的发展，当前流行的推荐方法有协同过滤、人工神经网络、规则推理、实例推理等[84]。2010年，中国台湾交通大学Y. Tung等[85]将规则推理与案例推理相结合，能够在复杂的情况下对问题实现快速诊断。2017年，南京航空航天大学李亮团队丁许[86]基于案例推理与规则推理的混合方法实现了微细铣削工艺参数的推荐，且建立了多个切削参数的预测模型，结合遗传算法完成了对切削参数的多目标优化。2018年，华中科技大学李建军团队王玮[87]基于几何语义特征提出了一种模具数控工艺的实例表示方法，并结合综合加权的相似度度量方法完成了相似数控工艺案例的推荐。2018年，西北工业大学桂维民团队封超[88]提出了改进粒子群算法，用于特征权重的确定与基于RBF神经网络的相似案例检索方法，在紧急事态的应用场景中能够实现相似情况的快速判断，从而及时推荐应急决策方案。2019年，武汉科技大学Z. Jiang等[89]对产品再制造应用场景建立了基于案例推理的工艺规划模型，并结合粗糙集方法对案例特征进行降维，通过工艺推荐有效提升了产品质量。

此外，近年来，华中科技大学华铸团队在工艺智能决策分析与支持系统方面的研究具有鲜明的特色，研发的铸造ERP、PDM管理系统成功应用于航空航天、军工兵器等领域的铸造企业[90]，为工艺智能决策分析与支持系统提供了获取数据的基础。同时，研究了数据采集、工艺知识库、专家数据库、元启发式算法等方面的技术，对工艺智能决策分析与支持系统起到了支撑作用。图3-24为华铸团队开发的多种技术结合的基于工艺数据库的智能工艺推荐系统[91]的设计思路与实际软件界面。该系统构建了工艺数据库，并通过数据采集系统收集生产过程中的所有信息，利用神经网络对数据进行挖掘后建立了工艺知识库，并基于工艺知识库提出了用于SLM工艺的案例推理-神经网络-粒子群混合模型。

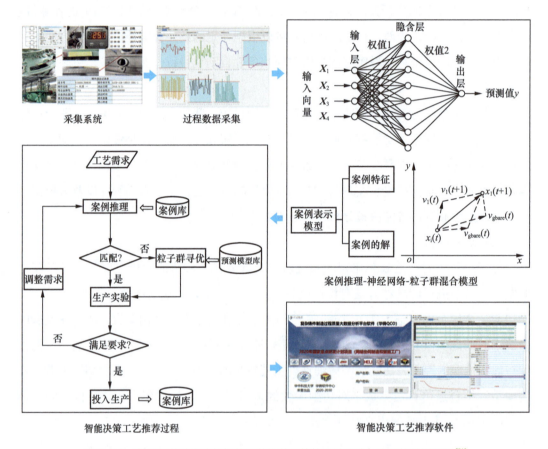

图3-24 基于工艺数据库的智能工艺推荐系统的设计思路与实际软件界面图[91]

（3）存在的问题

① 目前我国对于这方面的研究仍处于起步阶段，需要更多、更全面的研究，既包括算法的研究，也包括模型的建立与完善；

② 目前铸造决策分析与支持系统大多是独立的系统，数据的获取需要外部软件收集并导入，无法与已有的ERP系统、EMPS等形成较好的结合；

③ 目前的铸造决策分析与支持系统往往是对已经完成生产的生产数据进行分析和反馈，无法对生产过程中的实时数据进行分析采集并及时做出反馈。

（4）发展趋势

① 未来，铸造决策分析与支持系统还需要将人工智能与工业软件、铸造生产相结

合，进一步提升工业软件、铸造生产的智能化水平；

② 在系统中动态监控现场设备的运行状况，实现远程诊断设备故障，收集数据的同时对数据进行实时分析，通过精度更高的优化算法得到最佳方案。

3.5 智能铸造产线、智能工厂与数字化管理系统

3.5.1 高端新材料智能铸造成形装备

（1）研究背景与内涵

随着大数据与互联网时代的到来，传统的生产方式受到了严重挑战，尤其是铸造行业。因此，为适应时代发展潮流，应对所受到的种种挑战，我国提出了"智能铸造"概念。"智能铸造"是信息化与铸造生产高度融合的产物，具体是指在现代传感技术、网络技术、自动化技术、拟人化智能技术等先进技术的基础上，通过智能化的感知、人机交互、决策和执行技术，实现设计过程智能化、制造过程智能化和制造装备智能化等。"智能铸造"包括智能铸造技术和智能铸造系统，智能铸造技术包括数值模拟、3D打印、机器人、ERP等，智能铸造系统是具有学习能力的大数据知识库[92]。而要实现智能铸造的基础，就要有高端智能铸造成形装备。所谓高端智能铸造成形装备，就是结合了智能铸造技术以及智能铸造系统，具有感知、分析、决策和执行功能的铸造装备。"高端"主要表现在三个方面：第一，技术含量高，表现为知识、技术密集，体现在多学科和多领域高精尖技术的继承；第二，处在价值链高端，具有高附加值的特征；第三，在产业链中占据核心部位，其发展水平决定了产业链的整体竞争力。目前，我国高端装备产业链普遍创新性不足，高效性和自主可控性有待进一步提升[93]。

（2）研究现状

目前，高端新材料智能铸造成形不仅要求生产装备具有高度的智能性，同时还增加了对环境保护、节能减排等方面的要求。依托铸造企业新建项目和技改提升的需求，我国高端新材料智能铸造成形装备制造水平有了显著提升，一批骨干铸造企业的铸造成形装备总体上已经达到国际先进水平，基本可以满足国内铸造行业发展的需要，尤其是在自动化方面，我国铸造成形装备在国际市场中的竞争力逐步提升。

图3-25所示为目前高端新材料智能铸造成形装备在企业中的发展应用现状。由图3-25可知，目前，智能铸造成形装备已经涵盖了熔炼设备、造型设备、制芯设备、铸件

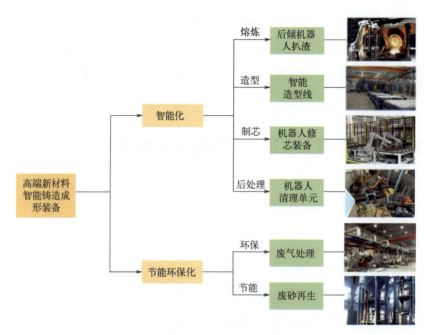

图 3-25 新型智能铸造装备应用情况[94]

清理设备等铸件生产过程中所涉及的所有生产装备，在智能化的同时，节能环保也作为装备的必需属性体现在了设计中。

反重力铸造是20世纪50年代发展起来的一种铸造成形工艺，早期应用于汽车铝合金轮毂的生产[2]。压铸件的尺寸越大，高压铸造过程中对模具施加的锁模力越大。对于新能源汽车与航空航天等领域中需求的大型一体化薄壁件的压铸，一般需要采用大型与超大型压铸机实现。2019年，力劲公司推出了自主研发的具有当时全球最大锁模力的超大型6000t压铸机，为特斯拉超级工厂实现了Model Y系列汽车后底板的一体化压铸。除此之外，海天、伊之密等企业均推出了7000t以上的大型压铸机。而后，力劲公司于2021年再次推出世界领先的9000t Dreampress巨型压铸机，可以充分满足各类超大型一体化压铸件制造的需求。

为了进一步满足我国压铸产业对大型高效智能装备的高端需求，力劲公司通过对压铸过程数字化、程序化及远程控制，产品质量在线检测，生产管理信息化的研究，使得其生产的先进压铸机具有高度自动化水平。压铸机本身可以对各压铸工序的多种重要参数与曲线进行数字化采集和记录，对部分关键参数进行实时控制与管理，并且可以通过LK-NET智慧云压铸管理系统对压铸机进行远程的管理、维护、故障诊断等操作，为大型薄壁铸件压铸过程的在线智能化感知与全流程工艺控制技术发展提供了重要的基础装备条件。同时，压铸机往往会配备自动喷涂与自动取件机器臂等外设，可以实现涂料自动喷涂、铸件自动取放等工序，减少了人工参预，提升了设备的自动化程度与数字化水平。然而，目前的压铸产线距离全流程智能化控制还很远，仅压铸主机自动化程度高是远远不够的。

　　未来应以多设备物联技术为核心，发展压铸过程多设备物联网系统与全流程智能监控、反馈系统，实现压铸机主机与各外设的协同控制。上海交通大学轻合金精密成型国家工程研究中心与其合作单位正依托国家重点研发计划，研制镁合金压铸过程全流程智能监控与铸件质量在线检测系统，计划在未来形成如图3-26所示的"压铸过程大型一体化智能体"。

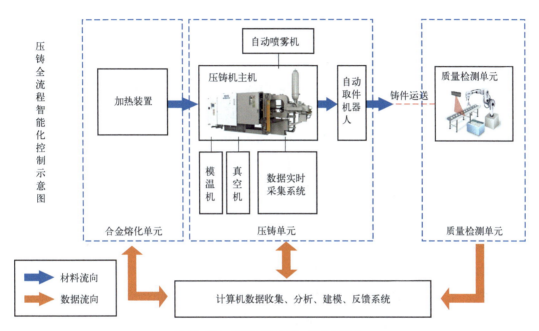

图3-26　压铸过程大型一体化智能体

　　（3）存在的问题

　　① 我国的高端新材料智能铸造成形装备尚有部分领域与国际知名制造商的产品存在一定差距，还需在大型设备、关键设备、快速制造及机器人智能制造设备领域实现自主化制造；

　　② 高端新材料智能铸造成形装备需要互联网、人工智能等技术的支撑，然而目前我国在这方面的发展仍有较大不足。

　　（4）发展趋势

　　① 推进自主创新能力，提高自主研制能力；

　　② 推进数字技术、网络技术和智能技术融入产品研发、设计、制造全过程，建设数据共享与创新能力提升平台，共享数据；

　　③ 未来，智能化铸造装备的发展还要着眼于如何能使装备具有根据不同情况完成不同动作的功能，并能采集信息，与MES对接。

3.5.2　高柔性高集成的铸造EMPS智能系统

（1）研究背景与内涵

管理是铸造企业赖以生存的基石，造成铸造企业废品率居高不下、质量不稳定的根本原因的很大一部分在于管理的混乱。在"互联网+"的时代背景下，铸造企业信息化是大势所趋。由此，ERP、MES、PDM、SCADA等系统被逐步开发出来，它们侧重于不同方向的管理。而为了进一步全面统筹企业管理，简化系统数据，避免重复数据，一种集成了ERP、MES、PDM、SCADA等系统的铸造EMPS智能系统被开发了出来，并在不断发展与研究中，补充了高柔性的概念。

柔性是相对刚性而言的。"柔性"一词出现在企业生产管理领域最早始于日本丰田汽车的"柔性制造系统"，类似的还有"柔性制造""柔性生产""柔性管理"等。国内外对柔性的研究已经有60多年，Frazelle、Buzacott、Chung、Kardasis、邓明然、苏选良等对柔性定义和内涵的研究比较具有代表性，综合起来，"柔性"可以理解为系统以较经济的方式、或主动或被动地快速适应不同的内外部环境和应对环境的确定性或不确定性变化。

由此，高柔性高集成的铸造EMPS智能系统是指具有能够通过自身的调整（无须人为地进行二次开发或定制）以满足不同企业需求的能力的智能管理系统。从本质上来说，管理系统的柔性都是通过系统的"重构"来实现，只不过不同的研究，实现重构的方法和技术不同，重构所支持的内容范围不同，重构的效果不同，重构的速度快慢不同。

（2）研究现状

针对铸造企业信息化进程中陆续应用多套系统、缺乏全局规划和整合造成各系统间"信息孤岛"的问题，华铸团队[95]于2012年提出了"1+N"模式的数字化铸造平台，如图3-27所示。"1+N"模式中，底层服务器（含计算服务、数据服务和文件服务）作为平台的支撑层，多个管理数字化应用和多个设计数字化应用构成集成性的服务应用库，以此作为应用层。"1"表示数字化基础应用和连接其他应用的集成中心（采用华铸ERP应用系统作为集成中心），"N"表示企业内部其他数字化设计应用（如华铸CAD、华铸CAE、华铸FSC炉料配比等）和数字化管理（生产管理系统、质量管理系统、ES专家系统、PDM）应用。"N"所指代的多个应用系统通过任务驱动、文件服务、同源数据库等关联方式与"1"所指代的数字化基础应用集成在一起，从而构成整个企业的数字化铸造平台。

在当前新时代背景下，铸造企业两化融合呈现新的特点和趋势：倾向整体规划，选用专业面向铸造的ERP、MES、PDM/PLM、SCADA等信息化集成系统解决方案。对

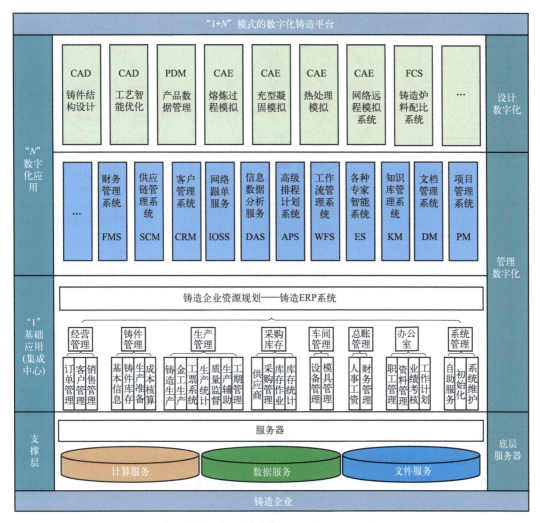

图3-27 "华铸1+N"数字化铸造创新平台

此，华铸团队构建了"华铸1+N"数字化铸造创新平台2.0，以华铸EMPS智能系统为"1"，与其他"N"个软硬件系统进行异构/同源软件间、软件与硬件间的集成互联，如图3-28所示，并与A公司一起积极探索，逐步建立起企业的"1+N"模式的熔模铸造数字化智能化制造平台[83]，实现了包括制模、制壳、熔炼浇注、荧光检、X射线检等车间工序的生产、工艺、质量全流程信息数字化方法。基于华铸SCADA系统，实现了设备数据监测、历史数据分析、报警管理功能，实现了第一批试点设备运行数据的实时监测与异常预警，为生产工艺数据的准确性、产品质量的稳定性和基于工业大数据的质量诊断与控制奠定了良好的基础。

（3）存在的问题

① 目前已有的EMPS智能系统在高柔性及高集成方面的水平仍需提高；

② 目前的EMPS智能系统的功能大多停留在数据记录这一层面；

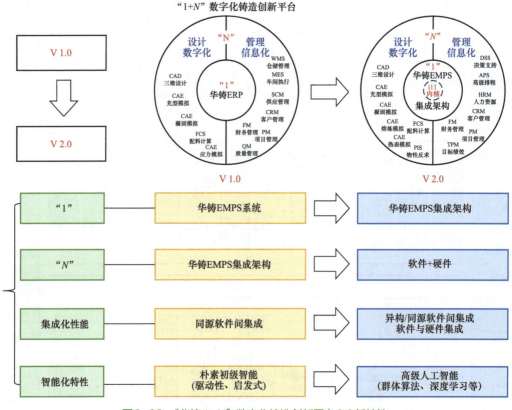

图3-28 "华铸1+N"数字化铸造创新平台2.0新特性

③ 铸造EMPS智能系统在企业中推行，需要企业从上至下全体成员的一致配合，但由于目前铸造企业的员工的文化水平参差不齐的现象普遍存在，因此需要企业展现出更强的凝聚力和行动力。

（4）发展趋势

① 未来，高柔性高集成的铸造EMPS智能系统需要分析考虑更多的样本，提高柔性，并研究精度更高的优化算法，提升智能化水平；

② 在数据记录的基础上，进一步实现数据分析功能，通过集成的神经网络、深度学习等手段分析数据，找准未来发展方向，提高质量及工艺水平；

③ 提高高柔性高集成的铸造EMPS智能系统的数据采集及外部数据写入能力，为实现具有双向数据集成与安全控制功能的智能化铸造装备打下良好的基础。

3.5.3　铸造车间智能排产调度系统——APS系统

（1）研究背景与内涵

铸造作为工业制造领域的关键生产方式，其生产计划排产问题是当前智能制造产业升级研究的热点，科学合理的生产计划排产能够最大化利用企业现有资源，降低企业生产成本，保证企业生产效益。国内外学者及从业人员针对不同情况的铸造车间的生产计划及调度问题做了广泛研究[96]。目前铸造车间的生产调度问题可分为项目车间调度问题（project shop scheduling problem，PSSP）、作业车间调度问题（job shop scheduling problem，JSSP）、流水车间调度问题（flow shop schedluing problem，FSSP）、柔性作业车间调度问题（flexible job shop scheduling problem，FJSSP）、混合流水车间调度问题（hybrid flow shop scheduling problem，HFSSP）、开环车间调度问题（open shop schedling problem，OSSP），它们的特点如表3-3所示[97]。

表3-3　车间调度问题分类

类型	主要特点	典型案例
PSSP	制造过程固定于一处，生产资源向该处集中	轮船制造
JSSP	零件按照固定的生产顺序转移至下一加工单元	模具制造
FSSP	生产单元按照工艺流程排列	车辆组装
FJSSP	生产环节先后顺序可颠倒或带有平行机的JSSP	零件加工
HFSSP	带有平行机的FSSP	芯片制造
OSSP	操作可以按任意顺序在任意加工单元完成	钉马掌问题

解决铸造车间的生产调度问题主要是通过建立对应的问题模型，然后采用智能优化算法进行求解来实现的。APS（advanced planning and scheduling）即高级计划与排产，就是用于解决此类问题的一种基于供应链管理和约束理论的先进计划与排产算法。它是在约束理论下进行排产的过程，包括多种类型的生产排程模型、各类优化算法、相关模拟仿真技术，它的主要特点是能够实时地调整约束、重排计划等，能够快速对客户需求进行响应，实时同步生产计划，精准保证交货期，极大地提升企业资源利用效率，帮助企业提高经济效益。

（2）研究现状

2017年，华中科技大学华铸团队计效园等[98]针对铸造企业热处理工序中炉次计划人工制定模式无法平衡合炉约束、炉次利用率和交货期等多个优化目标的问题，构建了多目标优化模型，提出分类和改进GA结合的求解方案，随后提出改进的教与学算法进一步提升了求解性能，实际炉次计划初步验证了模型和算法的有效性。2018年，华铸团队张明珠等[99]针对砂铸企业熔炼工序人工调度模式的低效、低产能利用率问题，分别采用动态规划和遗传算法求解批量计划整数规划模型，仿真数据和企业实际数据求解结果表明了所提出的模型和算法的优越性，最终算法的效果与实际应用情况如图3-29所示。

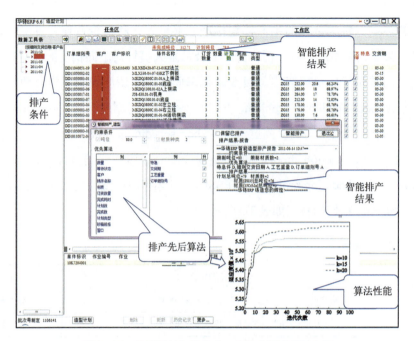

图 3-29　造型熔炼智能排产 - 启发式算法及其应用

2020 年，华铸团队李海龙[98]针对铸造生产调度的特点，构建了以模糊三角数和梯形模糊数表示的模糊生产排产环境，提出了平行铸造车间主计划排产数学模型，然后在该整数规划数学模型的基础上，提出了基于改进多目标粒子群算法的求解方案，能够有效解决铸造企业主计划排产问题，降低订单交货提前/拖期惩罚成本，减少车间最大完工时间，明显提升车间负载均衡程度。

在国外，伊朗 Bu Ali Sina 大学 Behnamian[100]于 2014 年提出采用混合遗传算法的离散粒子群优化算法，以解决带有铃铛形模糊数表示的作业完成时间的模糊平行机调度问题。2017 年，土耳其加济安泰普大学 Geyik 和 Elibal[101]提出了以 75 条"如果-那么"专家评价规则组成的模糊评价方法，用于解决一家汽车分包公司中焊接操作员的调度问题。Mazandaran 科技大学 Afzalirad 和 Rezaeian[102]于 2017 年使用 NSGA-Ⅱ和多目标蚁群算法求解了船运过程中的平行机调度问题。2019 年，西班牙奥维耶多大学 Vela[103]提出了一个新的到期日满意度衡量标准，并以此定义了一个新的领域结构，用一种进化禁忌搜索方法（EATS），使用邻域结构和基于邻域估计的过滤机制解决模数时间下的车间排产问题。

（3）存在的问题

① 铸造车间智能调度在研究时都会提前做出一些假设限制条件，不能完全符合铸造企业的生产实际，动态排产问题的研究比较薄弱；

② 大多 APS 研究是基于一家企业的实际生产情况进行的，由此得到的 APS 必然难

以满足其他企业的需求，不具备良好的柔性。

（4）发展趋势

① 未来铸造车间APS的研究，将着力于构建更为柔性、贴合生产实际的排产模型，同时，更为有效的车间调度优化算法也是提升未来铸造车间APS性能的重要发展方向；

② 在得到高柔性、高求解能力的APS的基础上，还需要进一步开拓APS的应用场景，以提升我国智能制造的整体水平。

3.6　典型应用

3.6.1　航空领域：钛合金熔模精密铸造应用案例

BM公司是一家面向航空航天领域的钛合金熔模精密铸造企业，成立于2000年，致力于研究、开发、制造和销售以新材料、新工艺、新技术为基础的系列高新技术铸件产品，建立了钛合金精密铸造产线，技术水平保持国内领先，为国内航空航天、国内外宇航、医学工程、石油化工等行业提供了大量钛合金铸件。

在航空航天、兵器船舶等行业对钛合金铸件需求激增的背景下，BM公司努力从研制向批产转型。然而在此过程中，物流信息流不同步、产品工艺路线复杂、返工返修频繁、生产计划多变、进度监督及时性差、质量保证手段低效等导致了大量的铸件订单难以按质按期交付，人工电子化的管理手段严重制约了企业的发展。为此，BM公司面向"中国制造2025"战略与"铸造行业十三五规划"网络制造的目标——铸造智能工厂，对钛合金精密铸造的数字化、智能化进行了一系列的探索与实践，如图3-30所示。

2015年1月，BM公司在原有金蝶K3、用友U9财务信息化管理系统的基础上，经多方调研后与华科华铸进行合作，引入了专业的铸造企业信息化系统，快速高效地建立了钛合金精密铸造数字化制造平台，实现了订单、工艺、生产制造、质量检测、仓储物流、销售发货、财务管理的全过程价值链集成管控；借助各类数字化显示与信息处理硬件终端，实现了车间现场生产与工艺数据的条码化、数字化、可视化；针对钛合金精密铸造混炉、混组、返工返修频繁等特点，结合敏捷制造、精益生产、铸件单件全生命周期管理理念，创新性地提出了一套有别于传统整卡方案的生产流程主子卡方案，实现了数百种铸件的单件化生产质量全过程控制与跟踪追溯；依托该平台对ERP、PDM、MES的高度集成，实现了全面数字化、标准化、规范化管理的转型，大幅提升了企业管理水平，提高了质量保证能力，缩短了研制/生产周期，降低了制造费用。

图3-30 BM公司钛合金精铸件数字化制造平台

（a）公司数字化平台建设历程；（b）数字化平台功能架构；（c）平台系统指导中心面板；（d）公司典型铸件

　　BM公司在能力建设、技术改造过程中大量使用了自动化程度较高、数据接口良好的铸造生产与检测设备，如真空浇注炉、压蜡机、三坐标/三维测量仪等。为了进一步走向智能制造，2017年6月，BM公司与华科华铸深化合作，在前期数字化制造平台的基础上，建设了经营目标与绩效系统、铸造工厂设备数据采集与互联系统、智能化铸造工艺知识库与专家系统等子项，实现了基于大数据的设备智能化互联与智能监控、工艺专家智能系统以及企业目标绩效智能考核等，从而不断地提升智能化水平，构建了一个互联互通网络协同数字化智能化铸造平台，成为国内智能铸造行业标杆，为铸造业提供了参考。现场数字化系统[104]及数采系统[96]应用如图3-31所示。

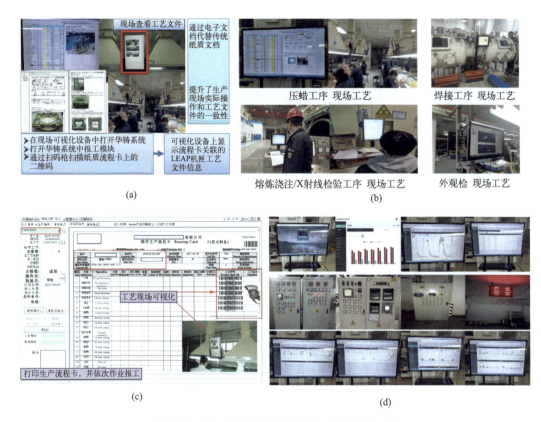

图3-31 BM公司现场数字化系统及数采系统应用

（a）华铸系统整体流程；（b）现场工艺展示；（c）生产流程卡可视化；（d）设备运行可视化

3.6.2　航天领域：高温合金铝合金熔模精密铸造应用案例

7103厂即中国航天科技集团某公司，在液体火箭发动机核心构件的熔模精密铸造及砂型铸造等方面拥有丰富的研究经验，掌握了K4169、K4202、ZL104、ZL114A等高温合金、铝合金铸件真空熔模精密铸造技术，拥有一套完整的熔模精密铸造产线，包括激光快速成形制模、压型法制模、硅溶胶制壳、真空感应熔炼浇注及铸件后处理等全套工艺技术，产品已成熟应用于新一代及预研型号发动机。7103厂铸造车间积极应用数字化、智能化铸造技术，助力于企业高质量发展，以下列举三个方面。

① 铸造生产全流程信息化管理　如图3-32所示，任务下达、排产、领料、生产过程监控、数据采集、过程参数记录、数据信息归档及复查、资料查阅等所有信息均实现关联控制，将整台发动机的生产信息全部集合管理。

② 数据采集　如图3-33所示，对快速成形机、压蜡机、真空熔炼炉等7类设备共计26台设备进行改造，优化设备控制系统、仪器仪表，使之具有数据采集和通信功能，部署现场数据采集、监控与通信网络，实现设备与服务器之间的数据传递，建立熔模精密铸造数

(a)　　　　　　　　　　　　　　(b)

(c)　　　　　　　　　　　　　　(d)

图3-32 铸造生产全流程信息化管理平台与系统

（a）MES精益制造执行系统；（b）知识服务平台；（c）SAP管理系统；（d）TC工艺管理系统

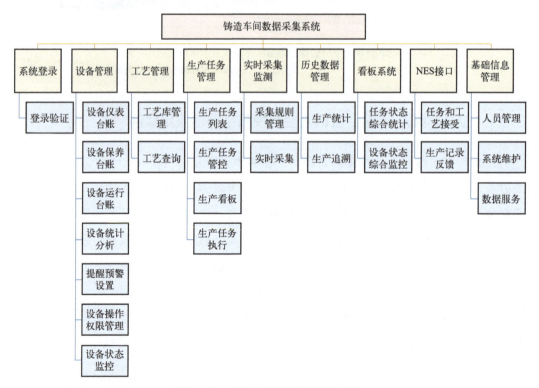

图3-33 铸造车间厂房铸造采集系统

据采集系统，实现现场设备参数采集迅速、准确、可靠，具有对生产现场状态实时监控的功能，实现铸造全过程参数详实管理，采集和记录铸造过程中各阶段参数建立"采集数据-

使用设备-操作人员-产品/任务"信息之间的对应关系，并将采集的数据与MES集成。

③ 热物性参数反求 精确的热物性参数及边界条件是保证计算准确度的关键。由物体内温度测量值来确定物体边界状况（统称为边界条件，包括表面热流、物体的物性参数等）广泛应用于材料热物性参数及边界条件确定。7103厂联合华中科技大学基于华铸CAE软件，对K4202、K4169、ZL104、ZL114A等合金进行热物性参数反求，获取了完整参数及边界曲线，如图3-34所示。

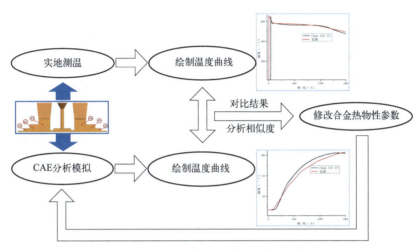

图3-34 基于华铸CAE软件的应用示意图

应用铸造辅助工艺设计软件建立工艺数据、工艺设计方案的信息集成平台，为技术人员提供有效的知识支撑。建立具有铸件结构分析、基于产品数据库的模糊搜索以及三维工艺快速转化功能的铸造智能设计平台，实现铸造工艺快速、智能化设计，缩短产品设计周期，提升企业的核心竞争力。

结合热物性参数反求的实际参数及边界条件，借鉴铸造辅助工艺设计软件及仿真模拟软件对典型产品缺陷进行改进，解决了燃料泵低压壳体、出口管等的铸造缺陷问题，相比于以往的试错法大概需要4 ~ 6个月时间，研制效率提高了近80%，同时节约了原材料、人工、动力等研制成本，为同类铸件研制和质量快速提升积累了经验和数据。

3.6.3 轨道交通领域：特种铸铁铸钢熔模精密铸造应用案例

GWT公司是一家主要面向铁路领域，单件小批量/多品种生产的、半自动造型的典型砂铸企业，技术雄厚，在大型设备、工程机械领域获得广大客户的认可。GWT公司长期致力于铁路大型养路机械的研发制造，产品覆盖铁路、城市轨道交通养护领域，是中国研发制造能力最强、产销量最大的铁路大型养路机械制造和修理基地。

以数字化为基础的智能铸造已成为铸造学科前沿研究热点，以"铸造业数字化智能化"为核心的产业变革已初现端倪。面对 GWT 公司用友 ERP 生产系统难以适用于铸造生产质量管控，以及 GWT 公司自身的大型养路机械铸件工艺设计和生产管理问题——造不出（关键铸件依赖进口）、造不好（产品质量问题多）、造不快（生产组织不科学），GWT 公司秉承"保证一流质量，保持一级信誉"的经营理念，放眼未来，致力于长远发展，想解决这些问题从而进一步提升企业的竞争力。通过多方面考察对比，GWT 公司于 2015 年 9 月与华中科技大学华铸实验室进行华铸 ERP 项目合作，通过使用专业的信息系统来提升企业的管理水平，如图 3-35 所示。

图 3-35　GWT 公司铸造数字化管理系统

华铸 ERP 铸造企业管理系统以铸件为主线，全方位展开客户管理、合同管理、模具管理、生产计划管理、质量管理、采购管理、生产成本控制和财务管理，全方位解决物流、资金流和信息流等企业管理问题。整个项目涉及的指标有十多个：全业务管理、流水线式管理、铸件单件化管理、铸件全面质量管理、铸件工艺知识库管理和产品数据管理、智能化管理、车间软硬件数据集成和现场管控、具备二次开发接口、项目内其他子系统的整体集成、系统与通用系统之间的数据集成等。车间数字化生产工艺质量看板如图 3-36 所示。

工艺版本优劣的科学评价、版本选择与换版升级是设计环节中重要的决策，直接影响着产品质量和企业效益。然而在当前砂型铸造企业中，工艺版本评价主要采用人工评

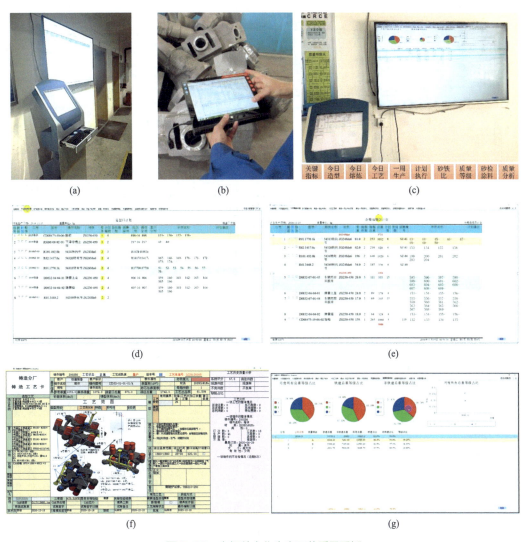

图 3-36　车间数字化生产工艺质量看板

（a）车间固定终端应用；（b）车间移动终端应用；（c）车间看板；（d）造型日计划看板；（e）合箱熔炼日计划看板；
（f）工艺看板；（g）质量看板

判方式，缺乏科学性。

　　华铸 ERP 铸造企业管理系统中工艺数字化管理模块建立了一种基于层次分析法与数据挖掘的砂铸工艺自评价模型，能够根据各个工艺版本的生产与质量等实际数据，实时对该版本工艺进行自动评分，为工艺版本升级提供科学依据。工艺自动评分模块如图 3-37 所示，系统可以基于企业实际数据，从质量 40%（报废率、不良率）、成本 40%（出品率、砂铁比）、效率 20%（订单次数、浇注件数）三个方面，对铸件的工艺版本进行实时自动评价。工艺自评价模块可以科学合理地评价砂铸工艺版本，并有效指导铸造企业工艺的改进或换版，从而进一步改善和提高铸件的质量和砂铸企业的综合效益。

　　例如对于托架这个铸件，系统自动评分为 69.4 分，评分较低，通过观察其各个指标

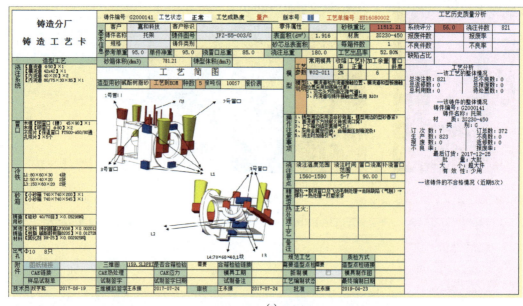

图3-37　华铸ERP系统中铸造工艺自动评分模块
（a）铸造工艺卡；（b）工艺自评分

数据，很清楚地看到其不良率及报废率均过高，超过系统为此铸件设置的某个阈值，此时ERP系统就会自动地提示对该工艺版本进行换版升级。经过企业技术人员改善相关工艺后，铸件的不良率及报废率下降，产品质量得到提升，系统自动评分上升。再例如轴承箱体铸件，在生产件数较多的情况下，不良率和报废率也很低，系统自动评分为76.5，说明该版工艺较为成熟，符合企业的实际生产状况，通过此项评分可以为基于实际数据的工艺评价提供方法参考。

GWT公司实施工艺系统自动评分，指导不良工艺进行换版改进后，铸件的不良率与砂铁比均有显著的下降，工艺出品率有一定程度的提高。铸件不良率、工艺出品率与砂铁比指标数据直接关系着铸件的质量和砂铸企业的生产成本。

3.6.4　兵器领域：铝合金精密铸造应用案例

传统铸造产线信息可视化软件是二维显示的，在展示生产数据的同时，不能直观地展示设备的三维模型和实物产线实时运转情况，二维平面数据信息不能映射到对应的设备，使生产管理和故障响应效率不高。XN所是某科研院所，XN所与华中科技大学华铸团队合作，基于Unity三维实时渲染引擎开发了多场加压铸造过程全局信息可视化软件，构建了与实物产线（厂房及设备）外观和尺寸一致的三维虚拟场景，搭建了可视化软件客户端与实时历史数据库进行数据交互的通信接口服务器，通过自主开发的模型轻量化算法，使整个场景运行流畅，交互良好。多场加压铸造过程全局信息可视化软件主要是为了实时展示并管理产线的实时数据，通过现有的实时历史数据，与实物产线的1∶1三维虚拟产线场景进行交互，并在32∶9的拼接大屏上展示（图3-38）。

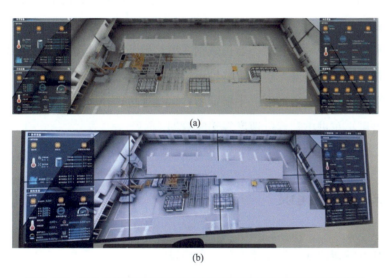

(a)

(b)

图3-38　铝合金精密铸造数字化车间运动仿真软件界面及可视化显示
（a）软件界面；（b）大屏展示信息可视化软件

该软件分为五个部分，分别为场景视角选择模块、造型设备运行状态及关键信息、熔炼设备运行状态及关键信息、铸造设备运行状态及关键信息、检测设备运行状态及关键信息。

① 场景视角选择模块　该模块包含鸟瞰、手动漫游、自动漫游、造型区1、造型区2、熔炼区、浇注区和检测区视角。其中，自动漫游视角是根据指定的路线进行产线内漫游；自动漫游视角下，用户可以操作键盘的W、A、S、D键和鼠标左键控制视角的前后左右和上下；其他视角是对准当前选择的设备区域。

② 造型设备运行状态及关键信息　该部分包含混砂机、振实台和起模流涂合箱机运行状态监控数据，环境温度、砂型温度、振实台振动频率、干砂流量、树脂流量、1#

固化剂流量、2#固化剂流量、1#表干炉表干时间、2#表干炉表干时间、3#表干炉表干时间、1#表干炉表干温度、2#表干炉表干温度、3#表干炉表干温度等实时数据。

③ 熔炼设备运行状态及关键信息　该部分包含主炉体、装炉系统和给料系统运行状态监控数据，熔体总熔化量、熔体成分Si、熔体成分Mg、熔体成分Ti、熔体成分Be、电磁搅拌电流、熔体温度、炉膛温度、天然气流量、天然气压力、风机压力、氩气流量1、氩气流量2、氩气流量3、氩气流量4等实时数据。

④ 铸造设备运行状态及关键信息　该部分包含铸造机、工作舱龙门、多功能龙门和升液管机械手运行状态监控数据，磁场电流、充型时间、凝固保压时间、加压控制系统压差值、浇注熔体温度、点阵温度、上罐压力、下罐压力、充型压力和保压压力等实时数据信息。

⑤ 检测设备运行状态及关键信息　该部分包含PLC设备、射线升降轴、射线摆动轴、射线平移轴、平板升降轴、平板摆动轴、平板平移轴、平板伸缩轴、小车旋转轴、小车平移轴和小车进出轴运行状态监控数据，PLC设备运行速度挡位、射线升降轴运行速度、射线摆动轴运行速度、射线平移轴运行速度、平板升降轴运行速度、平板摆动轴运行速度、平板平移轴运行速度、平板伸缩轴运行速度、小车旋转轴运行速度、小车平移轴运行速度和小车进出轴运行速度等实时数据。

3.7　政策与措施建议

（1）加强智能铸造成形创新能力与平台建设

铸造是传统行业，通过技术创新走向高端化、智能化、绿色化是必由之路。智能铸造成形技术涉及系统、硬件、软件、基础理论等多个方面，建议整合完善产业创新资源，充分调动企业的积极性，构建覆盖产业链所有环节的创新联盟，围绕产业链共性技术、关键技术和前沿技术布局攻关，打造具有国际竞争力的协同创新体系与平台，提高从基础研究到工程应用的转化能力。在基础研究方面，充分发挥高校、重点实验室的学科优势，积极开展国际合作与交流，争取原创性成果。在工程应用方面，夯实企业创新主体地位，以需求为引领，汇聚创新要素，打造智能铸造的核心竞争力。在科技创新服务平台方面，建设面向高端铸造的数字云平台，提供数据共享、数字化建模等基础服务，为企业在云上构建高度仿真的铸造数字孪生系统提供支撑。

（2）创新人才培养与评价体系，培养学科交叉工程人才

加快人才培养是发展智能铸造的重要支撑。根据教育部公布的普通高等学校本科专

业备案和审批结果，2018—2021年，人工智能专业连续四年成为新增审批数量最多的本科专业，为高校"必争之地"。迄今为止，全国共有498所高校成功申报人工智能本科专业。然而，智能铸造（数字孪生）系统的构建，需要材料科学与工程、机械工程、计算机科学与工程、控制科学与工程等多个一级学科交叉与合作。如何将铸造的相关专业知识、机理、数据、模型转化为计算机能理解、可处理的信息，是实现智能铸造的关键，其重要性不亚于掌握机器学习算法等人工智能专业知识。目前，既懂铸造又熟悉人工智能方法与技术的复合型人才稀缺，建议增设"材料智能制造"等交叉专业，创新人才培养与评价体系，培养面向未来的卓越工程人才。

（3）加快成果转化，引领行业转型升级

按照国务院《新一代人工智能发展规划》的指引，人工智能将成为带动我国产业升级和经济转型的主要动力。随着人工智能的应用场景从热门的互联网领域扩大深入到各个行业，带领人类进入智能世界，人工智能赋能工业的"AI for industries"将成为人工智能新的爆发点。全国铸造业近四万家企业，覆盖范围宽，影响面广，对先进装备的支撑作用大，是人工智能应用落地的理想场景。建议从政策、财政、金融、税收、知识产权等方面，引导支持社会资本进入智能铸造领域，培育"独角兽企业"，加快技术创新步伐。鼓励产学研深度结合，破除成果转化壁垒，加快科技成果转化，通过智能制造研发模式的变革，不断推动和引领传统材料制造业的转型升级。

参考文献

[1] 中国机械工程学会铸造分会. 铸造技术路线图 [M]. 北京：中国科学技术出版社，2016.
[2] 孙宝德，王俊，疏达，等. 航空发动机高温合金大型铸件精密成型技术 [M]. 上海：上海交通大学出版社，2016.
[3] 周建新，殷亚军，沈旭，等. 铸造充型凝固过程数值模拟系统及应用 [M]. 北京：机械工业出版社，2020.
[4] Sabau A S, Porter W D. Alloy shrinkage factors for the investment casting of 17-4PH stainless steel parts[J]. Metallurgical and Materials Transactions B, 2008, 39(2): 317-330.
[5] Gebelin J C, Jolly M R. Modelling of the investment casting process[J]. Journal of Materials Processing Technology, 2003, 135(2/3): 291-300.
[6] Gayda J. The effect of heat treatment on residual stress and machining distortions in advanced nickel base disk alloys[R]. NASA/TM-2001-210717.
[7] Allison J, Dan B, Christodoulou L. Integrated computational materials engineering: A new paradigm for the global materials profession[J]. JOM, 2006, 58(11): 25-27.
[8] 中国铸造协会. 中国铸造行业智能制造发展白皮书. 2020.
[9] 周建新，计效园，等. 铸造企业数字化管理系统及应用 [M]. 北京：机械工业出版社，2020.
[10] Chvorinov N. Theory of the solidification of castings[J]. Giesserei, 1940, 27: 177-186.
[11] 张丹，张卫红，李付国. 基于数值模拟的形状优化方法在冒口设计中的应用 [J]. 铸造，2004, 53(2): 129-132.
[12] 高桥勇，彭惠民（译）. 冒口形状自动优化设计的新方法 [J]. 国外机车车辆工艺，2008, 1: 23-28.
[13] Tavakoli R, Davami P. Optimal riser design in sand casting process by topology optimization with SIMP method

I: Poisson approximation of nonlinear heat transfer equation[J]. Structural and Multidisciplinary Optimization, 2008, 36(2): 193-202.

[14] Tavakoli R, Davami P. Automatic optimal feeder design in steel casting process[J]. Computer Methods in Applied Mechanics and Engineering, 2008, 197(9/12): 921-932.

[15] 沈旭, 陈立亮, 周建新, 等. 基于CAE技术的铸钢件自动冒口优化设计 [C]. 2008中国铸造活动周, 无锡, 2008: 447-452.

[16] 沈旭. 冒口自动优化设计系统的研究与开发 [D]. 武汉: 华中科技大学, 2008.

[17] 艾志, 陈德平, 宋超. 铜基镶嵌型自润滑球面滑动轴承制造技术 [J]. 机械制造, 2010, 48(12): 54-56.

[18] 张锴, 孙冬. 基于遗传算法和BP神经网络的镁合金建筑模板铸造性能预测 [J]. 热加工工艺, 2020, 49(21): 67-70.

[19] 吴兆立, 仇多利, 陈辉. 机械筒形件离心铸造工艺的神经网络优化 [J]. 热加工工艺, 2021, 50(21): 66-69+73.

[20] Krimpenis A, Benardos P G, Vosniakos G C, et al. Simulation-based selection of optimum pressure die-casting process parameters using neural nets and genetic algorithms[J]. The International Journal of Advanced Manufacturing Technology, 2006, 27(5/6): 509-517.

[21] 张响. 铝合金车轮数字化仿真及工艺优化 [D]. 杭州: 浙江大学, 2008.

[22] Park Y W, Rhee S. Process modeling and parameter optimization using neural network and genetic algorithms for aluminum laser welding automation[J]. The International Journal of Advanced Manufacturing Technology, 2008, 37(9/10): 1014-1021.

[23] Zheng J, Wang Q, Zhao P, et al. Optimization of high-pressure die-casting process parameters using artificial neural network[J]. The International Journal of Advanced Manufacturing Technology, 2009, 44(7/8): 667-674.

[24] Shen S. A numerical study of inverse heat conduction problems[J]. Computers & Mathematics with Applications, 1999, 38(7/8): 173-188.

[25] Shidfar A, Zakeri A. A numerical technique for backward inverse heat conduction problems in one-dimensional space[J]. Applied Mathematics and Computation, 2005, 171(2): 1016-1024.

[26] 郭志鹏, 熊守美, 曹尚铉, 等. 热传导反算模型的建立及其在求解界面热流过程中的应用 [J]. 金属学报, 2007, 43(6): 607-611.

[27] 郭志鹏, 熊守美, Li M et al. 压铸过程中铸件-铸型界面换热系数与铸件凝固速率的关系 [J]. 金属学报, 2009, 45(1): 102-106.

[28] 隋大山. 铸造凝固过程热传导反问题参数辨识技术研究 [D]. 上海: 上海交通大学, 2008.

[29] Elvins T T. A survey of algorithms for volume visualization[J]. ACM Siggraph Computer Graphics, 1992, 26(3): 194-201.

[30] Zhang W, Xie G, Zhang D. Application of an optimization method and experiment in inverse determination of interfacial heat transfer coefficients in the blade casting process[J]. Experimental Thermal and Fluid Science, 2010, 34(8): 1068-1076.

[31] 王武兵. 铸造企业设备数据柔性采集方法及应用 [D]. 武汉: 华中科技大学, 2018.

[32] 向观兵. 砂型铸造生产过程多变量耦合质量监测研究 [D]. 武汉: 华中科技大学, 2022.

[33] Dayal A, Deng Y, Tbaileh A, et al. VSCADA: A reconfigurable virtual SCADA test-bed for simulating power utility control center operations[C]//2015 IEEE Power & Energy Society General Meeting. IEEE, 2015: 1-5.

[34] Alvarez E J, Ribaric A P. An improved-accuracy method for fatigue load analysis of wind turbine gearbox based on SCADA[J]. Renewable Energy, 2018, 115: 391-399.

[35] 涂成春. 基于WIFI技术的低压铸造机工艺参数采集与Web远程监控系统设计 [D]. 武汉: 华中科技大学, 2017.

[36] 李鹏飞. 铝合金半连续铸造过程控制系统的研究与应用 [D]. 昆明: 昆明理工大学, 2019.

[37] 田臻. 铸造设备运行过程监测与数据可视化研究 [D]. 武汉: 华中科技大学, 2019.

[38] 吕婷. 基于无线传感网络的铸造车间监控系统研究 [J]. 齐齐哈尔大学学报(自然科学版), 2020, 36(6): 34-38+49.

[39] 严新华. 面向工业炉管离心铸造的智能化大数据采集与分析研究 [J]. 工业加热, 2021, 50(10): 35-38.

[40] Yang H, Eagleson R. Design and implementation of an internet-based embedded control System[C]// Proceedings of 2003 IEEE Conference on Control Applications. IEEE, 2003, (2): 1175-1186.

[41] Luo R C, Su K L, Shen S H, et al. Networked intelligent robots through the internet: issues and opportunities[J]. Proceedings of The IEEE, 2003, 91(3): 371-382.

[42] 豆义华. 基于BP神经网络的发动机铸铁件断芯诊断模型及应用[D]. 武汉: 华中科技大学, 2018.

[43] 张志鹏. 基于生产数据的砂型铸件力学性能与缺陷预测及其工艺参数优化[D]. 武汉: 华中科技大学, 2022.

[44] Park H, Rhee S. Estimation of weld bead size in CO_2 laser welding by using multiple regression and neural network[J]. Journal of Laser Applications, 1999, 11(3): 143-150.

[45] Sata A, Ravi B. Bayesian inference-based investment-casting defect analysis system for industrial application[J]. The International Journal of Advanced Manufacturing Technology, 2017, 90(9/12): 3301-3315.

[46] Virdi J K. Application of predictive analytics in estimating mechanical properties for investment castings[D]. Regina: The University of Regina, 2019.

[47] 刘畅辉. 复杂薄壁件熔模铸造误差流建模与稳健控制方法研究[D]. 上海: 上海交通大学, 2016.

[48] 林垦, 计效园, 周建新, 等. 铸造企业不合格品协同管控的方案研究[J]. 铸造, 2016, 65(1): 35-39.

[49] 刘跃. 砂型铸造中铸型装配质量控制方法研究[D]. 沈阳: 沈阳航空航天大学, 2016.

[50] 周伟, 谢志强. 考虑多工序设备权重的资源协同综合调度算法[J]. 电子与信息学报, 2022, 44(5): 1625-1635.

[51] Karunakar D B, Datta G L. Prevention of defects in castings using back propagation neural networks[J]. The International Journal of Advanced Manufacturing Technology, 2008, 39(11/12): 1111-1124.

[52] Lee J, Lee Y C, Kim J T. Migration from the traditional to the smart factory in the die-casting industry: Novel process data acquisition and fault detection based on artificial neural network[J]. Journal of Materials Processing Technology, 2021, 290: 116972.

[53] Ktari A , Mansori M E . Digital twin of functional gating system in 3D printed molds for sand casting using a neural network[J]. Journal of Intelligent Manufacturing, 2022, 33(3): 897-909.

[54] Tveito K O, Håkonsen A. Digital twin for design and optimization of DC casting lines[J]. Light Metals 2022. Springer, Cham, 2022: 674-680.

[55] 朝宝. 基于数字孪生的铸造车间生产流程仿真研究[D]. 呼和浩特: 内蒙古工业大学, 2021.

[56] 张颖, 宋建丽, 王毅, 等. 基于数字孪生技术的金属材料力学标准试样高通量制备与原位铸造性能测试系统[J]. 铸造技术, 2022, 43(2): 77-82.

[57] Cha Y, Choi W, Buyukozturk O. Deep learning-based crack damage detection using convolutional neural networks[J]. Computer-Aided Civil and Infrastructure Engineering, 2017, 32(5): 361-378.

[58] Yu H, Li X, Song K, et al. Adaptive depth and receptive field selection network for defect semantic segmentation on castings X-rays[J]. NDT & E International, 2020, 116: 102345.

[59] 鲍春生, 谢刚, 王银, 等. 基于深度学习的铸件缺陷检测[J]. 特种铸造及有色合金, 2021, 41(5): 580-584.

[60] Ji X, Yan Q, Huang D, et al. Filtered selective search and evenly distributed convolutional neural networks for casting defects recognition[J]. Journal of Materials Processing Technology, 2021, 292: 117064.

[61] Yang K, Sun Z, Wang A, et al. Deep hashing network for material defect image classification[J]. IET Computer Vision, 2018, 12(8): 1112-1120.

[62] 刘浩. 基于X射线的铸件缺陷检测的深度学习方法研究及实现[D]. 太原: 太原科技大学, 2018.

[63] Ren J, Ren R, Mark G, et al. Defect detection from X-ray images using a three-stage deep learning algorithm[C] //Proceedings of 2019 IEEE Canadian Conference of Electrical and Computer Engineering (CCECE). IEEE, 2019: 1-4.

[64] Hu C, Wang Y, Chen K, et al. A CNN model based on spatial attention modules for casting type classification on pseudo-color digital radiography images[C]//Proceedings of 2019 Chinese Automation Congress (CAC2019). IEEE, 2019: 4585-4589.

[65] Hu C, Wang Y. An efficient convolutional neural network model based on object-level attention mechanism for

casting defect detection on radiography images[J]. IEEE Transactions on Industrial Electronics, 2020, 67(12): 10922-10930.

[66] 蔡彪, 沈宽, 付金磊, 等. 基于Mask R-CNN的铸件X射线DR图像缺陷检测研究[J]. 仪器仪表学报, 2020, 41(3): 61-69.

[67] Wu B, Zhou J, Yang H, et al. An ameliorated deep dense convolutional neural network for accurate recognition of casting defects In X-Ray images[J]. Knowledge-Based Systems, 2021, 226: 107096.

[68] Wu B, Zhou J, Ji J, et al. An ameliorated teaching-learning-based optimization algorithm based study of image segmentation for multilevel thresholding using Kapur's entropy and Otsu's between class variance[J]. Information Sciences, 2020, 533: 72-107.

[69] Wu B, Zhou J, Ji X, et al. Research on approaches for computer aided detection of casting defects in X-ray images with feature engineering and machine learning[J]. Procedia Manufacturing, 2019, 37: 394-401.

[70] 颜秋余. 基于X射线图像的航空钛合金铸件缺陷检测与分类研究[D]. 武汉: 华中科技大学, 2020.

[71] 武博. 航空钛合金铸件内部缺陷自动识别关键技术研究[D]. 武汉: 华中科技大学, 2022.

[72] 郑晓玲, 刘斌. 采用机器视觉的铝压铸件表面缺陷检测[J]. 华侨大学学报(自然科学版), 2016, 37(2): 139-144.

[73] 李伊韬. 铸件表面缺陷检测视觉系统开发[D]. 太原: 太原科技大学, 2019.

[74] 马宇超, 付华良, 吴鹏, 等. 深度网络自适应优化的Mask R-CNN模型在铸件表面缺陷检测中的应用研究[J]. 现代制造工程, 2022, (4): 112-118.

[75] Cavaliere G, Borgianni Y, Schäfer C. Study on an in-line automated system for surface defect analysis of aluminium die-cast components using artificial intelligence[J]. Acta Technica Napocensis. Series Applied Mathematics, Mechanics and Engineeringsis, 2021, 64(3): 475-486.

[76] Pastor-Lopez I, Santos I, Jorge D, et al. Collective classification for the detection of surface defects in automotive castings[C] //Proceedings of Industrial Electronics and Applications. IEEE, 2013: 941-946.

[77] 林惠菁. 基于编码结构光的三维形貌测量方法研究[D]. 长沙: 国防科技大学, 2017.

[78] 朱红, 伍梦琦, 李中伟, 等. 蓝光面扫描三维测量技术及其在铸造领域的应用[J]. 铸造技术, 2015, 36(1): 251-254.

[79] 余童, 汪东红, 吴文云, 等. 熔模铸造高温合金圆角尺寸偏差与传递规律[J]. 特种铸造及有色合金, 2021, 41(6): 786-789.

[80] Wang D, Yu J, Yang C, et al. Dimensional control of ring-to-ring casting with a data-driven approach during investment casting[J]. The International Journal of Advanced Manufacturing Technology, 2022, 119(1/2): 691-704.

[81] 贾宪水, 李冬伟, 陶诗波, 等. 基于大数据分析的汽车发动机铸造质量监控新模式探索[C]//2021中国汽车工程学会年会论文集(5), 2021.

[82] 周建新, 计效园, 殷亚军, 等. 精铸企业数字化智能化铸造技术研究与应用[C]//2015年第五届全国地方机械工程学会学术年会暨中国制造2025发展论坛论文集, 2015: 734-746.

[83] 周建新, 殷亚军, 计效园, 等. 熔模铸造数字化智能化大数据工业软件平台的构建及应用[J]. 铸造, 2021, 70(2): 160-174.

[84] 农艺, 唐忠. 综合用户属性和相似度的协同过滤推荐算法[J]. 微型电脑应用, 2019, 35(11): 27-29.

[85] Tung Y, Tseng S, Weng J, et al. A rule-based CBR approach for expert finding and problem diagnosis[J]. Expert Systems with Applications, 2010, 37(3): 2427-2438.

[86] 丁许. 微细铣削数控软件及工艺数据库系统开发[D]. 南京: 南京航空航天大学, 2017.

[87] 王玮. 模具数控工艺推荐算法的研究及其应用开发[D]. 武汉: 华中科技大学, 2018.

[88] 封超. 基于案例推理的应急决策方法研究[D]. 西安: 西北工业大学, 2018.

[89] Jiang Z, Jiang Y, Wang Y, et al. A hybrid approach of rough set and case-based reasoning to remanufacturing process planning[J]. Journal of Intelligent Manufacturing, 2019, 30(1): 19-32.

[90] 计效园, 周建新, 黄小川, 等. 铸造企业智能化管理方法及其信息化应用[C]//2013中国铸造活动周论文集, 2013: 418-426.

[91] 伍缘杰. 激光选区熔化工艺数据库与工艺推荐研究 [D]. 武汉 : 华中科技大学, 2022.

[92] 刘小龙. 我国铸造装备的创新、智能、绿色发展之路 [J]. 中国铸造装备与技术, 2020, 55(2): 5-9.

[93] 夏永红. 江苏高端装备制造产业链现代化发展动力机制与对策建议 [J]. 价值工程, 2022, 41(30): 52-54.

[94] 刘小龙. 新型智能铸造装备在工程设计中的应用 [C]//2019 中国铸造活动周论文集, 2019: 303-358.

[95] 计效园. "华铸 1+N" 数字化铸造创新平台 2.0 构建及应用 [C]//2019 中国铸造活动周论文集, 2019: 474.

[96] 张爱斌, 向观兵, 田臻, 等. 铸造设备运行过程监测与数据可视化 [J]. 铸造, 2019, 68(12): 1402-1406.

[97] 李海龙. 基于改进多目标粒子群算法的平行铸造车间主计划排产研究 [D]. 武汉 : 华中科技大学, 2020.

[98] Ji X, Ye H, Zhou J, et al. An improved teaching-learning-based optimization algorithm and its application to a combinatorial optimization problem in foundry industry[J]. Applied Soft Computing, 2017, 57: 504-516.

[99] 张明珠, 计效园, 周建新, 等. 砂型铸造企业熔炼批量计划与调度模型及求解方法 [J]. 铸造, 2018, 67(5): 414-419.

[100] Behnamian J. Particle swarm optimization-based algorithm for fuzzy parallel machine scheduling[J]. The International Journal of Advanced Manufacturing Technology, 2014, 75(5/8): 883-895.

[101] Geyik F, Elibal K. A linguistic approach to non-identical parallel processor scheduling with fuzzy processing times[J]. Applied Soft Computing, 2017, 55: 63-71.

[102] Afzalirad M, Rezaeian J. A realistic variant of bi-objective unrelated parallel machine scheduling problem: NSGA- Ⅱ and MOACO approaches[J]. Applied Soft Computing, 2017, 50: 109-123.

[103] Vela C R, Afsar S, Palacios J J, et. al. Evolutionary tabu search for flexible due-date satisfaction in fuzzy job shop scheduling[J]. Computers & Operations Research, 2020, 119: 104931.

[104] 张爱斌, 陈娟, 徐晓静, 等. 钛合金精密铸造企业车间现场信息可视化方法与实践 [J]. 特种铸造及有色合金, 2019, 39(12): 1326-1329.

高端新材料智能制造与应用

Intelligent Manufacturing and
Applications of
Advanced Materials

第 4 章 高端新材料智能锻造成形与应用

锻造在装备制造业中具有不可替代的战略地位。世界制造业强国均将先进锻造技术列为战略必争领域，其发展水平直接关系到国家高端装备自主可控能力。模锻、精密锻造、等温锻造等特种锻造是高端新材料锻造成形的常用方法，锻造过程精确控制是锻造成形高质量构件的关键。通过信息技术、计算机技术与制造技术的深度融合，使锻造生产具备自适应、自学习、自决策等能力，实现锻造智能化，提高锻件质量稳定性和生产效率，降低能源消耗，是高端新材料智能锻造成形的发展方向。

4.1 智能锻造技术体系

智能锻造技术体系是基于分布式结构体系、数据感知、数据分析与智能决策等核心技术，结合数字孪生（快速仿真）、数值模拟、物联网、云计算等，面向锻造行业所建立的生产工艺决策与运行管理智能化系统。智能锻造能够通过知识发现、数据挖掘等手段促进设计数据的重用，促进产品设计质量的提高；通过面向实际工况的智能决策与加工过程的自适应调控，抑制成形过程中产品质量的波动，降低产品不良率，提高锻造生产综合效能。

智能锻造技术体系应用于锻件产品的设计和制造两个层面。

① 设计层面。体系基于历史数据和人工知识构建的经验模型，或者能够准确描述锻造成形过程中变形与微观组织及损伤演变的理论计算模型等，应用大数据分析、机器学习、专家系统等智能技术，根据锻件材料成分、微观组织和性能要求，设计并优化锻造工艺方案，为锻件产品的研发和工艺过程优化提供创造性的工具。

② 制造层面。体系通过精密传感器对成形过程进行实时检测，对成形过程中的产品质量进行闭环控制，实现精确成形。成形加工过程中的检测与控制既涉及物理场的过程变量，如温度、压力、速度及位移等，也包括成形质量，如产品形状尺寸精度、组织性能等。

智能锻造技术体系涉及数据感知、分析决策、管理系统和生产执行等方面，需首先构建宏微多场智能在线监测技术，实现锻造生产各要素信息的准确采集；研发锻造工艺智能规划与决策技术，为锻造工艺设计和生产过程扰动的调控提供优化方案；同时，开发多传感器信息融合的成形质量智能监控软件、锻造成形数字孪生系统及虚拟-现实交互控制软件、锻造工艺专家数据库与智能工艺决策软件、锻造成形大数据云平台和数据管理软件等，为智能锻造提供管理平台支撑；最终，建立集成智能压力机、模具和自动控制的智能锻造系统，实现生产过程的稳定控制。智能锻造技术体系如图4-1所示。

智能锻造技术体系为实现高质量、低成本、短周期、高性能、精确成形提供了可行途径，对于解决我国资源、环境、劳动力等生产成本上涨的问题，以及改变锻造行业粗放发展模式等方面均具有重要的意义。

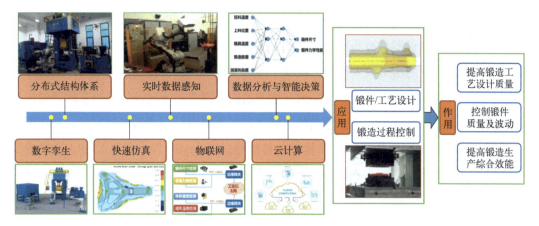

图4-1　智能锻造技术体系

4.2　智能锻造关键技术

近年来，人工智能在机器视觉、模式识别等诸多领域取得突破性进展，为制造业发展注入了新的驱动力。锻造业是我国基础行业，锻造是汽车、航空、海洋工程等多个重大领域的关键零件的制造方式。通过信息技术、计算机技术与制造技术的深度融合，可使锻造生产具备自适应、自学习、自决策等能力，实现锻造智能化，提高锻件质量稳定性和生产效率，降低资源消耗。智能锻造涉及的关键技术主要有锻造过程宏微多场智能在线监测技术、锻造工艺规划与决策技术、锻造成形-组织-性能智能模拟计算方法和智能锻造协同控制技术。

4.2.1　锻造过程宏微多场智能在线监测技术

锻造过程宏微多场智能在线监测技术是指利用物理仿真、多传感器融合、无损检测等手段，对锻造过程中锻件、模具的宏观物理场（如应力、应变、温度）及微观缺陷（如微裂纹）进行实时智能在线监测的技术。锻造过程的温度、压力等物理场随时间、空间等剧烈变化，对锻件质量及模具寿命产生重要影响。发展热、力等物理场的高精度在线测量理论、方法与器件，空间区域物理场的快速检测技术，对于锻造过程的智能在线监测至关重要。目前，对于锻造过程中锻件、模具应力、应变场的直接监测通常难以实现，但可通过物理仿真先建立应力、应变场与瞬时变形状态（如滑块行程）之间的关系模型，在此基础上结合对变形状态的实时监测，进而间接确定应变场或应力场。而对于锻造过程的温度分布的测量，多采用温度计、热电偶、热敏电阻等接触式测量方法，具有装置简单、精度高等优势，但难以实现对处于运动状态或距离较远的物体的温度的测量，且要求测量仪器与被测物体接触良好，避免受到外界环境干扰。Gronostajski 等[1]将热电偶沿所设计的槽道放入模具，测量了锻造过程中模具温度的变化情况，但由于锻造过程通常伴随温度的剧烈变化，实现持续的温度监测有利于对发生的异常故障做出及时调整。近年来，热成像等非接触式温度测量方法在锻造行业逐渐得到应用，其在锻造过程温度分布持续可视化监测方面具有独特优势。Hawryluk 等[2]利用 A320 Flir 热成像仪实现了对齿轮锻造过程中模具表面温度分布的实时监测，如图 4-2 所示。但该方法的温度测量区域局限于被测物体表面，且测量结果受物体发射率的影响。因此，非接触式温度测量方法未来还需更多地结合接触式传感器对其测量结果进行校准，以实现锻造过程中温度测量误差的最小化。

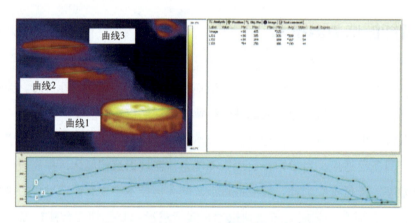

图 4-2　齿轮锻造过程中模具表面温度分布

锻件尺寸精度测量存在三维复杂结构有测量盲点、加工现场有干扰等问题。采用激光、图像等光学检测方法，是实现对锻件几何形状进行非接触式测量的有效途径[3]。Jia 等[4]提出了一种提高热锻件成像质量的光谱选择方法，通过将过滤了一定波长范围的光投射到锻件表面，可在不受辐射干扰的情况下有效提取和匹配锻件图像特征点。Tian 等[5]开发了一种基于脉冲飞行时间激光雷达的热锻件尺寸测量系统，通过多次扫描实现了对锻件直径、长度等几何尺寸的测量。Mejia-Parra 等[6]开发了用于旋转状态下温锻件几何尺寸在线监测的光学系统，可在 60s 内实现对锻件圆跳动的自动测量。近年来，三维扫描与逆向工程技术被逐渐应用于锻造过程中锻件形状和尺寸的实时测量。通过三维扫描测量系统快速获取锻件测量点的三维数据，结合逆向软件生成锻件 CAD 模型并与目标模型对比，可实现对当前锻件尺寸精度以及模具磨损情况的评估，如图 4-3 所示。此外，可移动的测量设备在工业领域也日益受到关注，此类设备通常包括搭载扫描仪与专用软件的测量臂，未来可将其应用于锻造过程中模具寿命的实时监测。

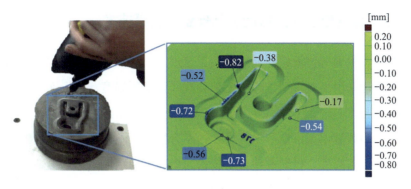

图4-3　锻造模具的扫描结果及磨损情况

　　采用超声波、涡流、声发射等在线无损检测技术可实现材料成形状态的实时监控，是保证零件成形质量、提高生产效率的重要手段。超声波无损检测通过超声波传感器发射高频超声波脉冲穿过试样，并根据回弹波的能量对试件进行缺陷检测以评估缺陷大小和位置，但超声波探测需要对模具进行改装，容易影响模具的刚度和成形精度[7]。涡流检测向被检测零件提供交流电，在材料内部产生涡流，当材料中存在缺陷时会引起涡流变化，根据涡流变化实现零件缺陷的检测，但涡流检测受限于涡流穿透深度，难以检测材料内部的裂纹缺陷[8]。材料局部在外界作用下因应力集中产生微观损伤时，会以瞬态弹性波的形式向外释放应变能，这种现象称为声发射。声发射信号对成形过程中材料内部微裂纹的出现十分敏感，且声发射传感器可以方便地安装而无须更改模具结构[9]。Behrens等[10]利用声发射技术对铝合金锻造过程进行了动态在线监测，如图4-4所示。结果表明，锻造过程声发射信号的活性很大程度上取决于材料的塑性及工艺条件，声发射信号可以反映材料在锻造过程中所处的阶段，有助于检测成形工艺偏差。然而，目前国内外在声发射检测领域，基本是通过实时检测并采集数据，"事后"对声发射信号进行人工处理和分析，易导致偶然误差和降低检测效率，无法对材料成形缺陷进行实时监测。

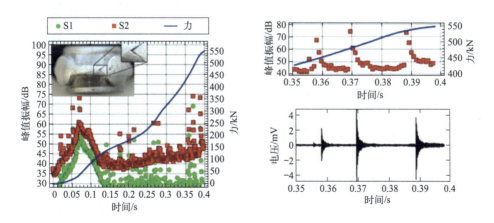

图4-4　5083铝合金冷锻过程两种声发射信号的振幅与时间的相关性

4.2.2 基于数据与机理的锻造工艺规划与决策技术

基于数据与机理（物理机理）的锻造工艺规划与决策技术是指利用多源异构数据驱动方法结合机理模型，对锻造过程的工艺参数（如成形温度、成形速度）进行实时规划与自主决策的技术。一般对锻件的生产质量有极为严格的要求，且单件成本往往较高，如果锻造过程中频繁出现由成形工艺导致的不合格品，不仅会影响产品的及时交付，还会造成较大的经济损失。借助数字孪生技术为锻造过程赋能，达到锻造生产的信息空间与物理空间深度融合，可获得具有自感知、自学习、自决策、自执行、自适应等功能的智能锻造生产方式[11]。彭宇升等[12]从内涵、特征以及组成部分等角度详细阐述了基于数字孪生的智能航空锻造单元的概念，构建了智能航空锻造单元的数字孪生系统架构，并开展了基于数字孪生的锻件质量分析与工艺参数优化。如图4-5所示，在构建质量分析数字孪生模型时，将其与人工智能技术和有限元仿真技术相结合，在锻造生产前对预先设定的工艺参数进行仿真优化，通过对生产工艺过程数据的实时感知实现对工艺参数的动态优化，并在生产结束后利用累积的历史数据持续提升数字孪生模型的仿真程度。

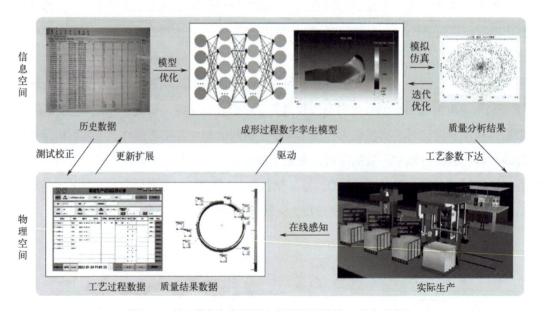

图4-5 基于数字孪生的锻件成形质量分析与工艺参数优化

数字孪生的宗旨是针对所关注的物理对象，基于某个或某些应用需求，构建高保真虚拟模型。现有的建模技术大致可分为基于数据驱动和基于机理驱动两类[13]。基于数据驱动的建模方法利用长期积累的历史数据和实时运行数据对模型进行不断优化，但构建的是黑盒模型，且难以推广到未经学习的样本；基于机理驱动的建模方法从机理出发构建物理实体模型，但对于结构复杂、机理不明确的对象则难以获得精确、可靠的模型。

4.2.3　锻造成形－组织－性能智能模拟计算方法

锻件成形精度和组织性能的精确预测是实现智能优化决策的重要前提。通过数据驱动的机器学习方法已经实现了对塑性成形中的变形行为、晶粒演化、力学性能、损伤断裂、回弹等的模拟预测。例如 Babu 等[14]定义了锻件满足目标晶粒尺寸要求的区域，并建立了预测该区域边界演化的神经网络模型，用于成形温度和转移时间等参数的优化。在组织演变等复杂问题的建模预测上，数据驱动的机器学习模型往往比机理模型有更高的精度，但数据驱动的模型由于没有物理机理，泛化能力较差，而且缺乏可解释性。数据驱动的模型的预测精度和泛化能力取决于数据的集大小和模型的架构及超参，当训练数据集足够大时，获得的机器学习模型可以准确预测并具有较好的泛化能力，然而塑性加工过程的数据往往难以达到这一要求。为了补偿数据驱动的模型预测能力差的缺点，发展出了机理-数据混合驱动的机器学习模型。例如 Haghighat 等[15]将弹塑性理论的复杂不等式约束作为总损失函数中的正则化项，以找到在理论上也可靠的本构模型。通过已有理论的约束，以物理信息启发数据模型，这样构建的机器学习模型具有更好的预测能力，同时兼具数据驱动的模型的高精度。因此，机理-数据混合驱动的塑性变形中的变形、组织和性能的预测建模是重要的发展方向。

在锻造数字孪生系统中，要快速预测或重构锻件的形状和内部的微观组织，需要能够快速准确地模拟锻造过程的变形和组织演变。通过机器学习加速塑性成形的计算模拟也是目前的研究热点。宏观有限元模拟、唯像模型计算、介观的晶体塑性和相场模拟，以及微观尺度的分子动力学模拟等都要花费大量时间才能模拟出锻件形状和组织演变。通过将神经网络等机器学习模型作为代理模型进行预测，可大幅提升计算速度。例如 Montes 等[16]通过长短程记忆递归神经网络（LSTM）构建了基于相场法的微观组织模拟代理模型（图4-6），计算速度大幅提高。

4.2.4　智能锻造协同控制技术

锻造产线通常由压力机、机器人、加热炉、自动换模等设备组成，每个设备又配备多种传感器，采集的大量数据反馈至工艺规划决策中心用于工艺优化，进而得到决策控制指令。不同锻造设备的互联互通、产线的控制均需要用到智能技术。智能锻造控制技术可以分为两个层面，即单台设备的智能控制系统和整条锻造产线或生产车间的智能控制系统。

经过多年的发展，自动控制技术已经从传统的 PID 等传统控制向更先进的控制技术

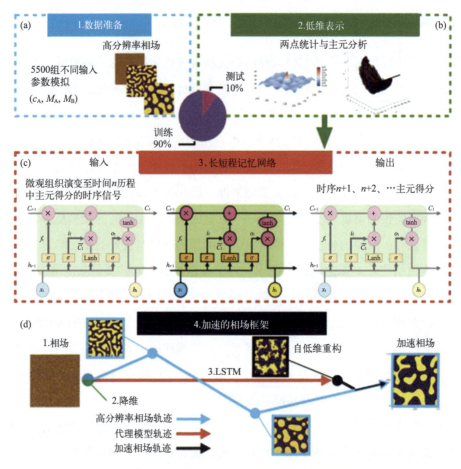

图4-6　机器学习代理模型加速基于相场法的微观组织预测

发展，如滑模控制、迭代学习控制、反馈线性化技术等。这些技术的控制精度和响应速度很大程度上取决于系统数学模型的精度。另外，也发展出了模糊控制、神经网络、支持向量机等使用代理模型的控制技术，此类技术可以用于复杂物理系统的建模分析，并有很好的计算精度，但模型的扩展性较差，且缺乏相应的物理意义。例如 Fan 等[17]利用最小二乘支持向量机（LS-SVM）实现了锻造过程实时控制，相对误差为0.44。由于锻造系统十分复杂，时变扰动参量众多，离线训练的智能控制方法在面对扰动影响时性能往往无法保证。近年来开发的基于机器学习的模型预测控制（MPC）技术可实现在线控制，已经成功应用于各种过程控制。Lin 等[18]提出了基于BP神经网络的一步预测控制方法，实现了对液压机运动的控制。由于神经网络的权重可根据误差传播算法实时更新，因此可以应对时变扰动的影响。锻造过程在时变扰动的影响下，控制系统的数学模型参数也相应发生变化，因而时变扰动作用下的控制模型的参数的实时标定也是实现智能控制的重要方面。例如 Zhang 等[19]应用强化学习对压力机的黏性阻尼系数和泄漏系数进行了实时在线标定，相比BP神经网络具有更高的精度。

锻造产线协同控制的核心技术为信息物理系统（CPS）。CPS主要完成不同设备之间的互联互通，多源异构数据的获取、集成、处理和可视化，以及基于知识获取和学习方法的智能决策。在制造过程中，CPS通过物理过程与信息世界交互的反馈回路，赋予制造系统更高的效率、灵活性和智能化。因此，CPS可以有效地提高效率、降低成本。CPS利用数据传输技术向控制层进行实时分析，实现异构系统数据和知识在数据平台中的流动和共享，并生成相应的决策，通过控制器、执行器等机械硬件进行反馈。一个典型的锻造产线CPS的总体设计如图4-7所示[20]。CPS从物理、行为、规则三个层面构建了产线操作过程的网络物理模型，在物理层感知和收集设备、工艺、产品的相关数据，并采用实时数据传输技术进行通信。产线运行状态反映在模型中，并与模型共同演进。在CPS中，建立反映产线运行演变的评价预测模型，对锻造产线进行实时监控，对锻造产品的质量进行检测。

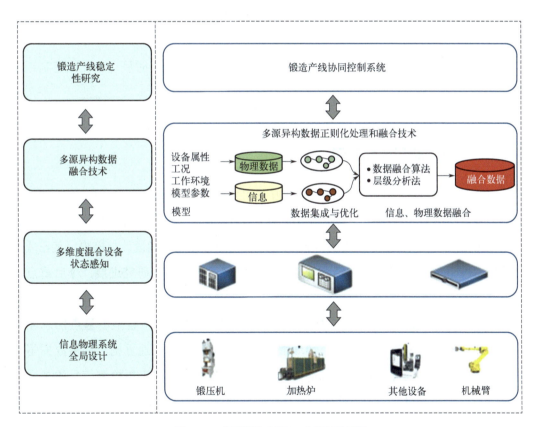

图4-7　典型锻造产线CPS的总体设计

4.2.5　存在问题与挑战

目前，智能锻造关键技术所面临的问题及挑战主要包括以下几点。

① 宏微多场在线监测技术以物理仿真、接触/非接触式测量技术为主。当前对锻造过程物理场（应力、应变、温度）的在线测量局限于外表面或内部特定区域，且基本依赖人工处理和分析所采集的检测数据，难以实现对宏微多场的实时快速预测。

② 数字孪生在锻造工艺规划与决策中的应用仍处于概念阶段。锻造过程中锻件及锻造装备（锻压机、模具）存在几何、物理、规则等多维度特征，涉及传感数据、仿真数据等多源异构数据驱动，且受限于当前物理仿真计算速度慢，导致数字孪生虚拟模型难以实时客观地对物理实体进行描述和刻画。

③ 机器学习模型泛化能力与可解释性较差，当数据有限时，对训练范围外的锻造成形成性的预测能力较差，且神经网络等机器学习方法的"黑箱"属性导致对预测和优化缺乏解释和指导。

④ 锻造生产数据来源多，增长快，且扰动因素多，影响数据驱动的模型的准确性和智能控制。

⑤ 数字孪生技术目前尚处于初步孕育阶段，锻造过程的实时呈现、优化控制还未见报道。

4.2.6　发展思路与重点方向

锻造产品的质量涉及材料结构、工艺方案和装备精度等诸多因素，具有经验与理论并重、继承与创新共存的特点。智能锻造通过综合利用人工智能、数值模拟、传感与数据处理等技术，以实现锻造产品几何形状与材料组织性能的精确设计与控制，某已成为锻造技术发展的必然趋势[21]。结合智能锻造关键技术的国内外研究进展，今后重点的发展方向如下。

① 通过对锻造过程工况信息的全方位实时感知，开发基于有限测量点信息和数值分析数据的神经网络预测模型，实现锻件及模具物理场的快速重构；利用数据驱动的机器学习模型在处理含噪声、扰动信号方面的独特优势，对无损检测信号的关键特征进行实时分析和处理，开展基于无损检测-机器学习的锻造过程微观缺陷智能在线检测。

② 在构建几何-物理等多维度虚拟模型的基础上，通过多源异构孪生数据的集成与融合，结合基于机器学习的快速仿真计算技术，实现基于机理与数据混合驱动的数字孪生模型的锻造工艺快速仿真预测及智能决策。

③ 发展数字孪生专用通信协议与现场总线技术，实现在线实时交互。

4.3　锻造大数据与软件技术

4.3.1　概念与内涵

锻造大数据指的是锻造过程中的大量中间数据。以锻造大数据为基础的锻造过程可以实现生产资料的优化配置,工艺流程、生产任务及物流的优化调度。锻造大数据在锻造成形设计及生产全过程中发挥了重要作用。典型的锻造自动化产线包含加热炉、工业机器人、压力机以及喷淋装置等核心设备,在批次生产中,压力、温度等过程变量值会随着成形过程周期性地变化。利用智能传感器建立传感网,并实现多种现场总线、无线网络、异构系统的集成和接入,可获取不同设备、不同产品、不同成形条件、不同环境下的数据和信息,形成生产过程大数据。这些数据往往和产品的成形质量有直接或间接的关联,通过传感器对温度、压力、位置等物理变量进行实时测量与数据采集,对获取的数据进行处理、分析和挖掘,能够间接地描述产品成形过程。利用过程监控获得的工业大数据,结合近年来不断取得突破性进展的机器学习技术,建立数据特征与产品质量、生产节拍、工艺参数等关键指标的关系,可以为进一步的产线监控、优化及反馈控制提供支撑。

锻造大数据包括在锻造生产过程中产生的一切工艺、能源、质量等数据。锻造生产过程的复杂性决定了数据的多样性,锻造生产过程中的各工序都有诸多设备,各设备与各工艺环节都会产生大量的锻造生产过程数据,而这些数据多数相互影响。例如预热炉的出料温度受加热炉的燃料比例调节阀、管道调节阀、燃气切断阀的影响。锻件温度除了受出炉温度影响外,还与其在空气中暴露的时间、环境温度有关。因此,锻造大数据种类繁多,且还受到各种因素的制约,需要对锻造数据梳理归纳,以分析各数据之间的相关性。

实现锻造过程智能化,需要将锻造生产过程中的数据进行归纳,可以归纳为工艺过程数据、设备数据、能源数据、生产过程统计数据、质量数据以及仿真数据。以某企业铝合金车轮锻造生产过程为例,其大数据如图4-8所示[22]。

① 工艺过程数据　锻造成形过程中零件的温度、形变量等,温度数据的采集可以通过热电偶、红外线,形变数据的采集可以通过三坐标测量仪、应变片、视觉测量仪等。

② 设备数据　包括压力机、热处理炉、加热装置上检测到的运行温度、位移量、电流、电压等数据。

③ 能源数据　加热设备、热处理设备、压力机等在制造过程中消耗的电能。

④ 质量数据　锻件制造全流程中的质量检测数据(如下料时铝锭的温度、尺寸),

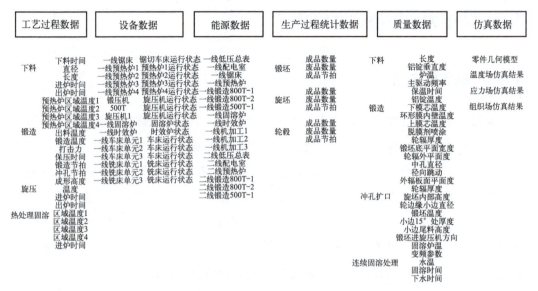

图4-8 锻造生产过程大数据

以及锻造过程中厚度、孔径、径向跳动等。

⑤ 生产过程统计数据　锻坯、旋坯、轮毂的成品数量，成品节拍和废品数量等。

⑥ 仿真数据　产品设计获得的CAD模型数据，通过仿真软件获得的零件温度场、应力场、组织场数据。

锻造大数据具有如下特点。

① 多源多维　锻造生产过程中的数据来源多样，包括通过传感器检测获得的温度、位移数据，也包括仿真计算获得的数据，还包括生产流程控制系统统计获得的数据等。

② 数据异步　数据既包括制造过程中实时检测到的温度、位移数据，也包括制造之前获得的仿真数据，还包括零件加工完成之后获得的零件尺寸、组织检测数据。

③ 数据离散　锻造生产过程中的数据并不是连续的，有些情况是突发的，数据剧变会导致数据的离散性较大，例如预热炉的空燃比调节阀故障会引起预热炉的出料温度剧降。

④ 增长速度快　锻造生产过程的数据量的增长速度是极快的，数据源需要不断进行更新，且每天会产生大量的数据，在这种情况下会大量占用并消耗数据库的软硬件资源。

锻造大数据平台通常遵循工业大数据平台的框架结构，可以分为四层，最底层为数据的采集与交换层，上一层为数据预处理与存储层，再上一层为数据的建模与分析层，最顶层为决策与控制应用层。目前，针对智能锻造技术尚未有成熟的专业软件，主要的软件是各企业在通用软件上定制开发的，涉及的软件主要包括智能算法相关软件、大数据管理软件及平台、用户交互软件、数据采集及分析软件等。

锻造智能化在西方发达国家的发展经历了数字化、网络化、智能化三个阶段，呈现出"串联式"发展模式。在我国，由于是后发模式，数字化、网络化、智能化基本是同步发展的。锻造数据采集程序通常采用 Client-Server（CS）架构，数据分析软件多采用 Browser/Server（BS）架构。

4.3.2　国内外发展现状与趋势

（1）锻造工艺专家数据库与智能工艺决策软件

锻造工艺专家数据库与智能工艺决策软件属于建模与分析层，是实体层之上的虚拟层。利用数据挖掘、机器学习与深度学习等一系列方法，结合 R、Python 以及 MATLAB 等各种建模工具，构建专家数据库与智能工艺决策软件，通过挖掘出的大数据中的隐含关系，判断数据当前的形态以及未来趋势，进而进行工艺决策，实现设备预测性维护、工艺控制参数及时调整并下达给底层自动化产线，形成生产系统的闭环控制，优化生产过程，提升锻件质量。

Glaeser 等[23]在压力机上安装了振动传感器，采集了锻造过程的振动信号，并搭建了 CNN，实现了对制造零件的分类与识别；以一个月的生产数据进行训练，准确率最高可达 86%；分析了模具磨损、机器异常的预测方法。N. Saravanan 等[24]在铣刀车床附近布控了多个振动传感器，收集了数控机床端铣刀声发射信号，并对其振幅、频谱等多个数据进行监测，使用傅里叶变换、小波分析和马氏距离优化算法等对振动信号进行分析，搭建了故障诊断及预知性维护专家系统。Niemietz 等[25]提出了互联网产线概念，通过位置传感器、力传感器、声传感器获取精冲过程中的大数据，通过互联网技术实现了数据共享，并在此基础之上实现了生产过程建模以及模具磨损状态预测。Sakamoto 等[26]开发了冷锻工艺设计智能 CAD 系统，可以将锻件的具体形状作为数据输入，在针对每个形状制作的数据库的基础上进行工艺规划推理，从而制定出合理的锻造工艺。Cao 等[27]将二叉决策图与故障树分析方法相结合，解决了故障诊断领域中单纯使用故障树分析方法所带来的"组合爆炸"问题，开发并调试了热锻压力机故障诊断系统。Zhang 等[28]定义了多级能量流模型和锻造能量指标、能量特性；然后，基于物联网和数据驱动，建立了锻造过程能源消耗专家系统，对某锻造企业生产过程实际的能耗数据进行收集、传输、存储、处理、挖掘和应用，并进行综合能效评估；最后，给出了企业能源效率优化决策。

（2）锻造成形大数据云平台和数据管理软件

常用的大数据管理及分析软件包括 Hadoop、Plotly、RapidMiner、Smartbi 等。其中，

Hadoop 使用得最为广泛。Hadoop是由Apache基金会开发的，用于大数据计算与存储的分布式系统（开源框架），其最大特点是分布式，允许在整个系统中使用简单编程模型计算机的分布式环境存储并处理大数据，也包括工业大数据。它的任务是从单一的计算系统到上千台机器的扩展，每一台计算机都可以提供本地计算和存储服务。Smartbi作为一款功能强大的国产BI报表工具，对比很多需要用户具有比较专业的数学能力和代码能力才能灵活运用的大数据分析工具来说，其数据分析与数据可视化更为简单，方便用户直观了解有价值的数据。

（3）锻造成形数字孪生系统及虚拟-现实交互控制软件

北京机电研究所有限公司提出了基于孪生系统的智能航空锻造单元（intelligent aviation forging cell based on digital twin，DTIAFC），基本框架如图4-9所示[12]。该系统可以借助数字孪生技术为锻造单元赋能，达到锻造生产的信息空间和物理空间深度融合，最终获得具有自感知、自学习、自决策、自执行、自适应等功能的智能锻造生产方式。系统框架的4个层次分别为物理层、孪生数据层、虚拟层以及应用与服务层，各部分之间通过数据和信息流有机连接在一起。物理层主要由实际执行锻造生产活动的物理实体、安装在单元中的各式传感和采集装置以及对锻造生产进行控制的各种控制设备（如PLC、单片机等）等构成。孪生数据层作为DTIAFC的数据融合和中转中心，一方面，可以实现多源数据和信息的集成与融合，包括来自物理层的实时状态数据，即设备状态数据、生产进程数据、工艺过程数据、质量结果数据以及设备运维数据等，来自应用与服务层和虚拟层的仿真优化结果和决策信息等，来自制造执行系统、企业资源计划等管控系统的数据等；另一方面，还负责将数据和信息在需要的时候正确地分发到各个层次和系统，如将优化得到的控制指令实时传送给物理层，实现对物理锻造单元的实时

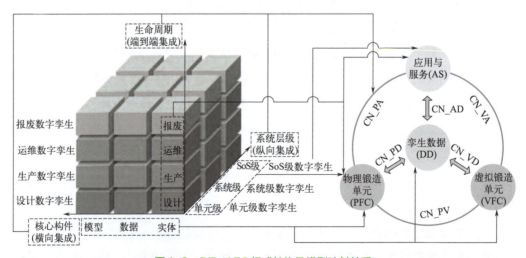

图4-9 DT-IAFC组成结构及模型映射关系

控制。虚拟层涵盖了为实现航空锻造单元数字孪生应用而构建的各种模型，包括几何模型、行为逻辑模型等。应用与服务层主要涉及面向现场使用人员的多种数字孪生应用与服务。对于航空锻造来说，关注重点主要放在产品的生产过程、产品质量以及关键生产设备的运维3个方面。因此，这一层应包括锻造生产管控、压力机设备故障诊断与健康管理，以及产品质量追溯与分析优化3方面的服务。

（4）多传感器信息融合的成形质量智能监控软件

制造过程中根据单一特征信息监控锻件质量的结果普遍不够准确和稳定，发展具有多传感信息融合的综合过程监控技术，并使其在工业现场条件下提供稳定、可靠的分析结果，是提高成形质量最有效的途径。综合处理这些传感器带来的冗余互补信息，对于获得锻件全面准确的质量信息具有重要意义。

刘胜等[29]以JB39-630/3闭式四点锻压机床为实际研究对象，采用Web Access和SQL Server 2008数据库开发了锻压机床运行状态检测软件，提出了多源信息融合的智能故障树研究方法，通过MATLAB编写的诊断程序得到机床故障树的枝权权重分配，将方法的最终结果与现场专家结论对比，验证了多源信息智能故障树的工程应用价值。

多源异构信息融合也称为多模态信息融合，可以在决策时对同一目标对象的不同来源的观测结果进行综合考虑，从而获得更具鲁棒性的结果。不同来源的数据之间具有一定的差异性，其中每个来源可能包含了其他来源没有的信息。将多源异构数据信息进行融合可以实现信息互补，从而为目标任务提供更加全面的信息和更好的特征表示，提升模型对目标任务的理解深度。

数据层融合也称为像素层融合，它是直接在采集到的原始数据上进行的融合，其优点是信息丰富、结果精确，但是通信和运算量大，数据需要预处理，实时性差。传感器往往要求同质或者同等精度。主要的数学方法是加权平均法、卡尔曼滤波、贝叶斯估计、参数估计法等，与信号处理有一定的相似性。决策层融合联合各传感器的判决形成最终的推理和决策，具有很强的灵活性和很窄的通信带宽，抗干扰能力强，对传感器的依赖性小，没有同质传感的要求，但是大量的数据需要预处理。决策层融合只负责将每一种模态数据在目标任务上的独立决策结果进行整合。进行决策层融合时，需要使用相应的模型对不相同的模态进行训练，再对这些模型输出的结果进行融合。决策层融合可以灵活地根据每种模态数据特点采用最适宜的模型，并在某些模态缺失的情况下仍可以决策，还可以避免不同模态数据特征之间的耦合，降低特征冗余。但是，决策层融合忽略了不同模态的低维特征的相互作用，并且难度较高。

由于不同的分类器需要不同的决策，学习过程变得既耗时又费力。然而常用的信息融合方法在对大数据进行融合时存在诸多弊端。如基于概率的融合方法存在难以获取先验概率、处理高维复杂数据困难的缺点；基于证据理论的融合方法存在质量函数难以估计的缺点；基于知识的融合方法具有对数据缺失和对噪声数据敏感的特点。因此，在多源异构信息融合算法中，挖掘出与目标任务最直接相关的有效信息，为目标任务提供完备的输入来源，是提升多源异构信息融合模型性能的关键。

4.3.3　存在问题与挑战

锻造大数据技术最困难之处在于数据的采集，这是由于缺陷往往在极短的时间内形成，需要多种传感数据进行叠加分析，包括高精度在线质量测量数据、基于视觉的外观特征识别数据等，往往需要对采集到的传感数据进行预处理（滤波、降维、特征提取等多个分析流程）。为了提高缺陷检测的实时性，需要通过传感网络和通信网络的软硬件的配合，形成可靠的多传感网络系统，为质量闭环控制提供支撑。

同时，多源传感检测技术在锻造领域的研究还较少，目前仍缺少合理的多元信息融合评价算法，实际锻造过程干扰因素多，如何有效地融合多源异构数据以实现锻造质量综合评价是较大的挑战。锻造大数据具有多源异构性：来源多样化，如工业相机、力-位移传感器、加速度传感器、温度传感器等；结构多样化，如力-位移时序数据，视频、图像数据、轨迹时空数据等；类型多样化，如生产过程数据、质量数据、供应链数据等。这些数据的采集尚未形成统一的标准接口，在存储、分析、特征提取过程中，存在数据统一处理困难与异构特征难以融合的问题。

尽管深度学习被广泛应用于锻造多源异构信息融合及利用的任务中，并取得了巨大的进展，然而在锻件质量检测这种标注数据非常有限的任务中应用基于深度学习的多模态融合技术仍面临着诸多困难。在任务训练时，融合模型的输入往往包含了时序、图像等多种模态的信息，这些异构数据的处理对网络模型结构设计和特征提取带来了挑战。

4.3.4　发展思路与重点方向

锻造大数据分析正由传统的仅注重产品质量结果数据、批次数据的模式转变为产品全流程数据、单件数据全面监控、虚拟仿真数据与实时检测数据相结合的新模式。锻造业中产品的单件、全流程数据采集是实现数字化、智能制造的基础，在此基础上才能获得连续性的锻造过程数据，最终实现对生产过程的判断、诊断以及决策。各锻件生产厂商已经逐步完成对锻造生产过程信息的采集。在采集到大量锻造大数据的同时，利用好这些锻造大数据，寻找出数据之间的内在联系，挖掘出数据的价值，是企业向智能化发展的必经之路。

（1）多源异构数据的组织

利用互联网、物联网技术与成形系统集成，打通锻造生产全流程数据的采集过程，建立起统一的标准接口，并将数据进行结构化处理。根据不同数据类别进一步细化数据，进行统一的数据结构建模，解决异构软硬件、网络等不同层面资源之间的物理依赖。通过深度学习、模式识别等方法从大量数据中归纳、推断其中隐含的有效信息。在此基础上，重点研发数据特征融合技术等，以提高数据利用的质量与效率。

（2）多传感器融合的在线感知与检测技术

建立产品质量的在线检测技术，包括高精度在线质量测量、基于视觉的外观缺陷检测等。基于对采集到的传感数据进行的特征提取与实时判定，实现对锻造过程中关键控制点的实时监控，为高质量闭环控制提供反馈。

（3）多源异构数据的特征融合与自主决策算法开发

目前仍缺少有效的多源异构数据融合评价算法，简单拼接不同模态提取的特征会造成信息冗余问题，导致一些重要特征容易淹没在包含噪声的冗余特征中，从而影响质量评价的性能。利用深度学习模型建立智能化的质量特征识别与缺陷判定算法，建立成形工艺参数与产品质量之间的非线性、强耦合性与时变性的关系，可以有效对锻造过程中的数据进行实时监控，通过实时工艺调整实现产品质量的提升。

4.4　智能锻造系统

4.4.1　概念与内涵

智能锻造系统是锻造生产过程中具有感知、分析、推理、决策和控制功能的装备的统称，可分为三个组成部分，即智能锻造成形压力机、智能锻造模具、成套智能化锻造系统。智能锻造系统在锻造成形过程中具有以下三大基本要素。

① 信息深度自感知（全面传感）。准确感知企业、车间、系统、设备、产品的状态。

② 智慧优化自决策（优化决策）。对实时运行状态数据进行识别、分析、处理，自动做出判断与选择。

③ 精准控制自执行（安全执行）。执行决策，对设备状态、车间和产线的计划做出调整[30]。

锻造系统的智能化将进一步提高锻造成形过程柔性化和自动化水平，使生产系统具有更完善的判断和适应能力，这将显著减少锻造成形过程中的资源消耗，从而极大提升锻造业的技术水平。

4.4.2　国内外发展现状与趋势

（1）智能锻造成形压力机

① 智能模锻压力机　美国Wyman-Gordon公司、俄罗斯VSMPO公司、法国AD公司是世界上模锻液压机品种、数量最多的企业。这三家企业主要为航空系统服务，所拥有设备的特点是大型化、系列化和专用化。我国目前已开发出万吨级等温锻、模锻压力机，如天津天锻公司研制的160MN等温锻液压机，采用多拉杆预紧框架式结构，其锻造速度与滑块位移精确可控，能实现滑块工作速度0.005mm/s的低速控制。2013年，世界最大的8万吨模锻压力机在德阳万航模锻有限责任公司投产（见图4-10），该设备可实现800MN压力内任意吨位无级调控，压制同步精度≤0.01mm/m，可对压制过程载荷、位移和应变实时监控[31]。尽管国内大型、超大型锻造液压机设计和制造水平显著提高，但仍与世界先进水平存在差距，表现在中高端设备锻造功能单一、自动化程度低、可靠性低等。锻造液压机的未来发展趋势包括完善高端液压机配套辅助设备的建设；加大液压系统及控制系统的研发力度，使现有的先进设备充分发挥作用；改进设计与制造技术，提高设备的可靠性等。

图4-10　8万吨模锻压力机

与普通模锻设备相比，多向模锻设备在工作时要同时承受垂直载荷与水平载荷，机身受力状况复杂[32]。国外的多向模锻设备研究起步较早，20 世纪 50 年代初，美国卡麦隆公司提出多向模锻技术并设计制造了 100MN、180MN 和 300MN 三台大型多向模锻液压机，使多向模锻技术迅速投入了工业生产。该公司的 300MN 多向模锻液压机至今仍为世界上吨位最大的多向模锻液压机[33]。奥地利 GFM 公司的 SKK 系列精锻机可实现四锤头同步锻造、五轴 CNC 控制，广泛应用于形状复杂、精度要求高的空心轴类零件的冷、温、热精锻生产[34]。2012 年 4 月 2 日，由清华大学与二十二冶集团精密锻造有限公司合作研制的 40MN 多向模锻液压机，成功锻造出主要用于核燃料制造的真空阀体，填补了国内在该领域的空白，阀体锻件经检测，主要力学性能提高了 30%，节约加工工时50% 以上。上述两家单位现已合作研制出 120MN 多向模锻液压机（见图 4-11），并投入生产[35]。如今，现代化制造对多向模锻技术的需求与要求进一步增加，一方面表现在锻件形状更加复杂，另一方面表现在对锻件组织性能要求更高，因此对多向模锻设备要求也更高。多向模锻设备的未来发展方向包括：设计研发具有多向穿孔功能和调节穿孔方向的模锻设备；进一步提高位移控制精度以及穿孔精度；研究快速锻造工艺，促进快速多向模锻设备的应用；研究开发新型多向模锻设备与工艺。

图 4-11　120MN 多向模锻液压机

② 智能螺旋压力机　螺旋压力机由于具有滑块导向精度高、可重复打击、无固定下止点等优势，在锻造生产中得到广泛应用，特别适用于航空工业中对应变速率极为敏感的锻件。美国、奥地利等国已利用螺旋压力机生产出精度达到 0.15 ～ 0.3mm 的精锻叶片，锻后叶型部分只需抛光、磨光，减少机加工余量达 90%。伴随着伺服直驱技术的发展，用低速大力矩电机实现螺旋压力机直驱成为近年来螺旋压力机研究的热点，德国、意大利、日本等锻压设备生产厂商均研制出系列化直驱电动式螺旋压力机，其

控制性能、模锻件精度稳定性得到进一步提高，而能耗进一步降低[36]。我国电动螺旋压力机的发展比较落后，典型的设备有青岛青锻锻压机械有限公司研制的EPC-8000型80MN电动螺旋压力机，其各项性能指标基本达到国际水平，采用齿轮传动式结构，由两台特制的开关磁阻异步电动机通过齿轮传动机构驱动大齿轮做旋转运动[37]。我国近年来已相继研制出电动机直接驱动式、齿轮（或皮带）机械传动式等结构形式的电动螺旋压力机，采用的驱动电机有三相异步电动机、开关磁阻电动机、伺服永磁无刷电动机等，其性能都远远超越了传统的螺旋压力机，未来必将逐步取代传统的螺旋压力机及其他形式的模锻设备，具有广阔的发展前景。

（2）智能锻造模具

锻造过程中模具的磨损失效是最为普遍的失效形式。传统的模具磨损基本靠人工视觉判断，或者在发生锻件粘模后才进行修模维护。要实现锻造过程的智能化生产，就必须实现对模具状况的主动监测和提前预判，当模具磨损到会对产品质量产生影响并可能造成生产中断时，提前停止生产并进行必要的修模维护，然后再恢复生产。北京科技大学搭建了由非接触测量仪器、辅助测量工具、测量基础软件和数模比对软件等组成的曲轴锻造过程模具磨损检测系统，能够以数据和可视化的形式准确判别模具磨损部位及磨损程度，从而辅助判断模具是否需要立刻修复或推测模具剩余寿命[38]。通过智能传感器在模具上的应用，可以更好地掌握模具的生产状态，对比传统的生产模式，可以获得大量的数据和逻辑关系，不再是单一的最终结果，而是可以在锻造过程中更精准地把握和干预，以得到稳定的生产质量[39]。

（3）成套智能化锻造系统

① 机器人自动化产线及集成控制系统　智能化是当前工业发展的必由之路，而实现智能化的前提必然是有自动化的应用需求，工业机器人是自动化产线的重要装备[40]。目前，国外对于工业机器人的研究已进入智能化阶段，机器人结构特点、机器人控制算法以及传感器技术高度融合。比较著名的机器人公司包括日本的FANUC、YASKAWA、KAWASAKI，瑞典的ABB和德国的KUKA[41]。相比发达工业国家，国内工业机器人的研究无论是在硬件还是在软件方面的技术水平都比较滞后，核心零部件和先进的控制系统大都依赖国外引进。北京机电研究所等单位搭建了曲轴智能锻造系统，该系统采用智能机器人作为物料传递和中转媒介，利用现场总线控制技术实现了产线自动化运行，并结合智能感知和检测技术实现了锻造生产在线监测和参数提取[42]。潍柴动力股份有限公司通过装有不同夹手的工业机器人和相关的工序专机的有机结合，构成了热模锻连杆锻造自动化生产系统，使其锻造过程实现了无人化，提高了生产效率并降低了生产成本[43]。江苏扬力集团自主研发的HFP2500t热模锻压力机全自动产线，高度集成了主电机

变频驱动、现代化智能控制等先进技术，产品稳定性好，可靠性和生产效率高[44]。连云港杰瑞自动化有限公司等单位设计了汽车轮毂机器人锻造串联自动化产线和汽车连杆机器人并联自动化产线，如图4-12和图4-13所示[45]。

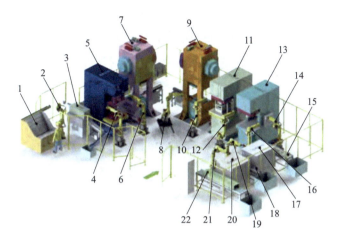

图4-12　汽车轮毂机器人锻造串联自动化产线

1—棒料上料机；2—1#机器人；3—中频炉；4—2#机器人；5—镦粗压机；6—3#机器人；7—初锻压机；8—4#机器人；9—精锻压机；10—5#机器人；11—冲孔压机；12—6#机器人；13—切边压机；14—7#机器人；15—飞边输送机；16—8#机器人；17—检测机构1；18—废品输送机；19—9#机器人；20—检测机构2；21—10#机器人；22—合格品输送机

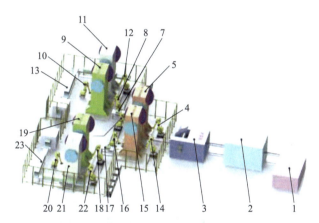

图4-13　汽车连杆机器人并联自动化产线

1—棒料上料机；2—中频炉；3—辊锻机；4—1#机器人；5—1#线成形压机；6—2#机器人；7—中转站；8—3#机器人；9—1#线切边冲孔压机；10—4#机器人；11—1#线精整压机；12—5#机器人；13—正火输送机；14—6#机器人；15—2#线成形压机；16—7#机器人；17—中转台；18—8#机器人；19—2#线切边冲孔压机；20—9#机器人；21—2#线精整压机；22—10#机器人；23—正火输送机

②　多机器人协作优化系统　对于多工步锻造而言，必然需要多台机器人进行相互配合，但多机器人系统容易产生节拍冲突问题。当发生冲突问题，轻则减慢生产节拍，重则导致设备受损、系统崩溃[46]。因此，搭建智能锻造线时必须构建满足其生产需要的多机器人协作优化系统。华中科技大学构建了自动化锻造产线的运动仿真模型，并进行了机器人运动轨迹的仿真优化，如图4-14所示。通过开展锻造产线运动实例仿真，结合仿真数据

分析获得产线时序规划方法，并借助锻件热量散失模型完成推理知识库的搭建，当从新锻件工艺快速开发系统获得锻件工艺时，时序规划系统会根据推理知识库里的知识，利用多目标优化算法，迭代优化出符合锻件生产节拍且锻件热量散失较少的机器人运动路径，将其提供给产线集成控制系统用于下达命令。当从集成控制系统接收到产线数据后，多机器人协作优化系统会将产线数据和预设定参数进行比对分析，从而决定是否对产线设备的运动参数进行调整，以保证产线的协调一致及高效平稳运行[47]。

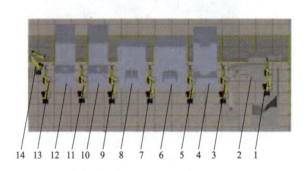

图4-14　机器人产线运动仿真模型

1—1#机器人；2—中频炉；3—2#机器人；4—镦粗压机；5—3#机器人；6—预锻压机；7—4#机器人；8—终锻压机；9—5#机器人；10—冲孔压机；11—6#机器人；12—切边压机；13—7#机器人；14—8#机器人

③ 锻造产线实时数据存储及分析系统　成套智能化锻造系统的核心是数字化，如何利用好从智能锻造产线中采集到的数据以及如何在锻造过程中采集更多的数据是实现智能锻造的关键。锻件尺寸是衡量锻件是否合格的关键指标。在锻造过程中，由于设备振动，锻件处于高温环境中，尺寸数据很难准确获取。波兰圣十字工业大学通过不同类型的传感器对热模锻过程设备位移、压力及锻件温度等生产状态参数进行了实时监测，并基于多输入多输出系统的模型预测控制策略，实现了锻造生产参考控制信号以及预测控制信号差异的最小化，以获得最优的输入信号[48]。华中科技大学采用高速投影与振动补偿方法来保证锻造振动环境中数据的稳定测量，利用视点虚拟规划方法解决热锻件尺寸测量难以现场规划的问题，并通过多视图数据融合与背景去除方法优化了关键尺寸难以提取的问题[49]。北京科技大学使用视觉识别传感器抓拍锻造过程中锻件位于模具的位置，将图片处理后与定位精确的锻件位置图像对比，若有偏差则发出错误信号，提醒需要人工修复。在模具磨损检测方面，利用非接触测量技术构建了磨损后模具的三维模型，然后通过点云与磨损前的模具模型对比，从而获知模具磨损程度并推测模具寿命[35]。

④ 新锻件工艺快速开发系统　成套智能化锻造系统不仅要在锻造过程上体现锻件质量智能管控，还应在新锻件工艺开发上体现自动化与智能化。计算机辅助工艺过程设计是实现自动化和智能化设计的重要技术。上海交通大学将案例推理应用到了冷锻

设计过程，其解决问题的步骤主要涉及实例表示、实例检索、实例修改、实例存储[49]。华中科技大学借助齿轮预锻件元模型，修改模型上的关键尺寸，获得了大量预锻件尺寸与成形吨位的实验样本，并将极限学习机与遗传算法相结合，利用样本进行训练并最终实现了预锻成形力的优化[50]。上海交通大学利用近似替代模型，将多种优化算法相结合，减少了高速锻造工艺优化的模拟次数，利用较少的模拟量获取了精度较高的优化结果[51]。

4.4.3　存在问题与挑战

目前我国智能锻造系统发展所面临的问题与挑战如下[21]。

① 锻造企业水平参差不齐，总体水平低。大部分企业设备的数量和种类较多，但先进设备所占比例小，而高精度、高效率专用设备则更少。多数企业仍然处于人工操作水平。仅有少数企业，如江苏太平洋精锻科技股份有限公司、上汽锻造有限公司、湖北三环车桥有限公司、湖北三环锻造有限公司等实现了锻造数字化和自动化。行业整体处于"工业1.0—蒸汽时代""工业2.0—电气时代"和"工业3.0—数控时代"并存，且1.0和2.0占主要部分的状态。

② 锻造企业自动化、数字化程度低，产线更新换代困难。大部分锻造企业的设备无与自身相关的数据的输出接口，无法与工艺数据汇总形成动态数据流，不能成为数据库重要的信息来源。生产现场的信息化程度低，各部门的信息处于孤岛状态，且数据采集不完整、不全面，无法使用数据分析来提升各部门人员的工作效率和工作质量，不能为工厂提供全面的动态分析解决方案。企业原有的锻造设备不具备实现数字化、自动化所必需的功能和能力，而设备的更新换代必须投入大量资金，这面临着巨大的阻力。

4.4.4　发展思路与重点方向

锻造系统作为成形载体，其工艺过程的响应特性尤为关键。即使系统结构已知、成形参数事先确定，也难以准确建立强时变工况下系统的高阶次、非线性实时响应模型。为此，需要将工艺知识模型融入锻造系统决策单元，研究系统状态在线识别与主动调控原理、多源信息融合与特征提取方法、快速响应执行单元设计与控制理论，实现锻造成形装备和成形过程的"主动感知-智慧决策-自主执行"闭环控制。为充分利用材料成形大批量、重复生产的特性，还应当有针对性地研究并发展特征发现、深度学习、强化学习等人工智能方法，赋予锻造系统工艺进化与自适应调控的能力[3]。

"工业4.0—网络智能化时代"是互联网、大数据、云计算、物联网等技术给工业生产带来的革命性变化，被定义为"万物互联环境中的智能生产"，是通过信息流与实物流的深度融合所建立的一种新的生产方式，其实质是在整个产品生命周期中，从开发、生产、使用到回收，机械装置和嵌入式软件相互融合、不可分割，即全生命周期机电软一体化，从而实现智能制造[52]。目前我国仍处于"工业2.0"的后期阶段，对于锻造企业而言，"工业1.0"要淘汰，工业"2.0"要补课，"工业3.0"要普及，"工业4.0"有条件的应尽快示范。智能锻造系统的最终目标是实现智能决策，其重点的发展方向包括：开发和研制智能产品；加大智能装备的应用力度；按照自底向上的层次顺序建立智能产线，构建智能车间，打造智能工厂；践行和开展智能研发；形成智能物流和供应链体系；开展实施环节的智能管理；推进整体性智能服务[1]。

4.5 典型应用

在锻造企业中，湖北三环车桥有限公司（谷城）通过整合ERP系统、PLM系统、MES等实现了信息化与制造的融合，从而打通了各个"信息孤岛"，建成了具有初级智能化水平的锻造产线（图4-15）。从下料开始，每件产品都有属于自己的信息，并在研发、生产、物流等环节中不断丰富。一个流程下来，每件产品产生几千条信息，为系统积累了大量的数据。把材料参数录入系统，操作员在电脑上发布命令，智能化流水线就能"心领神会"，"按部就班"地生产出合格产品，并使废品率下降了16%。

图4-15 湖北三环车桥有限公司智能锻造产线

湖北三环锻造有限公司（谷城）承担了国家智能制造专项项目"汽车复杂锻件智能化制造新模式"。2017年，该公司入选全国制造业与互联网融合发展试点示范名单。在汽车转向节锻件后续机加工产线上有许多传感器、扫描仪，它们对产线上产品的规格、尺寸进行扫描比对，实现自动检测并实时反馈，提升产品品质，并使产品不良率降至0.05%。

4.6　政策与措施建议

政府可考虑组建智能锻造企业联盟，推动互联网、大数据、物联网等信息技术在锻造领域的应用与互享，编制符合"中国制造2025"及"工业4.0"的智能锻造产品标准，从政策和标准方面促进锻造企业快速实现智能一代锻造系统，鼓励企业致力于技术创新，尽快掌握核心技术、关键元器件和软件的自主知识产权，使具备条件的锻造企业优先开展智能化研究与示范应用，为我国锻造行业的智能化发展奠定基础。同时，还可考虑加快建立企业、高校和研究所紧密结合的产学研团队，高校进行锻造过程中数学模型的建立和优化，研究所负责智能装备的研制的应用，企业提供锻件的生产数据和应用场地。在三者通力合作的基础上，以智能锻造技术应用中的典型问题为导向进行攻关，培养交叉复合型人才，为促进智能锻造持续向更深更广的领域发展提供支撑。

参考文献

[1] Gronostajski Z, Hawryluk M, Jakubik J, et al. Solution examples of selected issues related to die forging[J]. Archives of Metallurgy and Materials, 2015, 60(4Pt.A): 2773-2781.

[2] Hawryluk M, Zwierzchowski M, Marciniak M, et al. Phenomena and degradation mechanisms in the surface layer of die inserts used in the hot forging processes[J]. Engineering Failure Analysis, 2017, 79: 313-329.

[3] 国家自然科学基金委员会工程与材料科学部. 机械工程学科发展战略报告(2021 ～ 2035)[M]. 北京: 科学出版社, 2021.

[4] Jia Z, Wang B, Liu W, et al. An improved image acquiring method for machine vision measurement of hot formed parts[J]. Journal of Materials Processing Technology, 2010, 210(2): 267-271.

[5] Tian Z, Gao F, Jin Z, et al. Dimension measurement of hot large forgings with a novel time-of-flight system[J]. The International Journal of Advanced Manufacturing Technology, 2009, 44(1/2): 125-132.

[6] Mejia-Parra D, Sánchez J R, Ruiz-Salguero O, et al. In-line dimensional inspection of warm-die forged revolution workpieces using 3D mesh reconstruction[J]. Applied Sciences, 2019, 9(6): 1069.

[7] Gupta S, Ray A, Keller E. Online fatigue damage monitoring by ultrasonic measurements: A symbolic dynamics approach[J]. International Journal of Fatigue, 2007, 29(6): 1100-1114.

[8] Chen W, Wu D, Wang X, et al. A self-frequency-conversion eddy current testing method[J]. Measurement, 2022, 195: 111129.

[9] Behrens B A, Hüebner S, Wöelki K. Acoustic emission-A promising and challenging technique for process monitoring in sheet metal forming[J]. Journal of Manufacturing Processes, 2017, 29: 281-288.

[10] Behrens B A, Bouguecha A, Buse C, et al. Potentials of in situ monitoring of aluminum alloy forging by acoustic emission[J]. Archives of Civil and Mechanical Engineering, 2016, 16(4): 724-733.

[11] 刘强. 智能制造理论体系架构研究[J]. 中国机械工程, 2020, 31(1): 24-36.

[12] 彭宇升, 孙勇, 凌云汉. 航空锻造单元数字孪生系统构建及应用[J]. 锻压技术, 2022, 47(4): 51-61.

[13] 刘大同, 郭凯, 王本宽, 等. 数字孪生技术综述与展望[J]. 仪器仪表学报, 2018, 39(11): 1-10.

[14] Babu K V, Narayanan R G, Kumar G S. An expert system for predicting the deep drawing behavior of tailor welded blanks[J]. Expert Systems with Applications, 2010, 37(12): 7802-7812.

[15] Haghighat E, Abouali S, Vaziri R. Constitutive model characterization and discovery using physics-informed

deep learning[J]. Engineering Applications of Artificial Intelligence: The International Journal of Intelligent Real-Time Automation, 2023, 120: 105828.

[16] Montes de Oca Zapiain D, Stewart J A, Dingreville R. Accelerating phase-field-based microstructure evolution predictions via surrogate models trained by machine learning methods[J]. npj Computational Materials, 2021, (1): 9-19.

[17] Fan B, Lu X, Huang M. A novel LS-SVM control for unknown nonlinear systems with application to complex forging process[J]. Journal of Central South University, 2017, 24(11): 2524-2531.

[18] Lin Y, Chen D, Chen M, et al. A precise BP neural network-based online model predictive control strategy for die forging hydraulic press machine[J]. Neural Computing and Applications, 2018, 29(9): 585-596.

[19] Zhang D, Gao Z, Lin Z. An online control approach for forging machine using reinforcement learning and taboo search[J]. IEEE Access, 2020, 8: 158666-158678.

[20] Yi D, Li D, Cheng Q, et al. Construction of intelligent control platform for forging production line based on cyber-physical system[C]// Proceedings of 2021 4th World Conference on Mechanical Engineering and Intelligent Manufacturing (WCMEIM). IEEE, 2021: 101-104.

[21] 王新云, 金俊松, 李建军, 等. 智能锻造技术及其产业化发展战略研究[J]. 锻压技术, 2018, 43(7):112-120.

[22] 邓盛彪. 基于机器学习的锻造过程数据分析方法的研究[D]. 机械科学研究总院, 2019.

[23] Glaeser A, Selvaraj V, Lee K, et al. Remote machine mode detection in cold forging using vibration signal[J]. Procedia Manufacturing, 2020, 48:908-914.

[24] Saravanan N, Cholairajan S, Ramachandran K I. Vibration-based fault diagnosis of spur bevel gear box using fuzzy technique[J]. Expert Systems with Applications, 2009, 36(2):3119-3135.

[25] Niemietz P, Pennekamp J, Kunze I, et al. Stamping Process Modelling in an Internet of Production[J]. Procedia Manufacturing, 2020, 49:61-68.

[26] Sakamoto S, Katayama T, Yokogawa R, et al. Construction of PC-based intelligent CAD system for cold forging process design - integration of CAD system and development of input method[J]. Journal of Materials Processing Technology, 2001, 119(1/3): 58-64.

[27] Cao C, Li M, Li Y, et al. Intelligent fault diagnosis of hot die forging press based on binary decision diagram and fault tree analysis[J]. Procedia Manufacturing, 2018, 15: 459-466.

[28] Zhang H, Li L, Cai W, et al. An integrated energy efficiency evaluation method for forging workshop based on IoT and data-driven[J]. Journal of Manufacturing Systems, 2022, 65: 510-527.

[29] 刘胜, 吴迪, 李芃. 机床主轴承多源信息融合故障诊断[J]. 航天制造技术, 2018, (2):57-62.

[30] 赵升吨, 张鹏, 范淑琴, 等. 智能锻压设备及其实施途径的探讨[J]. 锻压技术, 2018, 43(7):32-48.

[31] Yu H, Tang J, Tang Y. Research on 800 MN hydraulic press monitoring system[J]. Materials Research Innovations, 2015, 19(S6): S6.181-S6.183.

[32] 李红, 李庆祥, 张浩. 高能螺旋压力机新型控制系统研究[J]. 锻压技术, 2013, 38(2):98-100.

[33] 林峰, 张磊, 孙富, 等. 多向模锻制造技术及其装备研制[J]. 机械工程学报, 2012, 48(18):13-20.

[34] 任运来, 牛龙江, 曹峰华, 等. 多向模锻工艺与设备的发展[J]. 上海电机学院学报, 2014, 17(3):125-131.

[35] 喻兴娟, 陈文勋, 冯会来. 国内外多向模锻工艺及设备的发展现状[J]. 锻造与冲压, 2015, (9):28+30+32.

[36] 李瑞霞, 熊晓红, 冯仪. 电动螺旋压力机自动锻造生产线的研究与应用[J]. 锻压装备与制造技术, 2011, (4):16-19.

[37] 张元良, 郭斌, 张华德, 等. EPC-8000型电动螺旋压力机的性能及应用研究[J]. 世界制造技术与装备市场, 2012(6):91-96.

[38] 曾琦. 曲轴智能锻造系统及锻件质量控制研究[D]. 北京: 北京科技大学, 2018.

[39] 唐士东, 赵有玲, 刘龙传, 等. 智能传感器在汽车模具上的应用[J]. 锻造与冲压, 2020, (10):34-37.

[40] 白鹭. 铝合金锻造机器人夹持器的设计研发[D]. 北京: 机械科学研究总院, 2016.

[41] 李佳. 热加工零件搬运机器人系统的关键技术研究[D]. 济南: 济南大学, 2016.

[42] 曾琦, 蒋鹏, 任学平, 等. 曲轴智能锻造系统集成[J]. 锻压技术, 2017, 42(4):138-142.

[43] 谢子锋, 陈荣标, 张传龙, 等. 基于工业机器人的热模锻连杆锻造自动化生产系统研究[J]. 现代制造技术

与装备, 2020, (4):184-187.

[44] 汤世松, 仲太生, 项余建, 等. 热模锻压力机生产线控制系统的设计 [J]. 锻压装备与制造技术, 2016, 51(2):44-47.

[45] 徐文臣, 徐佳炜, 卞绍顺, 等. 智能锻造系统的研究现状及发展趋势 [J]. 精密成形工程, 2020, 12(6): 1-8.

[46] 张文博. 面向工业生产线的多机器人协作系统的研究 [D]. 杭州: 浙江大学, 2019.

[47] 王宏斌. 轮毂轴承内圈自动化锻造生产线设计及时序规划 [D]. 武汉: 华中科技大学, 2020.

[48] Dindorf R, Takosoglu J, Wos P. Intelligent real-time control system for forging process control[J]. Advances in Hydraulic and Pueumatic Drives and Control 2020, 2021: 149-158.

[49] Lei Y, Peng Y, Ruan X. Applying case-based reasoning to cold forging process planning[J]. Journal of Materials Processing Technology, 2001, 112(1): 12-16.

[50] 曹志勇. 建模与优化中的特征变量降维与元模型技术研究 [D]. 武汉: 华中科技大学, 2017.

[51] 吴彦骏. 多工位高速锻造工艺智能集成优化技术研究 [D]. 上海: 上海交通大学, 2009.

[52] Gruber F E. Industry 4. 0: A best practice project of the automotive industry[C]//Proceedings of the IFIP International Conference on Digital Product and Process Development Systems. Springer, Berlin, Heidelberg, 2013: 36-40.

高端新材料智能制造与应用

Intelligent Manufacturing and
Applications of
Advanced Materials

第5章　高端新材料智能增材制造与应用

　　增材制造技术的快速发展和应用，突破了传统制造技术对结构尺寸和复杂程度的限制，为高端装备大型关键金属构件加工制造提供了一种变革性的技术方法。其独特的小熔池非平衡凝固条件，也为设计制造新一代高性能复杂超常合金材料提供了可能。增材制造技术与大数据、人工智能等新一代信息技术和智能技术的多学科交叉融合，可以实现新型高性能金属的智能增材制造，发展出一系列颠覆性的结构功能一体化、多功能化、高性能化的金属构件。预期智能增材制造将成为金属构件热加工领域的研究前沿和世界高端制造技术的竞争前沿。

5.1 智能增材制造技术体系

5.1.1 智能增材制造的必要性

增材制造（additive manufacturing，AM）俗称3D打印技术，是指基于离散-堆积的核心思想，以粉末、丝材等为原材料，以黏结、烧结、光固化、熔化等为手段，由计算机控制，按照三维数字模型进行材料的逐层添加堆积，直接由三维模型一步完成三维实体构件的数字化、无模、快速生长制造。近年来，增材制造在国际上受到广泛、高度关注，其被誉为是引领第三次工业革命的关键要素之一。2013年麦肯锡发布的"展望2025"将增材制造纳入决定未来经济的12大颠覆技术。同时，增材制造带动了新材料、精密控制、激光、电子束、CAD、CAE、CAM等技术蓬勃发展，具有巨大的产业溢出效应。目前，增材制造的研究主要分为三大分支方向：非金属模型及零件增材制造、生物组织及器官增材制造和金属增材制造。其中，高性能金属零件激光增材制造被公认为是最前沿、技术难度最大的先进制造技术，是对一个国家制造业水平，尤其是对航空航天等先进国防重大装备制造水平具有显著影响的关键技术。

金属增材制造技术采用高能束源（激光、电弧、电子束等）对金属粉末或丝材等原材料进行逐点-逐线-逐层熔化/凝固堆积，在计算机程序控制下直接从零件数字模型一步完成全致密、高性能金属结构件的直接近净成形制造。金属增材制造技术根据原材料的种类和输送方式以及高能束热源的种类，可以分为两大类5小类，如图5-1所示。第一大类是粉床选区熔化增材制造技术，包括选区激光熔化技术和选区电子束熔化技术。第二大类是定向能量沉积技术，根据高能束源类型分为3小类，即激光定向能量沉积技术、电弧定向能量沉积技术、电子束定向能量沉积技术。金属增材制造技术是一种将高性能材料制备与复杂金属零件近净成形有机融为一体的先进制造技术，突破了传统制造技术对结构尺寸和复杂程度的限制，为高性能难加工金属构件的短周期低成本制造提供了有效途径。此外，其小熔池非平衡快速凝固条件也使得构件具有细小均匀的显微组织和优异的力学性能[1-3]。

金属增材制造技术自1992年出现以来已发展30多年，一直受到各国政府、工业界和学术界的高度关注，国内外相关机构和学者在基础理论研究、成套装备系统和工程应用等方面均取得了很多关键技术的突破和令人瞩目的成果。目前，越来越多的增材制造金属构件在航空航天等领域获得工程应用（图5-2），由粉床增材制造和定向能量沉积等

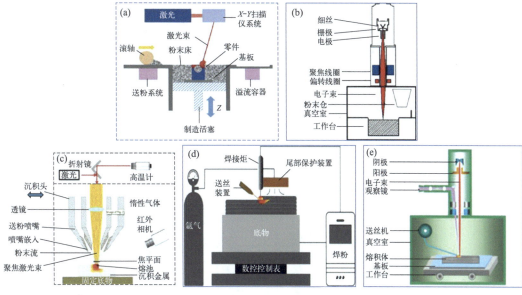

图5-1 各类增材制造技术原理示意图

（a）选区激光熔化；（b）选区电子束熔化；（c）激光定向能量沉积；（d）电弧定向能量沉积；（e）电子束定向能量沉积

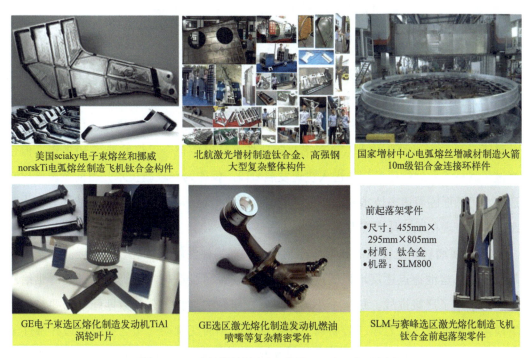

图5-2 国内外增材制造金属构件工程应用典型案例

各种金属增材制造技术生产的钛合金、高温合金、铝合金、镁合金等高性能难加工合金材料已获得工程应用。

金属增材制造技术已经成为航空航天、石油化工、核电装备、深海装备、生物医疗等领域高端装备先进制造不可或缺的关键技术之一。在经济层面，根据Smartech等9家机构估计，2020年全球3D打印市场达到了126亿美元，比2019年同比增长21%。在后来的三年中，3D打印市场平均同比增长17%，到2026年将达到372亿美元。2020年，我国3D打印产业规模突破200亿元，达到208亿元，且增加速度略快于全球整体增速，使我国3D产业占全球的比重不断增加（图5-3）。

图5-3　我国增材制造市场发展趋势

铸造和锻造等传统制造技术，从诞生至今已发展了几百年，经历了手工生产、机械化生产、自动化生产和智能化生产阶段，每个阶段的发展都要经历几十年甚至数百年。金属增材制造技术由于"本性"，其出现时就是一种将数字化、绿色化、自动化和智能化集于一身的先进制造技术。金属增材制造技术从诞生至今仅仅发展了30多年，但已渡过了其技术发展的瓶颈期，进入快速发展阶段。但作为一项新技术，目前金属增材制造技术仍然面临着诸多技术难题需要突破，距离我们理想中的智能增材制造还有很大差距，主要表现在以下几个方面。

① 金属增材制造技术的成形性控制难度大，构件性能一致性难以保证。金属增材制造技术小熔池逐点逐层堆积的成形工艺特点变革了制造技术的高柔性，同时也给质量控制带来了严峻挑战。每一个小熔池单元在复杂的外在工艺参数匹配下都要经历多场耦合（温度场、应力场、溶质场、应变场等）和时变扰动（工艺参数和边界条件），因此必须控制好构件的所有熔池单元才能够保证其内在组织-缺陷-性能与外在形状-尺寸-表面的形性质量控制。目前主要是依靠后续检测的试错法来确定构件形性控制水平和性能一致性，这也给后处理检测技术带来了严峻挑战。如何获得良好的成形工艺参数匹配、如何确保对每个小熔池单元的实时监控和稳定控制是解决这一挑战的关键。

② 金属增材制造批量生产效率低、成本高。成本是制约增材制造技术大规模推广的关键因素之一，这也是金属增材制造技术在航空航天和生物医疗等高附加值领域首先获得应用，而在汽车等领域应用较少的原因。此外，目前增材制造技术更多地应用在小批量生产中以及一些传统制造技术无法制造的大型化、复杂化和点阵结构构件的生产中，大批量生产的零部件能够采用传统铸造、锻造、机加等工艺制造的，增材制造技术就会被替代，所以降低成本势在必行。降低原材料成本、降低设备折旧费用、提高设备的成形效率和成形能力、提高性能质量一致性都是发展的方向。

③ 金属增材制造结构设计-增材工艺-后处理全流程一体化缺乏。目前，增材制造金属构件的各个环节均与数字化相关，但各流程相互割裂，往往是按照传统方法设计的零件数字模型，在增材制造部分考虑材料体系能否成形三维数字模型，最后才考虑如何进行加工和检测等后处理，中间迭代过程异常烦琐。金属增材制造结构设计-增材工艺-后处理全流程一体化缺乏，也是导致制备构件形性控制难度大和成本高的重要原因。

④ 适用金属增材制造的材料体系和材料性能数据库非常少。目前，金属增材制造应用的合金材料均是直接面向传统铸造和锻造研发的成熟合金体系，合金的化学成分和物性参数并不一定适合金属增材制造工艺。有报道，在当前超过5500种合金材料中，绝大多数金属材料无法用于金属增材制造，只有极少数合金材料（可焊性好）能够可靠用于金属增材制造。某个合金成分能否用于增材制造需要经过大量的试验验证。因此，需要针对金属增材制造的工艺特点和冶金特点，开发出增材制造专用的材料体系，同时，形成增材制造专用的材料性能数据库并提供给结构设计者参考，以推动增材制造全流程数字化。

因此，智能增材制造技术的发展，对于解决增材制造中出现的形性控制难度大、效率低而成本高、全流程一体化缺乏及材料体系和材料性能数据库匮乏几大难题是必要的，也是必然的。

5.1.2　智能增材制造概要与技术体系

金属增材制造技术以三维数字模型为基础，用金属原材料通过分层制造、逐层叠加的方式制造三维实体。该技术是一种集先进制造、自动化制造、数字制造、智能制造、绿色制造于一身的变革性新技术。随着21世纪人工智能和大数据技术的快速发展和成熟，人工智能技术和材料与制造技术相结合形成的交叉学科表现出无限的发展潜力，人工智能赋予了传统制造业更强的生命力，正在将传统制造技术逐步带入智能制造技术时代。而增材制造技术作为典型的数字化制造技术，与人工智能的交叉融合更直接、更深入。金属增材制造中最终构件的形性控制水平、质量一致性和制造成本等工程应用关键指标的影响因素太多，面对巨大的复杂性问题，通过传统的人类经验和试验技术来解决不仅耗时费力，而且很难找出最优解决方案，无法激发增材制造技术的最大优势。同时，增材制造在原材料、模型设计、制造方案、生产过程和后处理的整个工作流程中蕴含着海量的数据，这些数据恰好为人工智能提供了应用输入。人工智能与增材制造交叉融合的智能增材制造注定将成为智能制造的核心技术之一，将成为"工业4.0"时代的代表，推动智能制造示范工厂的建立和智能制造标准体系的完善。

我国在2021年发布的《中华人民共和国国民经济和社会发展第十四个五年规划和2035年远景目标纲要》中明确提出要发展增材制造，而且是在"专栏4 制造业核心竞争力提升"的"03　智能制造与机器人技术"条目中（图5-4）。2022年2月18日，*Chinese Journal of Mechanical Engineering*：*Additive Manufacturing Frontiers*的首篇论文*Roadmap for Additive Manufacturing*：*Toward Intellectualization and Industrialization*（《增材制造路线图：迈向智能化和工业化》）在ScienceDirect上发表。14位中国增材制造专家在文中对增材制造的设计方法、材料、工艺和设备、智能结构、生物结构以及在极端规模和环境中的应用进行了全面的综述，旨在描述未来5～10年的技术研究路线图。文中提出：在过去的30年里，随着增材制造技术的快速发展，增材制造在工业上已经从原型制造向先进的功能部件制造转变。因此，工艺和设备的智能化和产业

专栏4　制造业核心竞争力提升
01　高端新材料 推动高端稀土功能材料、高品质特殊钢材、高性能合金、高温合金、高纯稀有金属材料、高性能陶瓷、电子玻璃等先进金属和无机非金属材料取得突破，加强碳纤维、芳纶等高性能纤维及其复合材料、生物基和生物医用材料研发应用，加快茂金属聚乙烯等高性能树脂和集成电路用光刻胶等电子高纯材料关键技术突破。
02　重大技术装备 推进CR450高速度等级中国标准动车组、谱系化中国标准地铁列车、高端机床装备、先进工程机械、核电机组关键部件、邮轮、大型LNG船舶和深海油气生产平台等研发应用，推动C919大型客机示范运营和ARJ21支线客机系列化发展。
03　智能制造与机器人技术 重点研制分散式控制系统、可编程逻辑控制器、数据采集和视频监控系统等工业控制装备，突破先进控制器、高精度伺服驱动系统、高性能减速器等智能机器人关键技术。发展增材制造。

图5-4 国家规划提出发展智能制造和增材制造

化可能成为制约增材制造技术未来广泛应用于工业的瓶颈。通过建立增材制造的过程模型，利用过程数据库和大数据分析技术自动校正相应的参数，将是增材制造关键的发展方向之一。

智能增材制造技术一方面是利用人工智能技术来解决当前增材制造技术工程应用的瓶颈难题，例如建立适合增材制造的高效能结构模型及更优的制造策略，通过制造过程智能化质量控制实现更好的形性控制和性能一致性，通过仿真模拟和机器学习等技术实现快速找到最优方案从而降低成本和缩短周期等；另一方面就是利用人工智能技术进一步激发出增材制造的潜力，获得当前增材制造技术无法获得的创新成果。

实现智能增材制造的核心支撑是一系列关键共性技术，具体包括创新结构设计、专用高端新材料研发、仿真模拟、在线监控与反馈、机器学习与大数据、高通量制备、智能检测与评价等技术，这些共性技术贯穿于智能增材制造的全流程中，支撑了智能增材制造最终目标的实现。智能增材制造的实现平台是核心软件及成套装备，智能增材制造的核心软件主要包括结构设计软件、制造策略软件、在线监控软件等，而成套设备主要是增材制造设备本身。智能增材制造共性技术、核心软件与成套设备共同构成了智能增材制造技术体系的核心要素（图5-5），下文将重点展开描述。

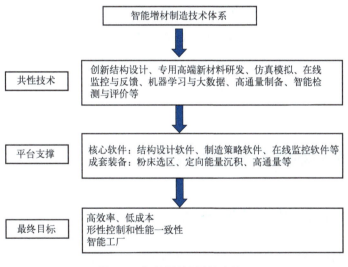

图5-5　智能增材制造技术体系

在制造流程上，智能增材制造技术包括智能化材料研发、智能化结构设计、智能化制造策略、智能化质量控制、智能化检测与评价等。根据国内3D打印调研公司3D科学谷的相关报道，可以将智能增材制造简单分为前处理、过程中和后处理三大部分（图5-6）。前处理包括结构设计与原材料开发；过程中主要包括智能化制造策略、智能化质量控制；后处理包括智能化检测与评价等。

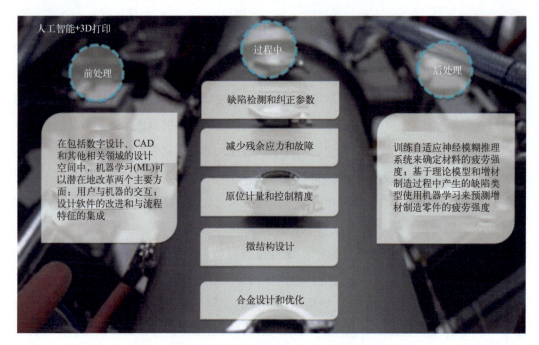

图5-6　智能增材制造全流程工艺过程

面向未来，增材制造技术将进一步向智能化和产业化发展。增材制造是一个极其复杂的系统，涉及多因素、多层次和多尺度，耦合材料、结构、各种物理和化学场。有必要结合大数据和人工智能对这个极其复杂的系统进行研究，实现增材制造多功能集成优化设计原理和方法的突破。具有自采集、自建模、自诊断、自学习、自决策能力的智能增材制造设备是未来增材制造技术大规模应用的重要基础。

5.2　智能增材制造共性关键技术

5.2.1　面向增材制造的结构设计技术

传统结构设计已经发展多年，设计者会根据经验优先考虑采用铸造、锻造、焊接等传统制造技术，是制造性优先的结构设计方法，这极大地限制了构件的性能。金属增材制造技术具有的逐层二维熔化堆积实现了任意高性能复杂三维结构的制造，突破了传统制造技术对结构尺寸和复杂程度的限制，为高性能轻量化结构设计和制造提供了变革性技术途径。面向增材制造的结构设计是一种功能性优先的最优化设计方法，尽可能考虑构件性能的最大化进行结构设计，而暂时不考虑制造的约束。在此期间，发展最快的就是以大型/复杂整体化、拓扑优化和点阵晶格化为代表的面向增材制造的轻量化结构设计方法，如图5-7所示。

　　大型整体化　　　　　　　复杂整体化　　　　　　　拓扑优化　　　　　　　点阵晶格化

图5-7　面向增材制造的轻量化结构设计方法

　　大批量的增材制造的高性能轻量化构件在航空航天领域获得了工程应用。例如美国GE公司的航空发动机燃油喷嘴，是第一种批量生产的由选择性激光熔化（selective laser melting，SLM）技术制造的零件。燃油喷嘴是一个复杂精密的整体件，原来的20个部件变成一个零件被制造出来，零件内部有大量的复杂精细流道，这是采用传统制造技术根本无法实现的。新喷嘴重量比上一代轻25%，耐用度是上一代的5倍，成本效益比上一代高30%。到2020年，已有10万个采用SLM技术生产的燃油喷嘴装载在LEAP发动机里，为波音737MAX和空客A320NEO提供了动力支撑。我国北京航空航天大学和相关飞机设计和制造单位进行产学研合作，开展了多种钛合金构件的面向增材制造的拓扑优化结构设计研究，并采用激光定向能量沉积增材制造技术制备，已经实现了批量生产并交付应用，研究成果为满足大型飞机的减重轻量化需求提供了重要支撑。同时，项目团队研制的投影面积达到16m²的大型整体钛合金框构件是世界上最大的钛合金主承力结构件。图5-8所示为我国某大型飞机面向增材制造的轻量化拓扑优化结构。

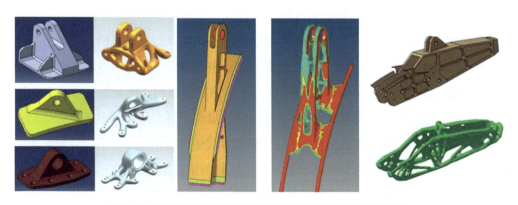

图5-8　我国某大型飞机面向增材制造的轻量化拓扑优化结构

　　事实上，以上的面向增材制造的轻量化结构设计仍未到智能化的范畴，设计者更多的只是将思路从制造性优先转变为功能性优化，使用的设计软件仍然是传统的CAD等软件，设计者完成结构设计以后还需要向增材制造技术人员确认该结构能否实现打印，这一过程可能会反复迭代多次，最终不仅导致设计周期较长，更主要的是结构设计和增材制造工艺的相互约束导致得到的并非是最优解。

近几年，有学者提出了面向增材制造的结构设计（design for additive manufacturing，DFAM），简单理解就是在产品设计制造之初同时考虑到设计、增材制造工艺、增材制造产品认证方法、增材制造生产模式与产能等众多因素。这一过程应该是智能化的，包括从产品功能需求出发的正向设计、从产品性能改进出发的增材制造再设计、从增材制造工艺约束出发的制造优化设计等。正向设计是增材制造带来的最具"破坏力"的革新。它让设计师争脱了传统制造手段的束缚，能真正从产品的功能需求出发，设计出功能最优、材料最省、效率最高的结构形式，颠覆传统的设计思维。正向设计所提供的架构性创新彻底释放了增材制造的价值，增材制造打通了正向设计中的传统瓶颈。在正向设计体系中，架构的创新和优化是首要工作，然后再结合创成式设计和多尺度仿真，对结构形式进行详细设计和仿真。创成式设计方法可以发挥算法和人工智能的长处，不需要人做过多干预，只需要提供必要的设计限制，其余的工作交给算法来完成。显然，创成式设计方法不同于传统设计方法，使用的软件也不是传统的CAD软件，而是使用集增材制造原材料库、增材制造策略规划、仿真模拟验证等于一体的专业软件（下文详述），设计者在进行结构设计的同时就能够知道该结构的增材制造方案，同时可以仿真模拟验证增材制造过程，基本上做到只要前期结构设计完成，零件也能够确保制造完成。目前，基于相关专业软件和增材制造技术的发展，DFAM技术正逐渐开始应用。图5-9所示为增材制造结构设计方法。

此外，材料-结构-功能一体化结构设计也是未来智能增材制造发展的重要方向，结构设计者不再只设计单一功能的构件，而是设计完整的集成构件。如图5-10所示为面向增材制造的材料-结构-功能一体化集成构件设计与制造方法案例。例如南京航空航天大学顾冬冬教授团队在 Science 上发表的文章中报道，火星返回舱的大底框结构是一个集承载、隔热、防冲击等多功能需求为一体的整体结构。作者提出了两个设计方案：一是"适宜材料打印至适宜位置"，从合金和复合材料内部多相布局、二维和三维梯度多材料布局、材料与器件空间布局3个复杂度层级，揭示了多材料构件激光增材制造的科学内涵、成形机制与实现途径；二是"独特结构打印创成独特功能"，揭示了拓扑优化结构、点阵结构、仿生结构增材制造的本质分别是将优化设计的材料及孔隙、最少的材料、天然优化结构打印至构件内最合适的位置，提出了基于上述三类典型结构创新设计及增材制造实现轻量化、承载、减振吸能、隔热防热等多功能化的原理、方法、挑战及对策[4]。

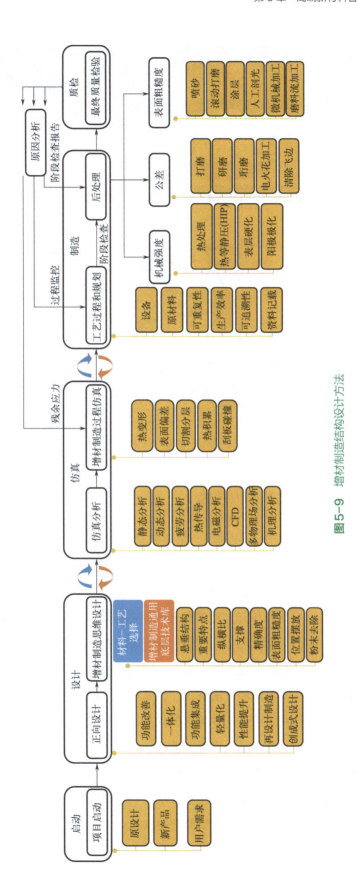

图5-9　增材制造结构设计方法

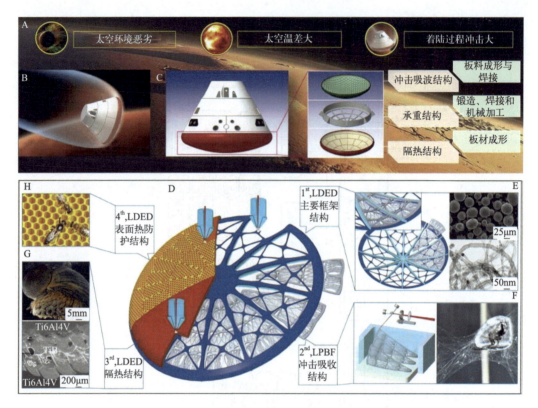

图5-10　面向增材制造的材料-结构-功能一体化集成构件设计与制造方法案例

5.2.2　高精度多尺度仿真模拟技术

　　金属增材制造过程是一个涉及物理、化学和材料冶金等的复杂的过程，跨越微观到宏观多尺度范畴，每一个小熔池单元在复杂的外在工艺参数匹配下都要经历多场耦合（温度场、应力场、溶质场、应变场等）和时变扰动（工艺参数和边界条件等），因此必须控制好构件的所有熔池单元才能够保证对其内在组织-缺陷-性能与外在形状-尺寸-表面的形性质量控制。单纯地依靠试验手段来获得工艺参数，以及寻找增材制造构件形性特征演变的规律来获得优化方案，研发周期和成本都将不可估计，并且很多增材制造过程的科学难题无法采用试验方法解决。仿真数值模拟技术是理解金属增材制造过程中发生的复杂物理过程并为工艺条件优化提供指导的有力工具，仿真数值模拟技术可以针对实验技术存在的稳定性不足、可重复性差、分辨率受限、可观测区域限制及设备成本昂贵等问题，帮助人们理解和分析增材制造过程中材料物理状态的变化，指导工艺优化，实现增材制造智能化工艺优化。伴随着增材制造技术，面向增材制造的仿真数值模拟技术也获得了快速发展，成为支撑智能增材制造的关键技术。

　　金属增材制造过程仿真数值模拟覆盖了宏观、介观、微观多尺度范畴，包括宏观尺度下的构件温度场和内应力，介观尺度下的激光粉末交互作用和熔池行为，微观尺度下的熔池凝固相变过程以及跨尺度涉及的多个物理性能。图 5-11 所示为金属增材制造仿真数值模拟时空尺度。

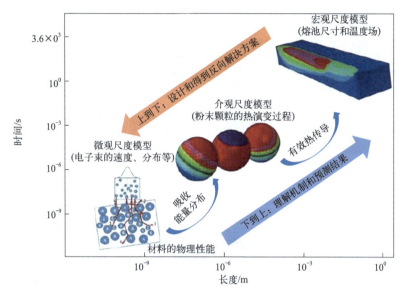

图 5-11　金属增材制造仿真数值模拟时空尺度

从具体内容上看，仿真数值模拟重点关注增材制造工艺参数对增材制造构件形（尺寸与表面质量）、性（内部缺陷、组织和性能）控制产生影响的规律，从而指导优化增材制造工艺参数。从作用效果上看，金属增材制造仿真数值模拟主要有两个方面的作用，一是揭示试验手段无法证明的金属增材制造基础科学机理，二是简化代替试验，以更短的周期、更低的成本获得成形工艺参数对构件产生影响的规律。金属增材制造仿真数值模拟利用的软件工具主要是通用软件，例如在宏观尺度上采用 ANSYS、ABAQUS 等有限元模拟软件，微观尺度上主要采用相场法、元胞自动机法和蒙特卡洛法等。目前也有商业公司专门为增材制造仿真数值模拟开发专业软件，但整体来说相对较少[5-6]。图 5-12 所示为金属增材制造仿真数值模拟宏微观多尺度主要内容。

在宏观尺度上，金属增材制造成形构件的变形、开裂和内应力演化的控制是最需要关注的问题，是决定增材制造成形方案的关键因素，尤其对于大型复杂整体构件的增材制造而言，无法通过试验去验证哪一种增材制造成形方案的优劣，仿真数值模拟是目前唯一行之有效的方法。在此之前，研究者只能采用试错法进行，一旦方案出错，带来的结果就是零件报废。研究者通过简单的试验件建立金属增材制造过程温度场和内应力演化的模型，进而对增材制造的实际构件应用该模型研究增材制造成形过程中的变形和内应力演化规律（图 5-13、图 5-14）。仿真数值模拟有助于我们选择一种在增材制造过程中

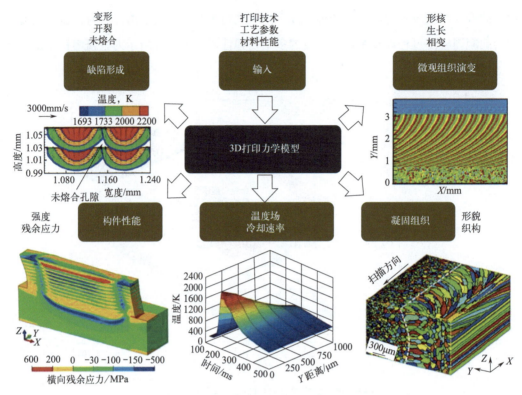

图5-12 金属增材制造仿真数值模拟宏微观多尺度主要内容

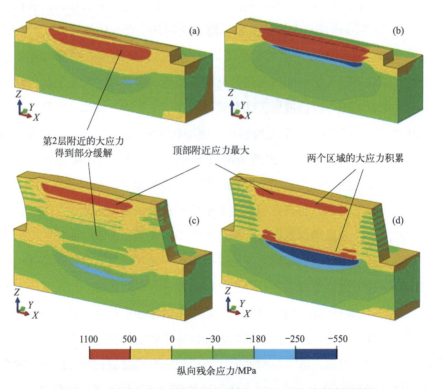

图5-13 增材制造金属试验件成形过程内应力演化仿真数值模拟

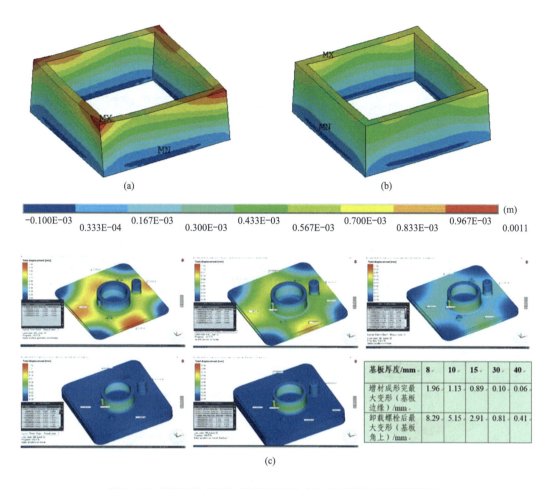

基板厚度/mm	8	10	15	30	40
增材成形完最大变形（基板边缘）/mm	1.96	1.13	0.89	0.10	0.06
卸载螺栓后最大变形（基板角上）/mm	8.29	5.15	2.91	0.81	0.41

(c)

图 5-14　增材制造金属构件不同成形方案的变形量仿真数值模拟结果

内应力最小的成形方案，也可以帮助我们判定某种成形方案最大内应力的形成位置和形成时间，从而有针对性地更改成形方案，例如工装夹具等。此外，增材制造逐层搭接过程在层与层之间、道与道之间容易形成未融合缺陷，采用仿真数值模拟技术可以快速筛选出容易产生冶金缺陷的成形方案[7-11]（图5-15）。

　　在介观尺度上，金属增材制造原材料球形粉末的质量对成形构件的质量有重要影响，除了粉末的化学成分、粒度分布等特征外，球形粉末的空心粉一直是造成成形构件的气孔缺陷的重要因素之一。我国上海交通大学特种材料研究所增材制造团队使用ANSYS-FLUENT流体仿真软件中的多相流模型（VOF）和离散相颗粒模型（DPM），基于耦合的方式对气雾化工艺进行全过程模拟，分析了金属熔体的剪切、初次破碎、二次破碎、冷却凝固等过程，解释了气雾化制粉工艺过程中空心粉、卫星粉以及异形粉的形成机理，证明了空心粉通常形成于初次破碎和二次破碎阶段，并基于此提出了相应的气雾化工艺及装备优化策略，例如合理使用二级雾化喷嘴，合理布置喷嘴位置，以及控制气体温度等。如图5-16所示为金属粉末气雾化过程仿真数值模拟揭示了空心粉形成

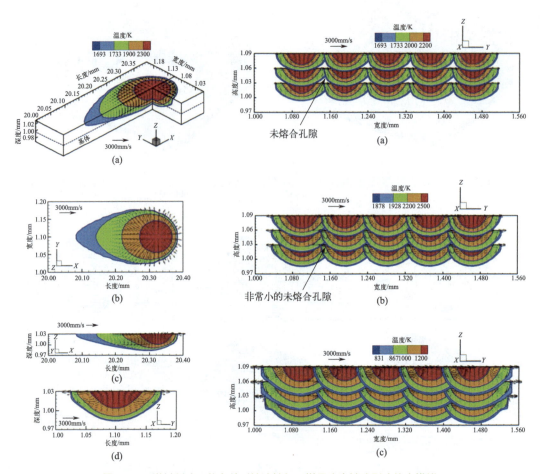

图5-15　增材制造工艺参数对熔池特征和样品冶金缺陷影响仿真模拟

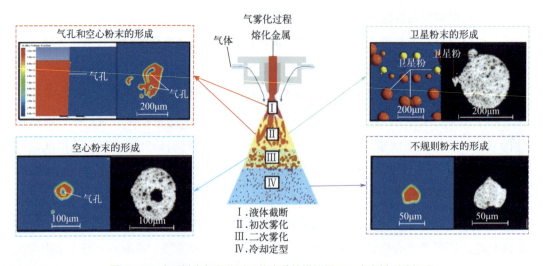

图5-16　金属粉末气雾化过程仿真数值模拟揭示了空心粉形成机理

机理。金属增材制造工件的孔隙率是一种缺陷，它直接降低了极限强度，同时也是零件发生疲劳断裂的重要原因之一。在增材制造过程中，气孔缺陷的形成也是一个非常复杂的物理冶金过程，迄今为止学者尚未完全掌握气孔缺陷形成机理和调控方法。有学者通过仿真数值模拟，采用多物理场热流体流动模型，传热、熔池流、马兰戈尼效应、金属蒸发反冲压力、达西定律和激光光线追踪等手段，模拟了小孔波动和小孔形成过程。根据 X 射线成像结果验证了瞬间气泡形成和凝固前沿的模拟结果，分析了激光扫描速度增加对小孔深度波动、吸收能量分布、孔径大小、熔池流量和力的变化趋势的影响，以解释其机理。此外，还探索了通过模拟近真空环境压力下的熔池流动来减少甚至消除小孔的方法[6, 12]。图 5-17 所示为金属增材制造过程熔池对流和气孔形成机理仿真数值模拟。

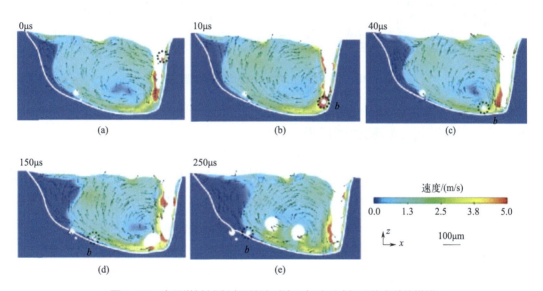

图 5-17　金属增材制造过程熔池对流和气孔形成机理仿真数值模拟

在微观尺度上，金属增材制造成形构件的组织和力学性能是决定其能否工程应用的关键因素，了解显微组织演化的机制并通过调整工艺参数来定制显微组织以获得所需的性能是非常重要的。仿真数值模拟有助于人们掌握增材制造成形工艺参数对成形构件凝固组织的影响的规律。随着计算能力的发展，仿真数值模拟已成为了解潜在机制和探索过程以实现增材制造中显微组织控制的有力工具，从而实现增材制造金属构件的精准控形控性。从单一熔池的凝固组织模拟到三维构件的凝固组织模拟，可以快速地建立增材制造工艺参数与凝固组织的关系，从而确定优化的成形方案。图 5-18 所示为增材制造金属构件凝固组织仿真数值模拟。

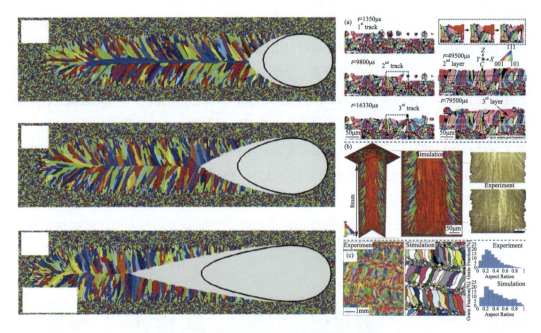

图5-18   增材制造金属构件凝固组织仿真数值模拟

5.2.3   在线监测与智能反馈技术

金属增材制造过程是复杂的化学、物理和材料冶金过程，其逐点-逐层的成形工艺决定了成形构件的质量可靠性和可重复性控制难度极大。在控形方面，成形过程的温度场会直接影响到零件的内应力分布以及收缩变形行为，进而对零件的外形尺寸造成巨大影响，甚至产生翘曲变形、开裂、尺寸异常等宏观缺陷，导致零件报废；在控性方面，成形过程的冶金过程可能导致微裂纹、气孔、局部未熔合和夹杂等微观缺陷或内部冶金缺陷，导致成形零件的力学性能显著降低。现有的解决方法是通过基础研究掌握宏微观缺陷的形成机理，优化成形工艺参数来避免这些问题的产生，并在成形完成后通过各种无损检测手段进行验证。生产后检测属于后验式质量保证手段，缺乏对增材制造过程的实时检测和工艺反馈控制，无法解决工艺稳定性的问题，而且受结构形式和无损检测方法本身的限制，零件上还会有许多检测盲区，并且生产后检测出问题的零件一般已经报废，无法补救。

事实上，在金属增材制造过程中，可能会因为某些瞬间的物理变化导致成形的构件某个位置出现异常，例如定向能量沉积成形过程中可能出现熔池温度突然过高、熔池尺寸突然变大甚至坍塌、成形高度变大/变小导致粉末汇聚变化，粉床选区熔化增材制造中出现粉末球形、铺粉不均、变形开裂、表面不平、熔池搭接不良等现象，这些异常现象一般会导致构件某个位置形成冶金缺陷或者组织性能不均等质量问题，更严重的会导致无法继续连续正常成形而需要暂停设备处理。在线监测与智能反馈技术可实现增材制造成形过程的实时在线监测和闭环控制反馈,全程记录成形过程中的状态参数,发现异常问题能够通过人工智能自行判定,再通过闭环控制系统实现实时工艺参数优化调控来保证打印质量和打印连续性,从而代替人工处理,最终显著提高增材制造构件的形性控制水平和质量一致性,实现智能增材制造。图 5-19 所示为增材制造应用的传感器及监测技术的分类。

图5-19　增材制造应用的传感器及监测技术的分类

　　国内外学者近年来一直把在线监测和智能闭环反馈技术作为研究热点,首先要做到实时在线监测,即通过安装在设备上的合适的传感器,例如高速摄像机、红外热成像仪、光电二极管等,实时监测并捕获增材制造过程中的各种声信号、光信号、热信号等物理化学信息,例如熔池温度场和几何尺寸、成形区的表面形貌和轮廓、液态熔池的反射信号等。随后,通过各种方法对采集的数据进行处理分析,结合先进的机器学习、人工智能、大数据等技术,获得有用的信息,并与预设值进行对比分析,利用算法进行智能判断和反馈来控制工艺参数,从而实现对宏微观缺陷的评定和定位,能够通过停机或智能反馈对部分缺陷进行在线修复处理,实现闭环控制,保证成形工艺的稳定进行和制件的成形质量[13-14]。如图 5-20 所示为增材制造在线监测示意图。

　　金属增材制造在线监测与智能反馈技术从早期的高校基础研究开始,到现在已经在增材制造行业中获得了较多应用,国内外增材制造设备生产厂家最新发布的设备中均配备了该功能和相应的软硬件。早期的在线监测系统受人工智能的影响还较弱,只

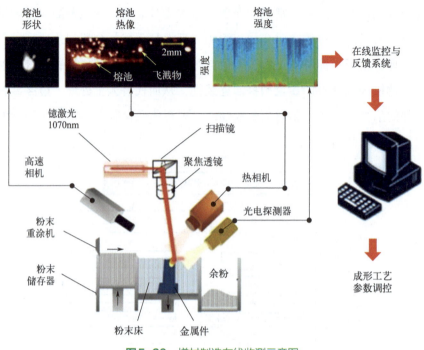

图5-20 增材制造在线监测示意图

能监测熔池温度、熔池尺寸、沉积层高度等基本信息，通过多输入单输出（MISO）或单输入多输出（SIMO）的闭环控制系统进行简单的数据处理分析，实现闭环控制。例如，2010年，Tang等设计了激光定向能量沉积的SIMO系统，输入为熔池温度，输出为激光功率和送粉速率，控制系统通过调节这两个参数使熔池温度保持在设定值。2014年，Masanori等建立了使用PID（proportion integration differentiation，比例-积分-微分）控制器对熔池尺寸进行闭环控制的系统，该系统基于热辐射信号强度和熔池宽度之间的关系对激光功率进行控制，使熔池宽度维持在设定值，如图5-21所示，经过闭环控制，熔池宽度变化减小，经计算发现熔池的宽度变化从63.6%减小到12.5%。经过闭环控制，样品的表面更加光滑，并且宽度更加均匀，样品的尺寸精度得到了提高。

德国PRECITEC（普雷茨特）激光技术公司在2016年开发了带有在线监测和闭环控制功能的激光头。该激光头内置激光传感器，实时监控成形高度，也就是激光头距离沉积层表面的距离，通过由反馈调整送粉速率的闭环控制系统实现智能化控制。当距离偏离最佳焦距时，系统会自适应增大或者减小送粉速率，从而保证构件表面高度维持一致，实现正增材制造的连续性成形。即使已经发布了多年，该套系统至今总价格仍然在60万元人民币以上。图5-22所示为德国PRECITEC公司的激光头在线监测与闭环控制系统。

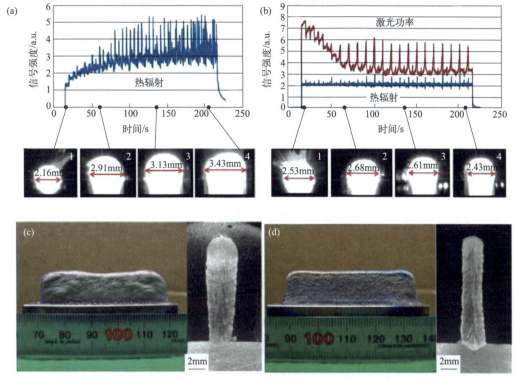

图5-21 激光定向能量沉积熔池尺寸在线监测与闭环控制对比

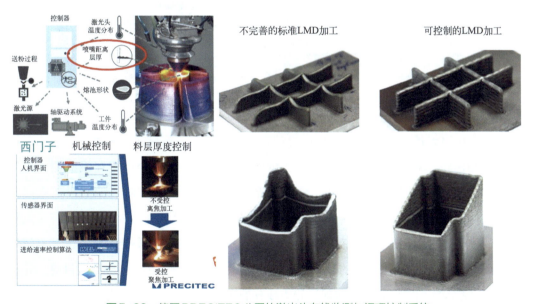

图5-22 德国PRECITEC公司的激光头在线监测与闭环控制系统

美国密歇根大学开发了SmartScan系统，它监测零件的形状以及材料的热性能，例如热传导和对流热传递，分析热量如何在零件内传播，并映射优化的扫描顺序策略，控制特定区域的热量积聚。许多人尝试了不同的打印模式，以最大限度地减少热量积聚，例如从一个区域跳到另一个区域或交换水平和垂直扫描方向。但SmartScan是第一个使用热模型来引导激光更均匀地散发热量的解决方案，其热量分布提高了41%，变形减少了47%。此外，它还可能通过两种方式加快生产过程：最大限度地减少打印机冷却时间，以及减少打印后的缺陷处理。有团队使用激光在两块不锈钢钢板上打印相同的图案进行测试，第一块使用SmartScan，第二块无软件辅助。与其他技术相比，SmartScan打印件在打标过程中的翘曲程度始终较低，并且热量分布更加一致。研究人员认为，还可以通过更多的研究持续开发新功能，他们计划通过在热建模中加入金属或塑料粉末熔合来改进软件，并允许在打印过程中根据红外摄像机实时温度测量值进行主动扫描策略更新，实现实时反馈。图5-23所示为SmartScan在线监测与反馈系统实施效果对比。

图5-23 SmartScan在线监测与反馈系统实施效果对比

也有研究者提出化学成分和显微组织在线监测技术，但目前尚未发现具体的工程应用。2016年，Song等提出使用化学计量学分析法对元素成分进行在线监测，化学计量学分析法包括三种机器算法，分别为支持向量机回归（SVR）、偏最小二乘回归（PLSR）、人工神经网络（ANN）。利用光谱仪采集等离子体辐射出的光谱，并将采集到的光谱数据传输到电脑上进行存储和分析。分析三种机器算法与标定曲线法的预测结果比较图（图5-24），发现SVR的预测效果最佳，其绝对误差仅为0.6%。截至目前，元素成分实时控制的相关研究还只实现到元素成分的实时监测这一阶段，这是因为送粉速率的调节会对控制系统产生较大的延迟，且金属的蒸发和产生等离子体等现象的发生对元素成分产生的影响较为复杂，综合这几个因素可知，要实现元素成分的实时控制还需进一步的研究。而对显微组织的在线监测主要通过监测冷却速率来实现，目前准确性有待完善。

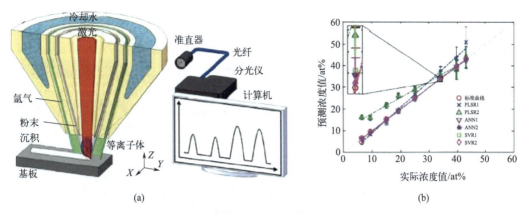

图5-24 （a）激光诱导等离子体检测示意图；（b）使用标定曲线、PLSR、ANN、SVR方法预测的Al
元素浓度与实际的Al元素浓度

目前，面向粉床选择性激光熔化增材制造开发的在线监测与智能反馈系统发展相对
成熟，并且已经在各大新型商业设备中获得工程应用。在这些系统中，首先通过试验及
对增材制造成形过程中的实际情况进行实时监控，获取大量的图像和信号数据，通过图
像识别、机器学习和人工智能等技术相互结合，根据图像特征判定具体问题，例如常见
的典型缺陷、铺粉缺粉、刮刀卡停、铺粉剧增、铺粉抖粉、粉末杂质较多、平台小区域
塌陷等问题反馈给设备控制系统进行数据处理并进行判定，如果误差超过质量要求，系
统进行工艺参数优化自适应调整或者停机，从而实现全流程的闭环控制，及时发现零件
问题和进行自适应调整，高效率通过缺陷标注快速查找位置，最终实现减少废品率和降
低成本。

这里以德国EOS公司开发的In-process monitoring系统EOSTATE MeltPool Monitoring
和EOSTATE Exposure OT为例简要说明。该在线监控系统由4个部分组成，如图5-25
所示，包括：

① 系统监控。监控过程影响条件，例如轴和硬件、环境温湿度、激光功率、在线
激光功率控制（OLPC）。

② 粉床监控。检测铺粉异常；在缺粉的情况下闭环控制铺粉；分析打印失败的原因。

③ 熔池监测。深入了解激光熔化过程；检测过程差异和可能的缺陷影响；分析具
有高空间分辨率的熔池的均匀性和时间行为（图5-26）。

④ 光学断层扫描监控。经过生产验证的过程监控工具专注于质量保证/质量控制；
检测零件内缺陷的影响；分析打印过程的同质性和稳定性行为。

此外，该系统还具备三维重建和在线CT检测功能，可以在线监测零件中的缺陷，
监测结果与成形后的CT检测结果相符合（图5-27和图5-28）。

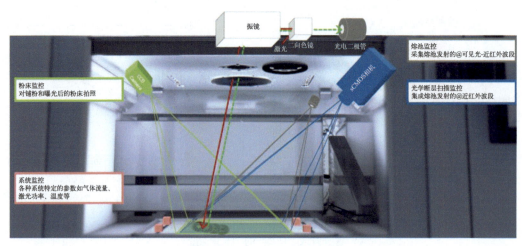

光学断层扫描监控

- 经过生产验证的过程监控工具
  专注于质量保证/质量控制;
- 检测零件内缺陷的影响;
- 分析打印过程的同质性和稳定性
  行为

系统监控
监控过程影响条件,例如:

- 轴和硬件
- 环境温湿度
- 激光功率
- 在线激光功率控制(OLPC)

熔池监控

- 深入了解激光熔化过程
- 检测过程差异和可能的缺陷影响
- 分析具有高空间分辨率的熔池的
  均匀性和时间行为

粉床监控

- 检测铺粉异常
- 在缺粉的情况下闭环控制铺粉
- 分析打印失败的原因

> 降低质量成本和系统停机时间,并通过质量监控工具了解打印过程

图5-25 德国EOS公司开发的在线监控系统组织和功能介绍

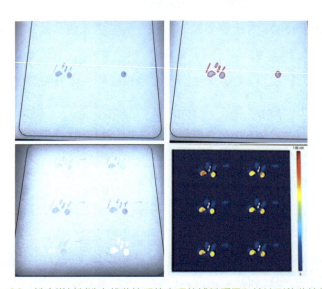

图5-26 粉床增材制造在线监控系统实现的铺粉质量和熔池形貌监控结果

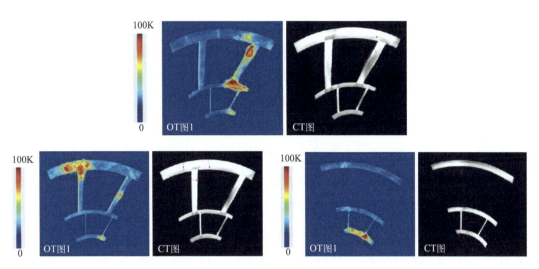

图5-27　粉床增材制造在线监控系统实现的三维重构和缺陷检测结果

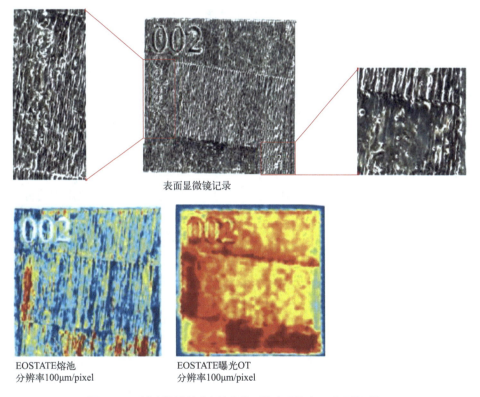

图5-28　粉床增材制造在线监控系统实现的表面质量检测结果

5.2.4　机器学习与大数据技术

机器学习是人工智能的一个子类别，被定义为使用算法检查数据并随后识别模式或确定解决方案的系统或软件。机器学习算法包括人工神经网络算法、高斯过程回归算法、逻辑模型树算法、随机森林算法、模糊分类器算法、决策树算法、层次聚类算法、k-均值算法、模糊聚类算法、深度玻尔兹曼机器学习算法、深度卷积神经网络算法、深度递归神经网络算法等或算法的任意组合。机器学习模型可分为三类：无监督学习、有监督学习和半监督学习。在有监督学习模型中，一组带有标签的训练集提供了输入值和对应输出，有监督学习模型可以用于分类和回归；在无监督学习模型中，没有带标签的训练集，机器学习模型根据分组参数自动地将训练集分为不同的簇，并识别目标类，无监督学习模型主要用于探测异常条件；半监督学习模型的训练集只有部分有标签，模型主要用于只有少量标签的问题，可以用于分类和回归。目前，增材制造中常用的机器学习算法如图5-29所示，可分为监督学习（supervised learning）、无监督学习（unsupervised learning）、半监督学习（semi-supervised learning）以及强化学习（reinforcement learning）。目前，在增材制造中应用较多的主要为监督学习，而监督学习又可分为回归（regression）和分类（classification）两大类，其中回归主要针对连续型变量，而分类主要针对离散型变量。回归算法在增材制造中的应用主要有工艺窗口的预测、工艺参数的优化、合金性能的预测、几何偏差控制和闭环控制等，分类算法在增材制造中的应用主要有缺陷的检测、质量评估以及几何偏差控制等。非监督学习在增材制造中通常用来进行复杂数据降维（dimensionality reduction）和聚类分析，例如传感器信号的特征抽取（feature extraction）和缺陷分类。半监督学习只需要标记少量数据，因此近年来逐渐受到关注，例如通过生成对抗网络（generative adversarial network）归纳增材制造过程中所采集的声音信号，从而预测球化和未熔合孔等缺陷。目前，强化学习在金属增材制造中的应用主要有基于Q-学习算法的质量预测等。

机器学习是增材制造智能化、真正实现智能制造最关键的共性技术。机器学习在增

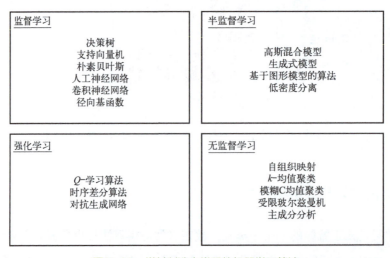

图5-29　增材制造中常用的机器学习算法

材制造中的具体应用贯穿于增材制造整个过程，原材料研发、结构设计、工艺参数优化、制造策略优化、在线监控与智能反馈、缺陷检测与分析、性能评价与预测等都可应用机器学习技术进行智能化发展。基于机器学习的数据处理与分析方法是增材制造过程智能监测与控制的核心，例如前文描述的在线监控与智能反馈技术中就应用了机器学习技术。当前，机器学习技术在增材制造过程控制与质量优化、增材制造专用材料研发等方面获得了快速发展和较好的应用（图5-30）。

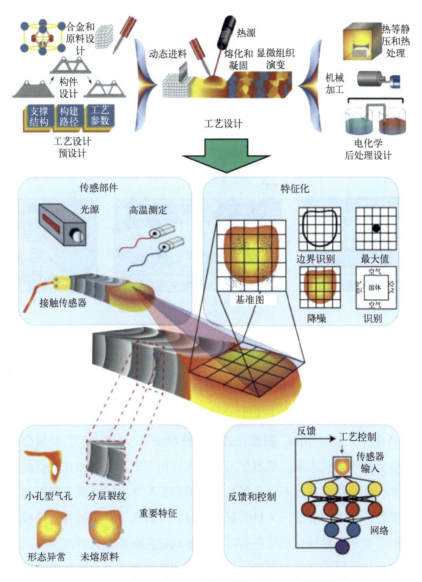

图5-30　机器学习可应用于增材制造的全流程和在线监控的示意

　　机器学习技术在增材制造的过程控制方面已有较多应用，如几何精度控制、熔池特征原位监控、熔池温度分布探测和表面缺陷辨别等。例如，由于SLM形成的最主要的缺陷通常是在熔池形成时产生的，因此能够原位监控熔池特征的方法极具应用前景。Scime等使用机器学习识别了SLM增材制造过程中形成缺陷的原位熔池特征，利用计算机视觉技术构造了熔池形态的尺度不变性描述，并利用无监督机器学习来区分熔池形态。通过观察多种工艺参数下的熔池识别出原位特征，从而实现缺陷的原位观测。类似地，Zhu等提出了基于物理信息的神经网络（PINN）框架，如图5-31所示，将DED过程中收集的原始数据与物理原理（如动量守恒、质量守恒等）相结合，能准确预测熔池的温度和动态。

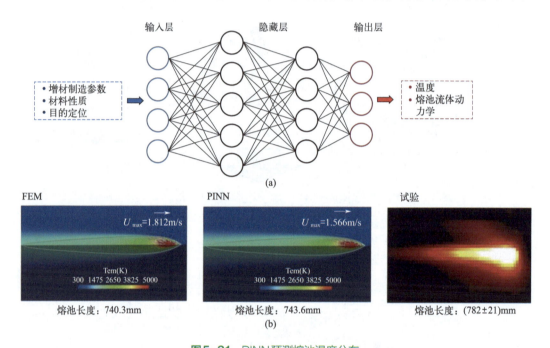

图5-31 PINN预测熔池温度分布
（a）PINN预测熔池温度和动态的框架；（b）有限元方法、PINN和试验对温度和熔池预测结果的比较

机器学习在增材制造中应用比较多的方面是用于新材料的增材制造工艺参数的筛选。对于新材料而言，需要快速找到其最适合的增材制造核心工艺参数（如激光功率、扫描速度、搭接率、单层增高、扫描方式、铺粉厚度等）。由于工艺参数很多，单纯依靠试验难以快速找到最优方案，机器学习正好可应用于此。由于激光增材制造过程涉及复杂的物理和化学变化，并且不同金属及合金的组织和性能的关联不尽相同，为了获得优化的工艺参数，通常需要进行大量的试错试验。尤其当一种新的合金材料被设计或用于增材制造时，工艺参数的优化过程会存在较多问题并面临较大挑战。更重要的是，工艺优化方法往往只能提供非常有限的一组用于制造高致密度合金的特定工艺参数，而不能探索出获得高致密度合金的整个工艺窗口，这不利于发掘给定合金的更优性能。大量研究表明，通过机器学习算法可以有效实现增材制造工艺参数的优化设计以及工艺窗口的预测。此外，机器学习算法由于不需要进行大量的试错试验和高保真仿真模型计

算，且预测精度较高，近年来受到研究者们的广泛关注。图 5-32 所示是一种典型的预测 SLM 流程中轨迹缺陷和打印性能的监督机器学习方法，其主要部分可分为增材制造过程、数据提取过程和机器学习过程。在对试验结果进行提取和计算后，利用数据集对机器学习模型进行训练。训练后的模型可以检测缺陷轨迹并预测增材制造质量，从而指导增材制造工艺优化。实验结果表明，基于反向传播的神经网络模型可用于预测利用 TiB_2 增强 $AlSi10Mg$ 复合材料的工艺窗口，包括激光功率和扫描速度。

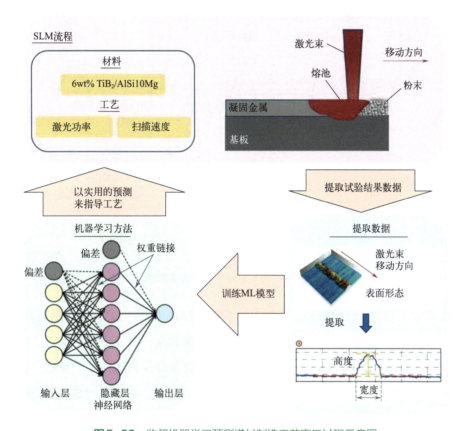

图5-32　监督机器学习预测增材制造工艺窗口过程示意图

　　激光增材制造过程中，热累积会导致构件力学性能和沉积高度不均匀，不利于制造过程的顺利进行。尤其是对于 DED 技术，过高的激光功率容易导致合金表面形成热累积，而不是将热能耗散到基板和环境中。在多层沉积过程中，合金内部的热累积会降低凝固速率，从而改变沉积液滴的形貌以及局部的沉积高度，最终对增材制造过程以及最终的零件成形质量产生重要影响。因此，合理的沉积路径规划对于改善合金热累积、消除残余应力和提高沉积过程的稳定性是极其关键的。Ren 等通过整合有限元模拟和机器学习，提出了一种用于激光增材制造矩形零件的沉积路径规划方法，大幅度地减少了沉积过程中的局部热累积，具体优化流程如图 5-33 所示。该方法利用温度模式递归神经网络模型来预测每一沉积层的温度场分布，从而选出最佳的成形路径。该方法显著提高了激光沉积路径规划的效率，其有效性通过检测沉积的三维样品的二维平面度得以验证。

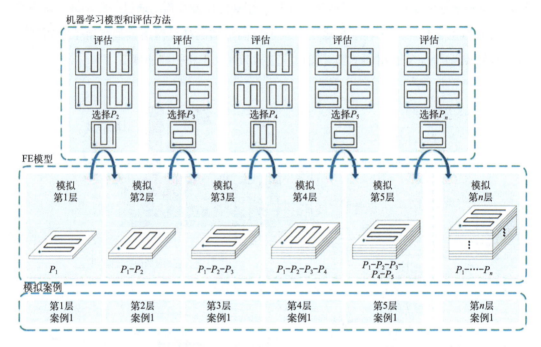

图5-33 基于机器学习的DED沉积路径优化流程

日本东北大学的Kenta Aoyagi等针对难焊接高温合金713ELC的增材制造开展研究，开发了一种利用机器学习高效优化PBF-EB的高维参数空间方法，并使用该方法在宽范围参数空间中确定了能够制造难焊接合金713ELC良好样品的成形工艺窗口，并通过热机械场耦合模拟指出触发热裂的关键因素之一是机械效应，并着重考虑机械效应在热裂机理中的关键作用（图5-34）。以此为指导思想，在机器学习优化方法的辅助下控制工艺参数，制造出了远超出传统制造材料力学性能的PBF-EB样品[15-16]。此外，结合有限元模拟和机器学习，学者们建立了一种可以预测合金的可打印性并给出打印工艺窗口的数学模型，该模型可用于增材制造专用合金的设计（图5-35）。

当前，研发适用于增材制造工艺的高性能专用材料成为研究热点。通过机器学习可以大幅提高新合金材料的设计及筛选效率，这是因为恰当的机器学习模型可以为合金成分的优化设计提供指导。目前，机器学习已被广泛用于设计具有多种特殊性能的合金，以满足不同的应用需求。通过机器学习可以预测和筛选合金成分、合金组织和合金性能。例如，由于激光成形过程中不可避免地出现凝固开裂及固态相变等，在成形过程中避免裂纹的形成是增材制造面临的一大挑战，因此进行合金成分设计时应充分考虑合金的增材制造可成

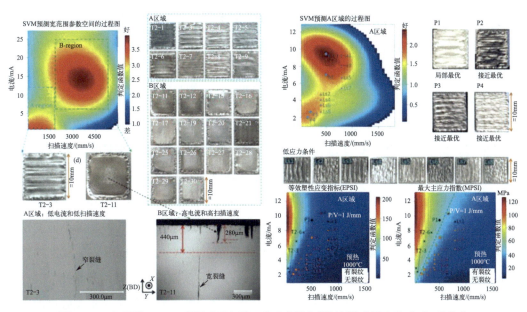

图5-34　机器学习SVM算法应用与选区电子束熔化增材制造高温合金成形工艺优化

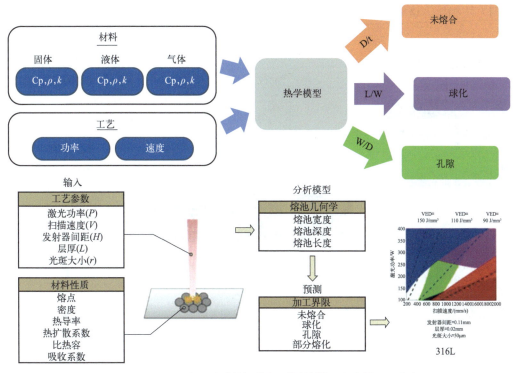

图5-35　机器学习与仿真模拟相结合评价材料的可打印性和工艺窗口

形性。Dovgyy等通过结合Scheil-Gulliver凝固模拟与机器学习分析，设计出一种在增材制造过程中可避免凝固裂纹的FeCrAl(Fe20Cr7Al4Mo3Ni)合金。试验结果表明，该合金在打印态时为单相合金，织构强度很小且几乎不存在合金元素偏析。此外，在打印过程中，合金内部既不存在凝固裂纹，也不存在液化裂纹，证明了该合金成分设计方法的有效性。Sabzi 等基于热力学计算和遗传算法提出了一种设计具有低凝固裂纹敏感性的奥氏体不锈钢合金成分的计算方法，利用该方法对 316L 成分进行微调，得到了一种新型的合金成分，有效降低了 316L 凝固裂纹的敏感性，提高了其在增材制造过程中的可成形性和强度。

　　探明激光成形过程中合金内部微观组织的演变对于评估和调控合金的力学性能具有重要影响。由于激光增材制造过程中材料内部的温度梯度和冷却速率的复杂变化可高达一个数量级，因此利用传统方法对增材制造合金的组织和性能进行预测较为困难。近期，有研究表明机器学习可以实现增材制造合金组织的预测。机器学习在增材制造金属构件组织性能评价和预测方面的应用也在快速发展。Xie 等开发了一种集成小波变换和卷积神经网络的力学数据驱动框架，如图 5-36 所示。该框架采用成形零件局部的热历史预测零件局部力学性能在时间和空间尺度上的分布。该框架主要有两条路径，其一是将成形过程中的局部热历史和力学性能联系起来，另一条是对热特征和抗拉强度的重要性进行分析，从而将热历史、热特征分布和局部区域的抗拉强度联系起来。与其他机器学习方法相比，该框架仅需要少量的试验数据就可以实现较高精度的预测（图 5-37）。

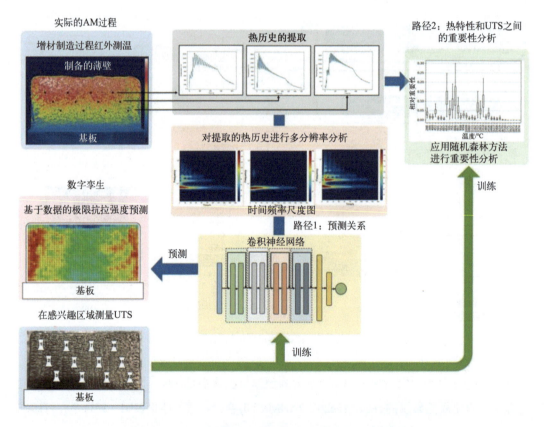

图5-36　力学数据驱动成形零件力学性能预测的框架示意图

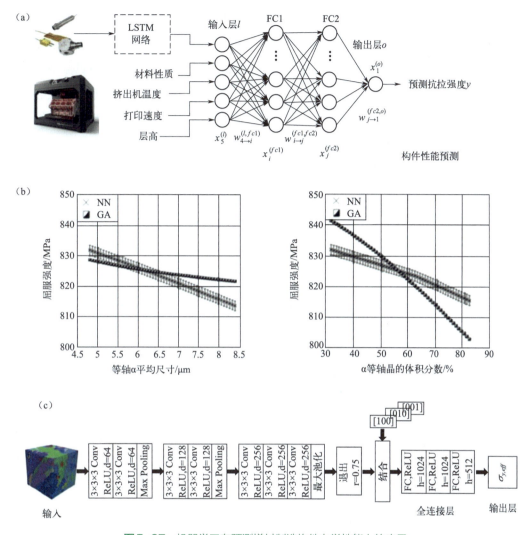

图5-37　机器学习在预测增材制造构件力学性能上的应用

　　总之，近年来，随着人工智能和计算机科学技术的发展，机器学习技术在增材制造领域得到了较为广泛的应用。在金属材料增材制造领域，如图5-38所示，机器学习的应用范围主要包括制造过程控制、工艺窗口预测、合金成分设计和合金组织性能的预测等。机器学习技术与增材制造相结合，避免了大量的试错成本，显著提升了增材制造的成形质量和效率，加快了增材制造专用新型金属材料的研发进程，有望进一步拓展先进增材制造技术的应用领域。在过程控制与优化中的应用方面，机器学习技术可以用于增材制造过程的控制、工艺窗口的预测和沉积路径的优化等，通过结合适当的机器学习策略可以揭示增材制造过程工艺参数与零件成形精度及致密度的关系，从而大幅缩短增材制造工艺的开发时间。然而，目前已有的基于机器学习的研究通常只是针对增材制造过程的某一环节，极大限制了机器学习技术在增材制造领域的应用和推广。通过开发对增材制造全过程具有普适性应用价值的机器算法，实现增材制造成形参数-组织-性能之间的有效关联，将会大大提高增材制造过程控制与优化的效率，推动机器学习技术在增材制造过程控制与优化领域的应用。这也是今后机器学习辅助增材制造过程控制与优化的重点研究方向。在增材制造金属材料开发方面，机器学习是一种理想的解决方案，已有大量研究表明通过机器学习方法可以有效避免传统试错法带来的高额成本。然而，机器学习需要大量的数据库作为模型训练的支撑，因此数据库的建设和发展是机器学习的前提。长期以来，金属材料增材制造领域已经有大量的文献发表，积累了海量的试验数据，为机器学习技术的发展奠定了扎实的基础。随着材料试验数据挖掘技术的发展，丰富的数据库将有利于促进增材制造领域新型金属材料的开发。

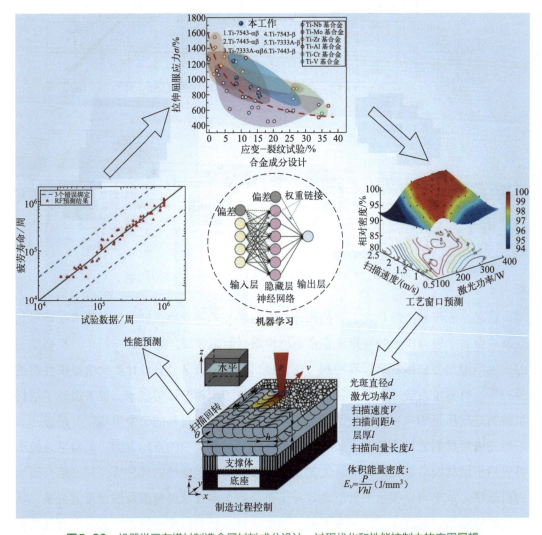

图5-38 机器学习在增材制造金属材料成分设计、过程优化和性能控制中的应用展望

5.2.5　高通量/多材料增材制造技术

21世纪科技发展的主要方向之一是新材料的研制和应用。随着科技发展日新月异，航空航天等先进装备对高端新材料的需求也越来越多，这就需要快速研制出更多满足需求的新材料。传统的新型金属材料开发流程包括成分设计、成分调配、合金制备（熔炼、锻压、轧制、热处理等）及试验表征等环节，需要的制备设备种类繁多，且开发过程中在制备和表征的环节存在着大量的迭代，新材料较长的开发周期已经不符合当前新材料研发的需求。因此，为了使新材料研发更省时、更经济，急需新的新材料研究及制备方法。材料基因工程正是在这种背景下诞生的，其将人工智能数据技术与高通量计算、高通量制备、高通量表征等新技术深度融合，更快、更准确地获得成分-结构-工艺-性能间的关系，从而实现对先进新材料及制备工艺进行设计预测，更快地获得所需的材料。材料高通量制备技术可以在短时间内制备大量不同成分的新材料，获得大量的成分与性能之间的关系数据，后续根据使用需求筛选少量合金成分进行验证，新材料就可以进入工业应用环节，大大节省了新材料的开发周期，加速了新材料的研发与应用，其被列为材料基因组技术的三大技术要素之一。金属材料有多种高通量制备方法，但传统的金属材料高通量制备方法制备周期长，制备样品数量较少、尺寸较小或者较薄，难以直接评价力学性能，并且高通量材料制备方法的冶金条件和最终材料应用的冶金条件差异较大（图5-39）。

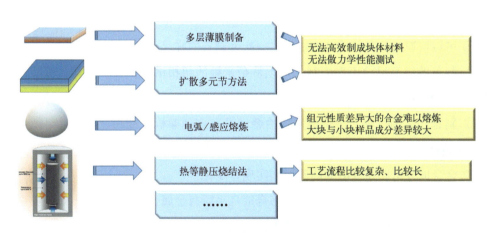

图5-39　传统高通量制备技术特点

金属增材制造技术小熔池逐点-逐层沉积成形独有的工艺特点可以原位合成新成分合金，结合数字化和智能化的成形过程，理论上相比于传统制造技术研发新合金具有突出优势，同时可以大大缩短研发流程、研发周期和研发成本。随着增材制造技术的不断发展，采用增材制造技术开展金属材料高通量制备也得到了迅速的发展（图5-40）。其基本原理是将用于增材制造的金属粉末原材料采用多个粉桶分别装载，在计算机控制下实现数字化、智能化的合金成分精确控制，获得不同成分配比的合金混合粉末，再输送到激光下进行增材制造，成形预定要求的样品。当然，不同粉桶的金属粉末也可以不先混合，而直接输送到激光小熔池中进行冶金混合。基于相同的原理，在电弧增材制造系统中，原材料也可以采用金属材料，通过精确控制各个丝材的输送速率获得不同成分的合金。

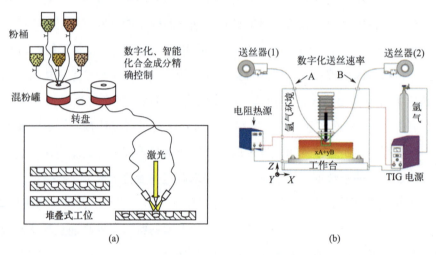

(a)　　　　　　　　　　(b)

图5-40　金属增材制造高通量制备技术原理

（a）激光高通量制备；（b）电弧高通量制备

很显然，金属增材制造高通量制备技术相较于传统高通量制备技术呈现出了明显的优势：

① 可以快速成形多种成分的试样，一次性制备的样品数量更多；

② 制备的样品尺寸不受限制，可以从毫米级的纽扣试样、棒状试样、板状试样到米级的三维构件；

③ 制备样品的过程为小熔池原位冶金，没有宏观偏析，冷却速率快，组织细小均匀，微观偏析弱；

④ 合金成分可以通过电脑精确控制实现智能化；

⑤ 激光或电弧能量密度较高，能够合成几乎所有金属合金体系；

⑥ 制备过程周期短、原材料浪费少、成本低；

⑦ 制备合金样品的冶金条件与制备最终构件的冶金条件基本相同，研究结果具有重要参考意义。

此外，金属增材制造高通量制备技术研发的合金成分，均能够适用增材制造成形工艺，从而成为增材制造专用合金体系，这对于增材制造高端新材料研发具有重要意义。正因为这些突出优势，增材制造高通量制备技术自提出以来就获得了快速发展，尤其是在增材制造高通量设备方面，目前粉床选择性激光熔化和激光定向能量沉积增材制造高通量制备设备均可以直接购买，5.3 节将详细介绍两类设备的特点。

此外，定向能量沉积增材制造高通量制备技术也可直接应用于梯度材料的研发和制造（图5-41），只需要通过计算，控制系统设置好各个原材料的输送速率，就可以很方便地获得多材料二维/三维梯度构件。

图5-41　基于增材制造高通量制备技术的梯度材料制备方法

在典型的选择性激光熔化增材制造设备上，采用上述方法制造二维多材料零件虽然耗时较多（手动更换材料），但方法可行。但对于三维多材料零件的制造（图5-42），这种方法就行不通了，因为两种材料可能须同时存在于一层薄层中，即三维多材料零件的特征是两种以上的材料可以随机分布在零件的任意位置。采用激光粉末床熔合（LPBF）技术生产三维多材料零件，需要提高常规LPBF设备在软件和硬件两方面的能力，以适应如图 5-43 所示的典型工艺过程。另一个例子是航天领域的燃烧室，燃烧室面对高热

图5-42　增材制造的多材料三维梯度构件

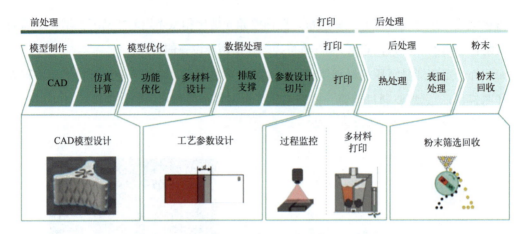

图5-43　多材料三维梯度构件增材制造的典型工艺过程

负荷，但也需要尽可能轻。燃烧室性能越好，火箭性能就越好，产生同样推力的推进器的质量越小，就能向客户提供越多的有效运输载荷。因此，增加的火箭制造成本可能会因携带更多载荷产生的效益而被抵消。航天领域是增材制造的核心应用领域之一，特别是多材料增材制造。针对多材料增材制造的燃烧室，镍基合金作为腔体的耐热基底，而内部铜基区域能提高零件的热传导能力，这就需要多材料三维梯度构件增材制造技术。

首先，零件多材料的分布需要由设计师来定义。这可以通过设计师自己的专业知识或使用模拟工具来实现。一旦确定了所需的材料分布方式，就需要为增材制造过程生成零件的三个子模型，如图5-44所示［由工具钢（1.2709）和铜合金（CuCr1Zr）两种材料制造的零件］，对于每种材料需要设计一个单独的子模型，以便确定合适的材料过渡方式。除了为每种材料生成子模型之外，第三个子模型用于描述材料过渡区的几何特征。对于每个子模型，为了确保各部分材料具有足够的成形质量，通常需要对每种材料制定相应的工艺参数。不同材料的粉末性能、导电性和激光吸收率等方面存在差异，为了获得较高致密度的和无裂纹的零件，不同区域的激光功率、扫描速度和扫描距离会有所不同。多材料LPBF工艺的最大挑战是实现多材料的铺粉。典型的铺粉机制不支持在一个成形舱内使用两种粉末材料。由于这个原因，常规LPBF设备的软件和硬件都需要改进，以便具备多粉末材料铺粉功能。多材料LPBF后处理最大的挑战是粉末混合物的分离。在上述的铺粉过程中，两种粉末材料的混合是不可避免的。然而，目前的技术水平不可能如此精确地去除粉末层。粉末的粒度分布和由此产生的颗粒团聚，以及吸粉装置的差异和精度都有限制，这意味着在清除粉末时通常会吸入三层或更多层粉末，以避免成形过程中的污染。因此，Fraunhofer IGCV研究了使粉末混合物循环利用的一般方法，如图5-45所示。

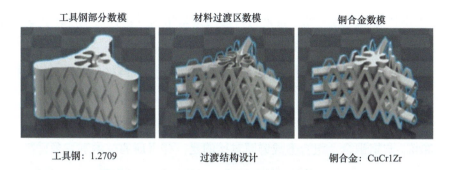

工具钢部分数模　　　　材料过渡区数模　　　　铜合金数模

工具钢：1.2709　　　　过渡结构设计　　　　铜合金：CuCr1Zr

图5-44 多材料三维梯度构件增材制造的结构设计方法

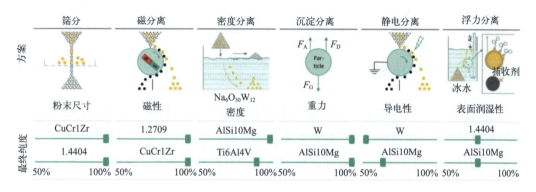

图5-45 多材料三维梯度构件增材制造的混合粉末分离方法

多材料零件能够根据零件使用环境的需求，利用各种材料性能的最佳组合来实现零件功能。例如，耐磨耐热钢可以与导热性能良好的铜合金结合，用于大口径发动机。图5-46显示了德国Fraunhofer IGCV和MAN Energy Solutions SE联合研究的喷油

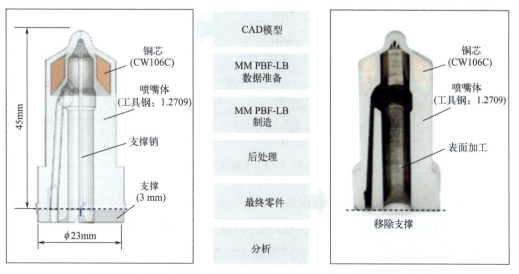

图5-46 基于LPBF工艺的多材料打印的案例，大口径发动机喷油嘴

嘴案例。该零件在高应力区域工具钢材料的内部采用高导热性的铜芯来快速传导喷油嘴的热量，从而提高发动机的性能。

综上所述，目前多材料增材制造工艺已经相对成熟，某些材料配对（如铜和钢）的技术储备已足以开展工业应用，这是因为铜和钢两种材料的增材制造工艺成熟了。更重要的是，这两种材料在堆积过程中产生的混合粉末可以利用磁选进行分离，分离纯度几乎达到100%。与钢铜合金组合形成鲜明对比的是，在目前的技术下，多材料增材制造还很难使用各方面特征非常相似的材料的组合（如密度、磁化率、粒度分布），因为在这种情况下，混合粉末分离是非常困难的，而粉末的重复使用通常被认为是衡量增材制造适用性的关键标准。

5.2.6　智能工厂技术

当前，智能增材制造相关共性技术的发展主要是针对单机制造模式，初步实现了单机制造的智能化。金属增材制造每台设备都具有数字化、智能化、自动化的特点，当每台设备通过5G、工业互联等实现互联互通，后台能够对各类数据进行快速采集、在线监控，可实现增材制造由传统单机生产向网络化、智能化的大批量生产模式转变（图5-47），进一步提高增材制造的生产效率、产品质量一致性，降低成本。未来，一定可以实现增材制造智能产线、智能车间、智能工厂和无人工厂，形成增材制造技术应用新模式和典型应用场景，真正实现智能增材制造。

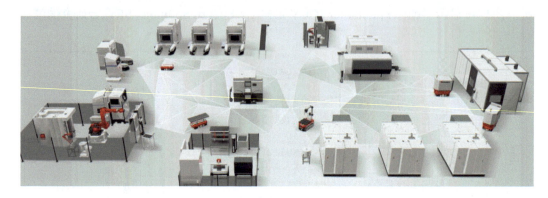

图5-47　增材制造智能工厂概念

目前，一些比较大的增材制造设备生产和服务公司已经通过开发专业的软件，包括MCS和MES软件，实现了增材制造多台设备的监控。例如国内铂力特公司的最新型设备BLT-S1000，其搭载的BLT-MCS软件为设备构建诊断系统，进行故障检测分析，对不同故障进行分级、智能处理，在设备工作过程中实时监测，并完整记录操作过程或过程参数，实现24h无人值守生产。设备搭载的BLT-MES软件可实现厂房能源监控及设备集中管控，助力批量生产。厂房能源监控系统在线采集厂房能源参数和设备生产过程环境参数，通过异常信息告警与异常数据分析及时发现问题，并在后续生产中提前规避。设备集中监控系统可以远程集中监管设备运行状态、生产状态、生产进度等，及时获取异常信息，减少人员现场巡检，降低无效工时（图5-48）。

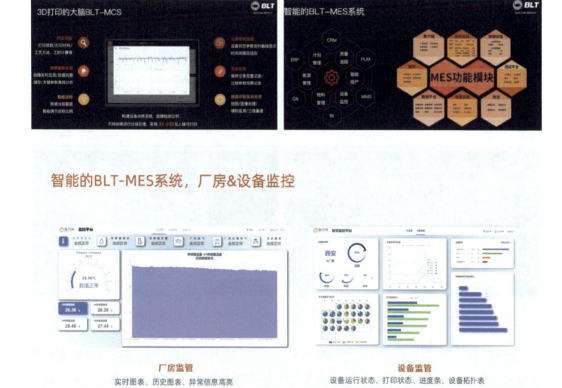

图5-48 铂力特BLT-S1000设备的MCS和MES软件助力增材制造

2022年有报道，中国航天科工三院159厂（北京星航机电装备有限公司）中国航天科工集团增材制造技术创新中心正在打造基于工业互联网的5G增材制造智能工厂，使5G+工业互联网+增材制造高效融合（图5-49）。159厂通过与中国联通合作，搭建了一个边缘云专属服务器，将所有数据传输到服务器上，数据不出园区，就可实现对所有生产设备的互联与控制，减少操作人员，推动增材制造降本增效，还能对信息进行安全保护。159厂技术负责人表示："这是我们定制化研制连续生产的增材制造生产线系统，它将打印主机、清粉系统、供粉系统、物流系统以及其余配套辅助系统合理布局，通过5G在线数据采集，实现打印过程在线监控。"目前该厂已完成了"5G"增材制造智慧平台、产线自动化调度系统一期建设，实现了生产制造数据实时采集和监控、增材制造设备健康管理、物料与产品自动化精准配送，牵引了大尺寸、多光束增材制造设备国产化研制，实现了增材制造产线核心装备自主可控。为满足日益繁重的科研生产需求，增材智能产线利用5G通信"大带宽、低时延、高可靠"的特性，采用可移动缸体模式，实现了打印单元连续生产，设备利用率提升了30%，有效提升了增材制造产线的综合产能。

图5-49　中国航天科工集团增材制造技术创新中心打造的增材制造智能工厂

159厂打造了"增材制造全自动化黑灯工厂"，致力于为用户提供以选择性激光熔化技术为核心的增材制造智能产线和可复制可推广的智能工厂系统整体解决方案。其总结出3点关键技术：

①　5G+工业互联网，低时延、高可靠实时交互，实现工厂监控远程化和操作虚拟化；

②　人工智能+数字化+全生命周期数据管理，人、数据及设备关联，提升生产力；

③　智能排产+智能仓储+智慧物流，打造数字化、信息化、自动化、智能化黑灯工厂。

增材制造智能工厂实现了生产调度网络化、生产装备数字化、生产过程智能化，发展了精细化制造和集成化管理，可以提升设备使用率30%、缩短生产周期35%、降低生产成本25%、提升产品质量稳定性20%，用科技将人从重复性劳动中解放出来是增材制造智能工厂的使命，让制造充满智慧，让智慧创造价值。

在2022年11月8日举行的第十四届中国国际航空航天博览会上，159厂研发的国内首条"5G+工业互联网"增材制造产线动态展出。该产线可实现从订单接收、计划排产到生产转运的端到端的自动化生产，其智慧管理平台可实现全流程数据采集，打通了工艺文件远程传输、自动化粉末清理、智能化产品转运、设备状态在线监测与预测性维护等环节。通过5G通信，可远程监测北京、山东、浙江生产基地的实况，实现增材制造跨地域数字工厂连接。

5.3　智能增材制造核心软件与成套装备

5.3.1　核心工业基础软件

金属增材制造技术的发展需要大量的核心工业基础软件支撑，智能增材制造的发展更需要相关软件支撑。从增材制造的全流程来说，主要涉及材料研发、结构设计、仿真模拟、制造工艺、质量监控、智能制造等软件（图5-50）。其中，材料研发软件一般是独立的，由材料研发相关技术人员开发，例如下文要介绍的，英国剑桥的一家人工智能公司Intellegens开发的一种新的机器学习算法Alchemite深度学习平台，以及美国的Citrine智能材料平台等。智能制造相关支撑软件MCS和MES一般由增材制造设备厂商自己开发，每个设备厂商都有自己的一套软件系统。结构设计、仿真模拟、制造工艺是金属增材制造技术最关键的三大软件系统，是支撑智能增材制造技术的核心，也就是我们通常所说的CAD/CAE/CAM软件。增材制造发展的早期阶段，这些软件相互独立、各自发展，既有软件公司在传统软件基础上开发的增材制造模块，也有专门为增材制造研发的专业软件。CAD软件主要是采用传统的结构设计软件开展零件设计，然后，换到其他环节验证能否打印和如何打印。有些结构设计软件公司也在自己的软件中增加了增材制造模块。CAE软件的仿真模拟研究主要是基于传统ANSYS、Abaqus、FLOW-3D等软件进行。CAM软件则主要是由增材制造设备公司独立开发，用以实现制造工艺策略，包括切片分层、路径规划、支撑添加等功能，这些软件实现了加工的零件从简单到复杂、从小型到大型的逐渐升级发展。

CAD/CAE/CAM等核心工业基础软件的独立发展显然存在很大弊端，也难以实现智能增材制造。真正推动增材制造智能化快速发展的，是一些增材制造公司或者传统软件开发公司专门为增材制造研发的集CAD/CAE/CAM三大功能于一体的软件系统，是实现金属增材制造的一站式解决方案。在该类软件中，研究人员在开展结构设计的同时，就可以通过仿真模拟验证该结构的功能以及进行该结构的制造工艺方法和制造过程

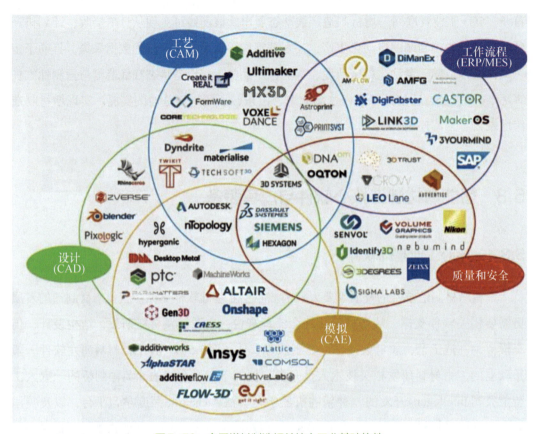

图5-50　金属增材制造相关核心工业基础软件

　　的仿真模拟，并不停迭代，最终实现数字模型结构的功能最优化，在结构设计完成的同时，该数字模型结构的增材制造工艺方法也已经确定，可以直接进行制造。研发这类软件需要大量的人力和经费投入，开发出来以后也需要不断进行数据更新、机器学习和功能升级。目前，增材制造综合软件主要有美国3D Systems公司开发的3DXpert软件、美国的nTopology软件、比利时Materialise公司的Magics软件、瑞典Hexagon（海克斯康）公司的Simufact Additive软件等。

5.3.1.1　3DXpert软件

　　3DXpert是一款由3D Systems公司推出的增材制造数据处理软件，提供了针对增材制造的设计优化、数据处理和工艺编程功能，支持从设计到后期处理的增材制造流程。无论科研教学还是批量生产，3DXpert丰富实用的功能都能帮助用户将3D打印技术的潜力发挥到极致（图5-51）。3DXpert 17在原有版本丰富的CAD编辑、数据准备、切片制造等功能的基础上，新增了创成式设计、隐式结构设计和热成形仿真模块，并针对越来越普遍的批量化生产趋势，加强了自动化模块的功能，着力打造更符合市场发展趋势的一站式软件解决方案。该软件具有以下特点：通过创成式设计、隐式结构设计、晶格设计和拓扑优化，最大限度地发挥增材制造的作用，减轻成品质量，增强其功能性；成熟的数据准备和先进的成形仿真功能，可提高打印成功率和成品质量；考虑到增减材制造的需求，提供了丰富的面向制造的编辑功能；自动化设计和准备，可优化大批量生产流程；灵活的扫描策略设置，优化打印效率并减少材料消耗和后处理。

图5-51　美国3D Systems公司的3DXpert软件及主要功能

3DXpert 17作为一款面向增材制造行业的一站式软件解决方案探索，可以帮助用户探索设计与3D打印工艺的边界。其具体包括以下功能（图5-52）：

①　创成式设计　创成式设计是一种迭代设计过程，旨在优化设计零件的不同属性。最常见的用例是优化零件的体积（以及质量），同时保持其强度及其他物理属性和功能。3DXpert 17集成了Hexagon的MCS Apex Generative Design引擎，在用户定义了不同的载荷工况（包括零件的固定点、不同的载荷/应力）和零件可能占据的体积之后，系统开始迭代减少材料的数量，同时不断地对最终形状的质量进行分析，最终得到要打印的最佳形状。

②　可打印性检查　在3DXpert中进行设计优化，用户可以从打印准备的角度检查生成的形状，还可以对生成的不同形状进行研究，然后根据实际情况选择最优形状。

③　快捷的曲面与晶格结构设计　根据创成式设计生成的结构往往是网格化模型，很难用于第三方CAD或CAE软件中进行再设计或者仿真。将零件转化为曲面模型，可以方便用户对设计结果再加工。用户可以通过自动曲面化将生成的网格化形状转换为实体对象，并可在3DXpert中继续使用该模型，为打印进行数据准备。3DXpert之前的版

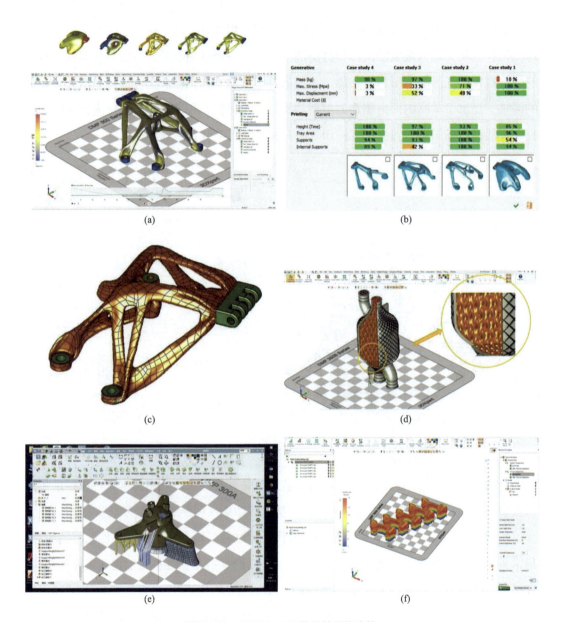

图5-52　3DXpert 17软件的具体功能

（a）创成式设计；（b）可打印检查；（c）快捷的曲面与晶格结构设计；（d）隐式建模；（e）自动匹配支撑与工艺参数；（f）热成形仿真

本允许用户使用晶格设计功能创建轻量化的结构，并提供了符合应用场景的随形晶格、晶格孔径分析、晶格FEA等功能。周期性结构如果使用b-rep或三角面片的方式描述，往往需要大量的数据，而新版本中提供的隐式建模可以很好地提供周期性晶胞结构设计的灵活性。有了这个工具，用户即可在3DXpert 17中结合晶格设计、CAD直接建模编辑等功能，设计一款高效的热交换器。

④ 隐式建模（implicit modeling）　隐式建模是描述模型的一种非常有效的方式，允

许增强和先进的形状设计。它主要用于零件复杂内部结构的设计，用于轻量化或添加具有非常大的表面积的结构（例如用于热交换器）。目前 3DXpert 17 允许通过使用预定义模板或编写公式的隐式建模来生成复杂的几何图形。网格线是一种新的纹理形式，可加固零件并增强其热性能，可使腹板线与零件形状一致并且具有不同的阵列。

⑤ 自动匹配支撑与工艺参数　在准备打印零件时，许多工作都可以自动化，以减少人为错误，节省时间和成本。3DXpert 16 中引入的脚本功能，在 3DXpert 17 中得到了显著改进并增加了许多新功能，可以实现更高程度的自动化和增强的灵活性。零件的准备过程在许多情况下取决于零件的类型。3DXpert 17 的用户能够自定义零件类型，每种类型都有一个参考零件，输入的零件可以使用机器学习算法从预定义类型列表中自动识别归类，并匹配相应的打印工艺，如零件摆放方式、支撑设计及工艺参数。在许多情况下，完全自动化的工作流程并不合适，需要进行一些手动工作或审查。新的脚本环境允许中断脚本执行，系统将在脚本中断处暂停脚本进度，允许用户监控、验证和更改之前的操作，之后可以继续执行。

⑥ 热成形仿真　3DXpert 17 引入的新的热成形仿真功能，可以结合实际使用的激光参数分析扫描路径的热行为。热成形仿真有助于确保打印过程中的热稳定性。通过修改基板上的零件数量、改变方向和改变支撑，可以手动实现热稳定。也可以通过修改扫描路径生成热稳定的扫描路径并将其发送到打印机来自动实现。对于金属增材制造常常遇到的其他打印失败，如零件断裂、卡刮刀、零件翘曲等，3DXpert 已在之前的版本中提供了 Amphyon 成形仿真结构求解器，允许用户计算成形过程中应力和应变的情况，预测并避免卡刮刀和断裂风险。Amphyon 的嵌入可帮助用户在同一界面里进行打印准备和成形仿真。借助 Amphyon 针对增材制造特性开发的随型网格划分方法，通过减少网格数量，可在保证仿真准确性的情况下进行快速仿真。

5.3.1.2　nTopology 软件

nTopology 是一款面向增材制造的高效设计平台。该平台预置了大量增材制造常用的设计工具包，工程师可通过调用若干个预置工具包或自主开发定制的工具包，建立一个工作流，进而实现复杂几何结构的参数化设计。nTopology 集合了强大的几何建模和仿真分析功能，在充分考虑增材制造工艺特点的基础上，可以帮助工程师快速掌握面向增材制造的设计方法，充分发挥增材制造带来的广阔自由度；同时，可重复使用的工作流使设计流程走向自动化，这大大提高了设计效率。

nTopology 设计平台集成了增材制造结构设计、结构仿真、打印切片等涉及全流程的全套功能，包括基本模块、增材制造模块、蜂窝/多孔材料模块、有限元分析模块、轻量化模块、拓扑优化模块（图5-53）。nTopology采用隐式建模技术，是一种基于数学函数或隐式模型的驱动式设计技术，使nTopology的设计流程具有高速度和可靠性。nTopology兼具CAD、CAE和CAM功能，可快速实现创成式设计、轻量化设计、拓扑优化设计等创新设计，输出可用于增材制造的产品解决方案。

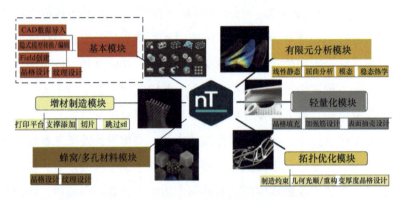

图5-53　nTopology软件的功能模块

① 基本模块　包括数据导入导出、隐式模型转换/创建/特征操作、布尔运算、驱动设计的场（Field）创建、点阵晶格设计等功能。

② 增材制造模块　包括打印平台、支持添加、切片，以及抽壳、晶格填充轻量化设计等功能。

③ 蜂窝/多孔材料模块　包括变尺寸、变厚度的晶格填充，复杂表面纹理设计，快速生成蜂窝/多孔材料等功能。

④ 有限元分析模块　包括线性静态、模态、屈曲分析、稳态热学、点阵结构均质化材料分析，并支持有限元模型/网格的输出等功能。

⑤ 轻量化模块　包括晶格填充、加强筋设计、表面抽壳设计等功能。

⑥ 拓扑优化模块　包括考虑增材悬垂角等制造约束，自动几何光顺、重构，基于拓扑优化的材料密度分布自动进行变厚度的点阵晶格设计等功能（图5-54）。

相比于其他大多数设计软件，基于隐式建模技术的nTopology设计平台具有以下三大技术优势：

① 稳定可靠的隐式建模引擎　nTopology设计平台基于隐式建模技术（一种使用数学函数来表征几何结构外形及内部特征的方法），使得设计流程具有无与伦比的速度和可靠性。

a. 复杂几何结构的设计不再是挑战：可基于内置的工具包快速实现复杂晶格和周期性结构、可控导圆角的布尔运算、变厚度抽壳、复杂的穿孔图案、特殊的表面纹理等。

b. 更快的设计速度：复杂晶格结构生成速度是其他软件的10倍以上，且占用内存

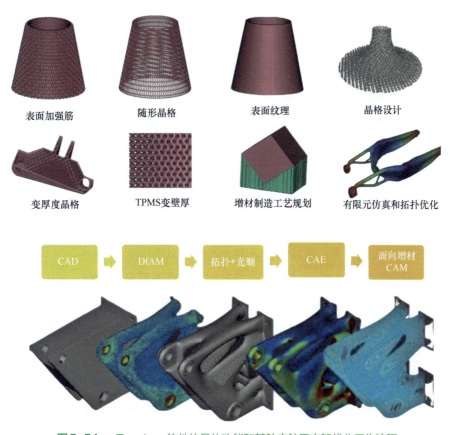

表面加强筋　　　随形晶格　　　　表面纹理　　　　晶格设计

变厚度晶格　　　TPMS变壁厚　　　增材制造工艺规划　　有限元仿真和拓扑优化

CAD → DfAM → 拓扑+光顺 → CAE → 面向增材CAM

图5-54　nTopology软件的具体功能和某航空航天支架优化工作流程

少，可实现快速共享和协作。

c. 极好的鲁棒性：基于隐式建模技术，使得nTopology平台中的几何操作永远不会失败，抽壳、布尔运算、偏置、导圆角等均可实现，非常适合解决面向增材制造的复杂结构问题。

d. 良好的工程数据兼容性：其他软件的数据格式均可导入nTopology平台，转换为隐式模型，并用于生成新的几何图形，同时支持数据导出至其他CAD、CAM、CAE或PLM系统中。

② 驱动式设计　驱动式设计提供了一种指定设计特征的参考控制方法，可快速实现基于数学公式、函数、实验数据、有限元分析结果或其他数据的结构参数驱动式设计，生成创新设计解决方案。

a. 预先验证的设计结果：不同于其他的拓扑优化概念设计需要进行结构性能验证，nTopology设计平台的驱动式设计结果直接来自基本的工程原理，且可以用预先验证的实验数据进行校准；

b. 用于多物理场的优化问题：基于数学函数的驱动式设计，几何结构形状、压力、温度、流量等函数或公式均可作为驱动参数，因此可以实现其他软件无法实现的多目标、多物理场同时优化。

c. 利用现有的工程知识：驱动式设计不仅可以基于有限元分析结果，还可基于实验数据、制造常识和其他的工程经验、工程模型等，具有独特的优势。

③ 可重复使用的工作流　nTopology 设计平台的工作流可自定义、可自动化、可重复使用、可共享，大大提高了流程效率，同时可帮助工程师获取工程知识。

a. 工作流完全可自定义：nTopology 设计平台配备了一套内置的工具包，可以解决大多数工程问题，同时支持自定义工具包，这些用户定义的工作流可以重新打包为自定义工作流，并在其他工作流中重复使用。

b. 工作流可重复使用：通常每个工作流都有特定的输入和输出，当使用相同的方式重新执行输入时，nTopology 工作流将总是产生相同的确定性输出，输入参数改变时，可以再次利用已经定义好的工作流，生成新的解决方案。

nTopology 作为一款面向增材制造的高效设计平台，可以为用户大大提升设计效率，缩短产品开发的迭代周期，提高产品的性能，解决增材制造全流程的设计需求。具体应用价值如下：自由拖拽模块化的工具开展设计，快速方便地搭建设计流程；自定义工作流设计，避免重复搭建设计流程，大大提升了设计效率；具有大量可选晶格及纹理库，能快速迭代，可实现产品晶格填充及表面纹理设计；快速搭建基于函数、实验数据和仿真分析结果驱动的设计，实现目标驱动的设计；含模型设计、轻量化设计、仿真分析、拓扑优化、打印支撑设计及模型切片等功能模块，可满足面向增材制造的复杂产品打印前准备的需要。

在 3D 打印领域，根据 3D 科学谷的市场观察，Hexagon 旗下的仿真软件 Simufact Additive 于 2020 年 9 月 24 日推出了 Binder Jetting 黏结剂喷射金属 3D 打印工艺仿真技术，使制造商能够在设计阶段预测并防止烧结过程使零件产生变形。新的仿真工具标志着增材制造迈出了重要的一步，因为它可以帮助制造商获得所需的成品质量，从而使 Binder Jetting 黏结剂喷射金属 3D 打印工艺在批量生产上具有独特优势。

此外，这里要专门讲一下电弧增材制造需要发展针对机器人系统的专用 CAM 软件。为了获得更大的增材范围、更自由的增材角度，电弧增材制造往往采用六轴工业机器人作为执行机构。增材制造时机器人的运动轨迹是由数万个甚至更多"空间点"组成的复杂空间轨迹。需要优化这些点在路径间的连接顺序，计算机器人设备的可达性，调整机器人的点位姿态，再添加设备控制指令、工艺参数信息等，才能生成机器人可执行的增材制造程序。在实际应用中，要生成如上所述的增材制造程序，有四种常见的编程方式：通过手工建模结合机器人离线编程软件直接编程、通过减材 CAM 软件与机器人后处理程序结合编程、通过其他增材制造CAM软件与机器人后处理程序结合编程、使用电弧增材专用CAM软件编程。通过手工建模结合机器人离线编程软件直接编程往往被用于制作一些试样、试块等规则、简单的零件，而不适用于实际生产。通过减材CAM软件与机器人后处理程序结合编程生成的增材轨迹必须要做极大量且极高难度的人工干预和修正，但依然很难完全适应电弧增材的各项工艺特性，并且对于编程人员的能力和经验要求都极高，不具备实践价值。通过其他增材工艺CAM软件与机器人后处理程序结合编程，这种方式存在的问题本质上与使用减材CAM软件的方式一样，是工艺上的不适用。由于增材程序的路径规划与工艺密不可分，对于电弧增材来说，规划合理的切片填充方式、路径顺序、起收弧位置、机器人焊枪姿态，尽量减少起收弧次数，针对特殊特征（如拐角、搭接、薄壁等位置）的优化处理（如轨迹优化、速度优化等），都决定着电弧增材的成形质量，因此，直接使用其他增材工艺CAM软件生成的程序，增材过程中会产生诸多质量问题，而为了生产出质量合格的零件，就必须依赖于大量的人工干预编程，从而陷入和使用减材CAM软件编程一样的困境。因此，要想在真正意义上实现从设计到制造的"直接"衔接，使能够充分适应工艺特性实现自动规划、智能优化增材程序的电弧增材专用CAM软件编程是唯一解。

　　然而，要开发通用、实用、易用的电弧增材专用CAM软件，投入巨大且绝非一日之功，不仅需要能跨学科融合计算机图形学、机器人运动学或材料学的高端技术研发人才具有丰富的硬件集成经验，更需要其长期持续的生产实践来不断积累工艺经验。这也是为什么放眼全球市场上，虽然不少CAM软件可以"兼容"电弧增材，但真正能应用于生产实践的电弧增材专用CAM软件则凤毛麟角并且价格高昂。目前市场上部分电弧增材成套系统如WAAM3D的RoboWAAM、GEFERTEC的3DMP等会搭载系统专用的软件；个别电弧增材用户使用自研的定制软件。除此之外，较为成熟、可以商用的电弧增材专用CAM软件主要有METAL XL和IungoPNT两款。另外，一家2021年成立的法国-瑞典跨国初创公司Adaxis的在研尚未发布的软件平台也值得关注。2019年11月，荷兰MX3D公司推出了商用版软件METAL XL。在此之前的数年，MX3D一直作为增材服务商为用户提供电弧增材打印服务。由来自国内电弧增材制造技术"高地"南京衍构科技开发的IungoPNT则是一款在2017年就正式投向市场的国产智能电弧增材专用CAM软件。从2013年启动研发，并持续不断地对产品迭代优化，IungoPNT经历了大量用户的验证，在2021年被选作全国首款用于电弧增材国家级技能竞赛的指定软件。

5.3.1.3　Voxeldance Additive 4.0国产软件

　　上海漫格科技有限公司作为国内极少数从事开发增材制造专用软件的公司，致力于开发增材制造工业CAD/CAM软件，为智能制造提供最专业的软件解决方案和服务。Voxeldance Additive是由上海漫格科技有限公司自主设计研发的一款强大的智能3D打印前处理软件，可用于DLP、SLS、SLA和SLM等多种3D打印技术，包含数据导入、文件修复、方向优化、模型编辑、智能2D/3D摆放、轻量化、生成支撑、分析、切片和路径规划等模块，能够满足3D打印前处理的所有需求。2022年8月发布的Voxeldance Additive 4.0不仅全面支持SLA、SLS、SLM等主流工业3D打印技术，更搭载了30多个软件更新和性能优化程序，为数据处理工作者提供了更多的操作便利，助力企业直面3D打印的挑战，赢得发展的先机（图5-55）。

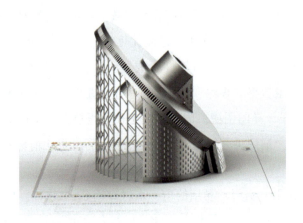

图5-55　上海漫格科技有限公司发布的Voxeldance Additive 4.0软件界面

该软件具有以下几大亮点：

① 4.0版本全新的包裹修复可以较为精准地计算出零件的最外层轮廓，忽略零件内部细节，快速获得可打印零件。

② 4.0版本全新的网格光顺功能可以解决扫描STL数据的尖锐细节等问题，让表面更光滑，得到的数据处理文件更适合打印，避免了使用其他软件进行处理、导入导出操作的烦琐。

③ 相比柱状支撑，树支撑更加节约材料，尤其在支撑面高度比较大的情况下，节省材料更多。Voxeldance Additive 4.0支持树支撑的手动编辑，操作更加灵活。

④ 网状支撑是一种放射形网状结构的支撑。相较块支撑等常规支撑结构，网状支撑能够更好地约束环形支撑面的收缩特性，从而更好地防止零件变形。

⑤ 4.0版本全新的块支撑边界增强可以防止边缘和基板接触部位的开裂，提供了更强的支撑约束力，保证在去应力退火之前，零件被稳定地控制在底板上，从而提升了打印成功率。

⑥ 特征区域是一个影响零件局部打印参数的空间边界条件。4.0版本全新的BP特

征区域功能允许用户设置特征区域，并在特征区域与零件相交的位置配置不同的激光扫描策略，从而在细节部分得到更好的打印质量效果。

5.3.2　成套装备

根据金属增材制造技术的分类，分别介绍以下成套设备。

5.3.2.1　粉床选择性激光熔化装备

粉床选择性激光熔化增材制造设备是目前所有增材制造设备中发展最成熟、工程应用最广泛、智能化程度最高的设备。

西安铂力特增材技术股份有限公司于2022年5月发布了可配备12个激光器的多激光大幅面金属3D打印设备BLT-S1000，该设备是向着大尺寸、高效率、智能化、品质可控的金属增材制造发展方向持续探索的成果。该设备的成形尺寸可达1200mm×600mm×1500mm。BLT-S1000标配8个激光器，可选配10个激光器和12个激光器，实现了多光束无缝拼接，设备多激光器光斑尺寸、能量密度一致，光斑尺寸偏差不超过5%，能量密度偏差不超过10%（图5-56）。以上激光器的光路与风场的特点，对于BLT-S1000设备实现力学性能一致性、制件精良具有积极的意义。配有12个激光器的BLT-S1000成形效率可达300cm³/h。除了多激光器配置提高了打印效率，BLT-S1000还可针对同一种材料提供高效率打印策略、高质量打印策略、智能打印等不同的打印策略，兼顾质量与效率。

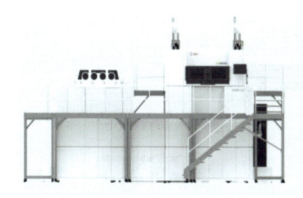

支持材料：钛合金、铝合金、高温合金、钴铬合金、不锈钢、高强钢、模具钢
成形尺寸：1200mm×600mm×1500mm
激光器：500W×8/10/12
成形效率：200/250/300cm³/h
外形尺寸：10150mm×6500mm×5525mm
安装空间：12000mm×9000mm×6500mm
配套软件：Magics；BLT-BP；BLT-MCS

图5-56　西安铂力特增材技术股份有限公司研发的BLT-S1000粉床选区激光熔化成套设备

在智能制造方面，BLT-S1000对零件的打印质量进行了全方位的监控，具有零件高度自检、铺粉质量监控、三维重建等功能，全方位为零件质量保驾护航（图5-57）。其中，零件高度自检功能通过实时对比平台位置和模型理论高度，可以避免意外操作和中

途接刀导致的高度丢失，提高零件的一次打印成功率。零件三维重建可以通过三维数据体直观理解成形过程，具有及时、高效的特点。铺粉质量监控能够实现全程监控，智能判定是否停机和自动修复。三维重建功能协助设备在打印时快速识别成形缺陷，实时显示已成形部分，为用户带来更好的可视化体验。在成形过程中，三维重建功能可进行实时比对，智能识别成形缺陷。

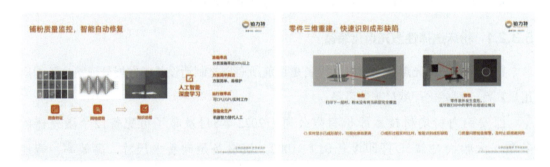

图5-57   铂力特BLT-S1000设备在线监控相关功能

易加三维于2022年6月发布了M1250粉床选择性激光熔化增材制造设备（图5-58），净成形尺寸可达1250mm×1250mm×1250mm，且Z向尺寸可定制到2000mm。M1250配置了高端定制光纤激光器（500W×9）和九激光九振镜系统，采用多激光器精准定位＋拼接区精度控制技术，保证了高效生产和打印品质的均一稳定。该设备除了突破了大成形尺寸核心技术外，还同时解决了设备安全控制，打印零部件质量、精度稳定可靠，工艺设计结构优化，生产效率大幅提升等一系列问题，是可作为长期生产工具的增材制

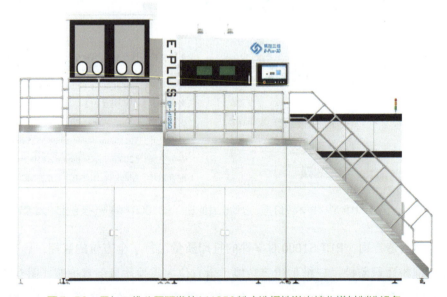

图5-58   易加三维公司研发的M1250粉床选择性激光熔化增材制造设备

造设备。在设备智能化方面，M1250配备了自主研发的软件控制系统，设备智能化程度高。

① EPHatch工艺规划软件　支持对SLC/CLI切片文件进行加工路径填充，具备不同特征区域智能识别、工艺参数丰富、开放可调等特点，能满足不同类型零件打印的工艺需求。

② EPlus 3D控制软件　可实现对零件加工成形整个过程的控制，同时具有过程监控及物联网等相关功能，可满足智能车间的生产管控需要。该控制软件主要由调机页面、排版页面、加工页面、报告页面构成，具备易操作、流程化、智能化等特点，用户按操作指引即可轻松完成打印任务。

5.3.2.2　粉床选择性电子束熔化装备

粉床选择性电子束熔化装备生产厂商相对选择性激光熔化装备生产厂商数量明显较少。国外代表性企业有GE集团的瑞典Arcam公司，该公司最新的Arcam EBM Spectra型设备配备了电子束自动校准、逐层质量验证、多电子束技术等智能化策略来实现质量稳定性和高效率。国内代表性企业包括天津清研智束科技有限公司、西安赛隆金属材料有限责任公司，两家公司均有自主研发的商业化设备。

5.3.2.3　激光定向能量沉积装备

北京煜鼎增材制造研究院有限公司，在国家重点研发计划的支持下，与北京航空航天大学大型金属构件增材制造国家工程实验室进行产学研合作，研发了目前全世界最大的激光定向能量沉积增材制造成套设备（图5-59）。该设备采用了新型多路沉积桥式运动系统，最大零件制造能力达到7000mm×3500mm×3500mm，配备了具有2台10kW

图5-59　北京煜鼎增材制造研究院有限公司研发的激光定向能量沉积增材制造成套设备

激光器的双激光系统，钛合金沉积速率最高可达3kg/h，拥有可扩展式的气氛保护系统，能够实现空间自由变化，气氛氧含量稳定控制在小于80μL/L，机床结构紧凑，主机部分占地仅为10800mm×6600mm。在智能制造方面，该设备配备了高速摄像机、红外摄像机和多通道位移测量系统配件，能够实时监控零件成形过程的状态、温度场（图5-60）和典型位置位移，针对大型整体构件能够保证对其成形过程中的变形开裂进行控制。

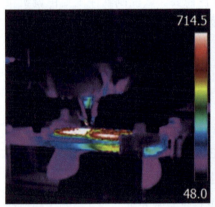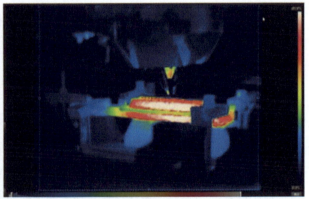

图5-60   北京煜鼎增材制造研究院有限公司研发的激光定向能量沉积增材制造成套设备
在线监控温度场监控结果

5.3.2.4　电弧定向能量沉积装备

北京理工大学电弧增材制造团队突破了侧向输送丝材在移动电弧下的熔融差异性关键难题，实现了在三轴而非多轴数控系统中丝材熔融与送丝方向的无关性，为推动非熔化极电弧增材制造技术的发展提供了理论基础和技术支撑。团队进一步发展了国产电弧电源、送丝机和机床协同控制的电弧增材制造专用控制系统，研制了多弧并行系列化自主装备，通过分区成形，实现了高效高精一体化，支撑了大型结构分区制造、小型零件批量制造。装备的关键是通过发展机器学习与视觉识别融合的智能控制系统，实现多弧并行增材制造质量的一致性和稳定性。团队基于多弧并行增材制造装备，进一步开展了点阵夹芯结构的高效增材制造与应用研究。该研究揭示了熔池在复杂温度场中的流动性和凝固特性，以及重力/弧吹力/电弧磁场作用力/表面张力对熔池凝固行为的影响规律，建立了熔池悬空快速凝固的力热判据，提出了低频脉冲、热丝辅助的无支撑电弧增材制造方法，在三轴运动执行机构上可实现空间杆件−30°～90°的任意成形，极大拓展了先进结构创新设计空间。基于此，建立了轻质多功能点阵夹芯结构的电弧增材制造工艺流程，实现了抗爆多层点阵夹芯板材制备，并应用于新型号装甲救援车辆中，使底板等的面密度抗爆防护性能提升2倍以上（图5-61）。

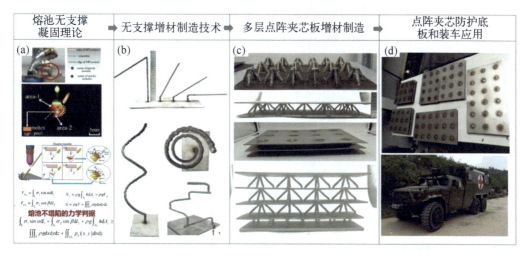

图5-61　北京理工大学自主研发的多弧并行增材制造装备和典型样件

5.3.2.5　电子束定向能量沉积装备

　　国内从事电子束定向能量沉积增材制造成套装备（设备）和技术研发的单位相对较少，技术较为成熟、有成套设备的有西安智熔金属打印技术有限公司、航空工业北京航空制造工程研究所等单位。其中，西安智熔自主研发了 GLC、GLS 系列电子枪（加速电压为60～150kV），开发了 EBVF3、SMARTBEAM 两大技术平台，核心技术领域已获19项专利授权。该公司于2017年3月发布了国内首台商用电子束熔丝增材制造成套装备ZCompleX系列，其中ZCompleX5型金属熔丝增材制造系统是面向工业应用的，适合中大型零部件毛坯快速增材制造（图5-62）。该成套装备最大成形能力达到1500mm×2000mm×1500mm，熔丝沉积速率达到10kg/h（不锈钢），可采用室内双送丝或室外双送丝技术，适用的丝材直径为1～4mm，支持钛合金、不锈钢、铝合金、铜合金以及W、Mo等难熔合金体系。在智能化增材制造方面，该设备拥有CCD成形过程观察系统、熔丝过程监控系统等质量监控系统，可保证成形精度，减少产品缺陷；自主研发的ZSLICE分层切片软件可实现自动规划加工路径，降低热应力影响；自适应室外送丝系统可快速切换材料，可选多路送丝系统，实现功能梯度材料的制造。

图5-62　西安智熔公司开发的ZCompleX5型金属熔丝增材制造系统

在国外，美国Sciaky公司在电子束定向能量沉积增材制造设备和应用技术方面在世界上一直处于领先地位。2022年6月11日，该公司宣布，电子束增材制造（EBAM）工艺已率先实现超过18kg/h的沉积速率，这是世界上最快的工业金属3D打印工艺之一。该公司的最新型设备工作空间长度超过6m，宽度超过2m，高度超过1.8m。该设备安装了通过层间实时成像和传感系统闭环控制的IRISS智能化系统，是能够以精确和可重复方式实现实时反馈、自适应的金属沉积控制系统，可以使Sciaky的EBAM工艺始终提供一致的几何形状、力学性能、微观结构和金属化学成分（图5-63）。

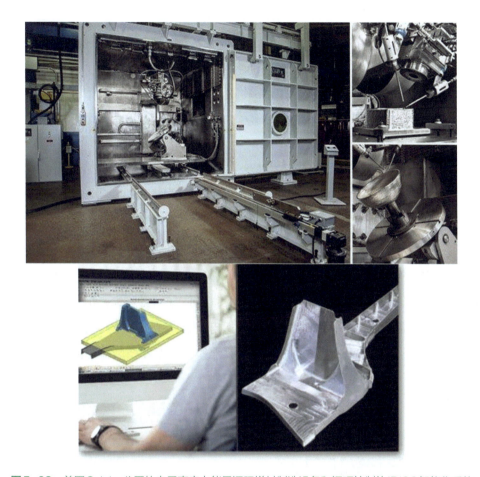

图 5-63　美国 Sciaky 公司的电子束定向能量沉积增材制造设备和闭环控制的 IRISS 智能化系统

5.3.2.6　高通量/多材料增材制造成套设备

以国内已经商业化的三个高通量增材制造成套设备进行介绍。

北京煜鼎增材制造研究院有限公司与北京航空航天大学大型金属构件增材制造国家工程实验室合作，研发了国内首套激光定向能量沉积高通量制备商业化设备。如图 5-64 所示，该设备采用 6kW 高功率激光器，构件成形能力在 3 ～ 1000mm，制备效率 0.5 ～ 5kg/h 可控；能够一次性制备样品数量 ≥ 1000 个；能够制备成分及结构梯度可控的样品，能够制备小到纽扣状样品大到三维大型复杂整体构件。该设备有 5 个储粉罐，能够同时使用 5 种原材料或者预合金金属粉末，搭配了多通道粉末流量计算机控制的送粉装置和自动混粉系统，能够自由搭配 5 种原材料的比例，实现不同成分合金智能化数字化成形。目前该公司正在研发第二代高通量增材制造设备，性能会进一步提升。

安世亚太科技股份有限公司携手中国钢研科技集团有限公司，基于选择性激光熔化

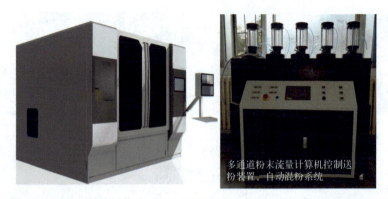

多通道粉末流量计算机控制送
粉装置、自动混粉系统

图5-64　北京煜鼎增材制造研究院有限公司研发的激光定向能量沉积高通量增材制造设备

技术开发了具有国际领先水平的DLM-120HT金属材料高通量增材制造设备。DLM-120HT
是基于异质粉末3D打印的金属新材料开发高通量增材制造平台。其直接利用金属粉末或
合金粉末进行选择性激光熔化成形，一个打印过程可实现4种粉末、160种材料成分配比
的力学性能样件的制备，并完成均质化处理，适用于钢铁材料、铝合金、钛合金、镍基高
温合金、高熵合金等金属新材料的成分筛选、性能研究以及梯度材料的研究（图5-65、

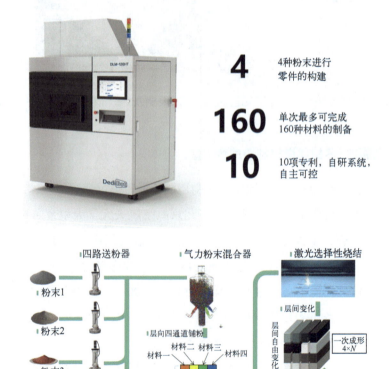

图5-65　中国钢研科技集团有限公司研发的粉床选择性激光熔化高通量增材制造成套设备和原理示意图

图5-66　中国钢研科技集团有限公司研发的粉床选择性激光熔化高通量增材制造典型样品

图5-66）。2022年1月6日，中国金属学会在北京组织召开了成果评价会，评价了由中国钢研科技集团有限公司、北京钢研新材科技有限公司和杭州德迪智能科技有限公司等单位共同完成的"Material-DLab金属材料创新研发平台构建及应用"科技成果，经中国工程院院士、材料加工工程专家谢建新教授及其他评价委员会委员鉴定，此科技成果已达到国际领先水平。

DLM-120HT金属材料高通量增材制造平台具有以下特色。

① 混构打印。能实现不同金属粉末的混构打印，可自由设计成分过渡，加速新材料研发过程，且可制备对不同部位有不同要求的梯度材料金属构件，从而提高构件性能、延长其使用寿命。

② 高性能。拥有精确控量的送粉器、自主知识产权的高效粉末混合装置和高效、快拆、易维护的粉路系统，能实现快速试样制备。

③ 高灵活性。自主研发的APRO控制系统结合高度模块化的主机设备，可实现传统3D打印模式和高通量制备模式的自由切换，实现全自动、高效的样块及零件制备过程。

广州雷佳增材科技有限公司的LASERADD系列工业级金属3D打印设备DiMetal-300支持单一材料成形、2～4种材料梯度成形、1～4种材料不同位置成形，可实现单一材料零部件的高效率成形以及多种材料零部件的大幅面增材成形。该装备搭载大功率激光器、动态聚焦扫描振镜、多重滤芯保护气过滤系统以及柔性铺粉系统，采用多材料斗送粉和集成化控制软件，最大成形尺寸250mm×250mm×300mm，尺寸精度达到±0.05mm，成品相对致密度可达98.5%以上，并且可以根据产品产量和用途的不同，选用不锈钢、模具钢、钴铬合金、铜合金、铝合金、钛合金等任意两种及两种以上金属材料的组合成形，结构设计自由度高，可应用于航空航天、汽车零部件、船舶、工业模具、基础科研等领域（图5-67）。

图5-67 广州雷佳增材科技有限公司开发的粉床选择性激光熔化高通量增材制造成套设备和典型样品

5.4 增材制造专用高端新材料研发

5.4.1 增材制造专用高端新材料研发概述

金属增材制造技术自20世纪90年代初期出现以来，从最早的原型制造发展到现在的关重金属构件直接制造，在航空航天等领域广泛应用。作者认为，增材制造金属材料经历了四个不同的发展阶段。第一阶段是1990年到2000年，也就是金属增材制造技术开始发展、尚未成熟的阶段，在此期间，金属增材制造技术主要针对的是一些非常具体的高价值难加工金属材料，例如TC4钛合金零件，因此所采用的材料仅局限于TC4钛合金等极少数几种合金。第二阶段是2000年至2015年，此期间金属增材制造技术发展到具有一定的成熟度，逐渐受到国内外研究机构和学者的关注。研究者开始对现有的金属材料大规模开展增材制造技术研究，找出了一些适合增材制造的合金，验证了大量不适合增材制造的合金体系。第三阶段是2015年至2018年，此时金属增材制造技术进一步成熟，在航空航天等领域获得了较多的工程应用。针对之前不适合增材制造的合金体系，研究者一方面探索其匹配的增材制造工艺，例如通过预热来解决脆性材料用于增材制造，另一方面开展了微合金化改性合金研究，发展增材制造专用的合金体系。第四阶段是2018年至今，研究者开始面向增材制造成形工艺的特点进行合金成分设计，希望发展出增材制造专用的合金体系，使其能够兼具成形工艺性和力学性能，将材料科学与材料基因工程、人工智能等学科形成交叉，能够进一步促进增材制造专用材料体系的研发。目前，该研究方向也正成为增材制造领域的研究热点之一（图5-68）。

图5-68 增材制造金属材料发展阶段

　　事实上，研发增材制造专用高端新材料是现状所困和需求牵引的共同结果。一方面，现在航空航天等领域高端装备广泛应用的金属材料体系，均是近几十年面向传统铸造和锻造技术工艺研发出来的，由于增材制造技术与传统制造技术在制备工艺上有巨大差异，这些合金直接用于增材制造不可避免地会出现不匹配，导致成形件内部质量和力学性能难以达到标准要求。例如，传统单晶高温合金成分设计一般合金化程度较高，从而实现较高含量的γ'相强化，这种凝固区间较大的合金虽然用在较慢的凝固速率和冷却速率的铸造中没有问题，但在增材制造中会导致成形件严重开裂的问题。再如，传统的钛合金设计一般是面向锻造技术设计的，通过变形再结晶实现成形件强化，而增材制造会形成粗大的原始β柱状晶，往往会导致成形件性能恶化和各向异性。另一方面，增材制造工艺具有小熔池非平衡快速凝固和循环加热冷却微热处理等工艺特点，理论上能够形成快速凝固的细小均匀显微组织和非平衡亚稳相组织，如果能够在合金设计时充分考虑增材制造的工艺特点，一定会为增材制造构件带来力学性能的提升。从这两方面考虑，研发增材制造专用高端新材料具有重要意义。此外，增材制造小熔池逐点逐层沉积成形的独有工艺特点可以原位合成新成分合金，相比于传统制造技术研发新合金具有突出优势，可以大大缩短研发流程、研发周期和研发成本。

　　此外，材料基因工程和人工智能相关技术也为增材制造专用高端新材料的研发起到了重要的推动作用。英国剑桥的人工智能公司Intellegens开发的一种新的机器学习算法——Alchemite深度学习算法已被用于设计一种金属增材制造镍基合金，该算法为团队节省了大约15年的材料研发时间和大约1000万美元的研发成本。Alchemite深度学习算法设计的新合金是通过定向能量沉积（DED）金属3D打印工艺制造的，该合金可满足增材制造所需的性能目标，用于制造喷气发动机零部件。Alchemite深度学习算法能够从完成率仅为0.05％的数据中学习，能够链接和交叉引用可用数据，验证潜在新合金的物理性质并准确预测它们在现实应用场景中的运行方式。随着Alchemite深度学习算法的应用以及最合适的合金的确定，研究团队开始了一轮试验以确认新材料的物理性质。该团队希望新合金具有优越的加工性，在成本、密度、相稳定性、抗蠕变性、抗氧化性、疲劳寿命和耐热应力等方面符合期望。结果表明，与其他商业合金相比，新合金更适合DED工艺应用。Citrine智能材料平台是基于尖端AI工具和智能数据管理基础架构搭建而成的，可用于数据驱动的材料和化学品开发。Citrine智能材料平台可以快速搜索1150万种粉末和纳米颗粒的组合。平台可针对目标材料的性质按批次寻找组合，识别关联的数据集和数据流，创建材料感知数据结构，然后基于数据来生成、细化和验证模型。

经过近几年的发展，国内外机构和学者在增材制造专用高端新材料研发领域取得了一定的研究成果，但其总体而言仍处于发展的初期阶段。除了少数几种选择性激光熔化专用高强铝合金初步获得了工程应用外，其他合金体系仍处于实验室研究阶段，面向工程应用还有很长一段路要走。下文将以铝合金、镁合金、钛合金、高温合金为例，简述国内外增材制造专用高端新材料研发所取得的一些研究进展。

5.4.2 增材制造专用高性能金属结构材料研发现状

5.4.2.1 铝合金

早期增材制造铝合金的研究主要集中于AlSi10Mg等少数几种中低强度铸造用铝合金，但该类铝合金的室温抗拉强度一般不高于400MPa，应用范围有限，只在一些非承力构件上获得了工程应用。而航空航天领域先进装备应用量较大的高强变形铝合金（如2024、7075等），在增材制造过程中普遍存在严重开裂的内部质量问题而无法成形。研究者发现，中较高的合金元素含量和较宽的冷却凝固温度范围，增材制造过程中形成的粗大柱状晶，以及循环加热冷却产生的巨大热应力是导致高强变形铝合金形成裂纹甚至产生开裂的根本原因。这一瓶颈性难题单纯依靠增材制造成形工艺参数优化调整无法解决，极大地限制了增材制造铝合金构件的应用推广。研究者发现，研发与增材制造成形工艺相匹配的高强铝合金成分是解决这一难题的唯一途径，也正是因为高强铝合金增材制造的迫切需求，近几年国内外多家研究机构开始研发增材制造专用的高强铝合金成分系列，并取得了非常突出的研究成果。目前全世界已经报道的有 5 ～ 10 种增材制造专用新成分铝合金，其中部分 AM 专用高强铝合金已经在航空航天领域获得工程应用（例如空客的 Scalmalloy），还有一部分正在进行相关验证、考核、评价。不过，目前研发成功的 AM 专用增材制造高强铝合金粉末主要是面向选择性激光熔化增材制造技术的，与定向能量沉积增材制造相匹配的铝合金粉末或丝材尚未见报道，并且这些粉末价格昂贵。增材制造专用高强铝合金主要分为纳米颗粒改性体系和新成分设计体系两大类。

目前已报道的几种典型增材制造专用高强铝合金种类和力学性能如表 5-1 所示，其中 R_m 为抗拉强度，$R_{p0.2}$ 为非比例延伸强度（也称屈服强度），A 为断后伸长率。可见，这些增材制造专用高强铝合金室温抗拉强度均超过了 500MPa，具备了在航空航天领域应用的水平。下文逐一叙述。

表5-1 国内外报道的增材制造专用高强铝合金种类和力学性能汇总

类别	EOS AlSi10Mg	空客 Scalmalloy	苏州倍丰 Al250C	英国A20X	中车新型铝合金	7075锻件
R_m/MPa	460±20	520	590	511	506 ～ 550	572
$R_{p0.2}$/MPa	270±10	470	580	440	—	503
A/%	9±2	13	11.50	13	8 ～ 17	11
250℃ R_m/MPa	—	150	250	211	260(215℃)	76

2017 年，美国 California 大学 HRL 的 Martin 等学者在 *Nature* 上发文提出，传统的 7 系高强铝合金不适用于 3D 打印，主要是因为增材制造过程中凝固组织呈现定向树枝晶生长，溶质易在界面附近偏析形成较长的液相通道，在凝固温度降低时液相凝固收缩产生孔隙和裂纹导致成形件报废。作者通过重新优化合金成分，引入纳米锆粒子作为成核剂，在激光熔池中形成 Al_3Zr 异质形核剂，促进了等轴树枝晶的形成，从而降低了凝固收缩应力的影响，获得了具有细等轴晶组织、无裂纹的高强铝合金构件，抗拉强度达到 383 ～ 417MPa。该研究还使用了材料计算方法来寻找效果最佳的异质形核纳米颗粒。在 2017 年成功开发出纳米颗粒成核剂之后，HRL 就面临着如何在商业化这项技术的同时获得技术保护的问题。2019 年，HRL 在美国铝业协会注册了用于增材制造合金的铝合金粉，HRL 实验室的注册号为 7A77.50，合金的注册号为 7A77.60L，实现了细晶粒微观结构，并与锻造材料具有相当的材料强度。HRL 所开发的 3D 打印用高强度 7A77.60L 铝合金粉正式投放市场，用户可以直接向 HRL 购买这种铝合金材料。由于强度不是工

程应用的唯一标准，因此HRL正在提高7A77的耐腐蚀性、断裂韧性和疲劳强度。用于开发7A77的技术还被用于开发2000和6000系列铝合金，预计将在不久的将来投放市场。HRL的这一研究成果具有开创性意义，是增材制造纳米改性高强铝合金体系的典型代表（图5-69）[17]。

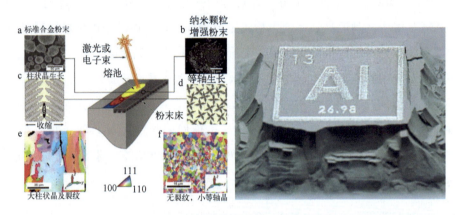

图5-69　增材制造专用纳米改性7A77铝合金凝固组织和商业化铝合金粉末

此外，2021年英国铸造公司Aeromet International推出了纳米陶瓷增强AlCu体系A20X铝合金粉末，其经热处理后拉伸强度为511MPa，屈服强度为440MPa，伸长率为13%。目前该材料已获《金属材料性能研发与规范化》（MMPDS）和航空航天材料标准（AMS）收录，已被全球领先的航空铸造供应商采用，基于该材料开发的航空散热结构件已成功替代传统采用钛合金制作的中温构件，并帮助法国某型号发动机实现"瘦身"。上海交通大学王浩伟教授团队成功开发的TiB_2增强AlSi10Mg体系，可实现抗拉强度530MPa、延伸率13.5%，已经在民机项目上得到了应用。该材料体系在商业化运作上投入较大，成立了专门的公司，建立了生产制造基地。

Scalmalloy是世界上第一种专门为选择性激光熔化增材制造开发的铝合金，也是目前全世界研究应用最成功的增材制造新成分高强铝合金，2014年由空客公司和APWORKS合作开发（图5-70）。该团队基于激光增材制造成形工艺的特性，充分考虑高强铝合金的化学成分、物性参数、强化相设计与调控等因素，设计的专门用于激光增材制造的新型高强铝合金Al-Mg-Sc-Zr合金Scalmalloy，本质上是Sc和Zr修饰的Al-Mg合金，由于其高冷却速率和快速凝固的特性，使其具有独特的微观结构，在高温下仍保持稳定。该材料的密度相对较小，为2.67g/cm³，其激光增材制造成形试样的力学性能有了突破性提升，$R_m \geq 520MPa$，$R_{p0.2} \geq 470MPa$，伸长率≥13%，且其强度各向异性小于5%。该合金具有天然耐腐蚀性能，并且在热时效时表现出很高的显微组织稳定性。这使其特别适用于航空航天、运输和国防等领域，主要用于航空航天领域，其高强度和低密度特性使其适用于为减轻重量而设计的拓扑优化结构。空客在中国以空中客车防卫和太空有限责任公司为申请人，申请了一项名为"用于粉末冶金技术的含钪的铝合金"的专利（专利申请号为201611272966.6）。专利对该含钪铝合金成分做了如下规定：Mg 为 0.5% ～ 10%；Sc 为 0.1% ～ 30%；Zr 为 0.05% ～ 1.5%；Mn 为 0.01% ～ 1.5%。2020 年 9 月，该材料在中国开卖，价格昂贵，而之前这款高性能材料列在限制出口名单上[18-19]。

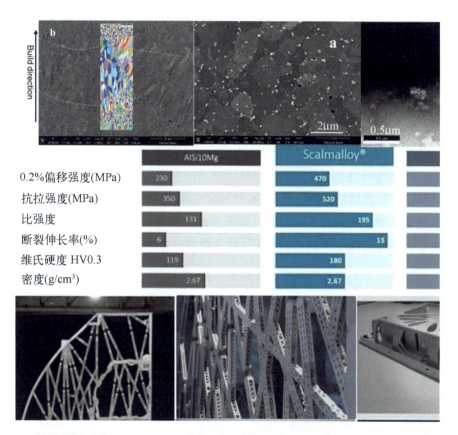

图5-70　空客和APWORKS合作研发的增材制造专用高强铝合金Scalmalloy

　　2019 年，我国苏州倍丰公司宣布开发出了 3D 打印专用的铝合金材料 Al250C，力学性能达到目前可用于 3D 打印的铝合金材料中的最高水平，其抗拉强度超过 590MPa，屈服强度 580MPa，延伸率 11.5%。特别要指出的是，该材料表现出了十分优异的高温使用寿命，目前适用于金属 3D 打印的 Scalmalloy 在 250℃时的使用寿命仅为 100h，而 Al250C 制备的构件在同样的 250℃高温下通过了持续 5000h 的稳定试验，满足发动机常规服役 25 年的要求，极大地提高了使用寿命，因此获得了通用、波音、雷神、赛峰等多家航空巨头的重视。用该材料制作航空铝合金 3D 打印结构件，更有希望替代目前航空航天领域中应用的部分钛合金构件，达到航空航天领域降低重量与节约成本的目的。目前，研发团队通过化学成分调整、后处理工艺优化等手段，采用具有自主知识产权的高强铝合金雾化凝固过程控制技术和高纯气体雾化技术，生产出的批次性稳定、性能优异的高强耐热新型铝合金Al250C粉体材料，已经达到了商业化应用的标准。

2020年，我国中车工业研究院有限公司研发了一种适用于SLM制备工艺、抗裂纹倾向同时具有多种强化机制的高强铝合金Al-Mg-Si-Sc-Zr（图5-71）。该高强铝合金粉末材料经批量生产以及多轮SLM技术验证，抗拉强度稳定超过506MPa，屈服强度超过500MPa，延伸率可超10%，显著优于空客公司Scalmalloy的打印性能以及其他7系锻造高强铝合金。针对3D打印过程中存在的热应力变形以及高强度的使用要求，研究人员对材料进行了冷热裂纹抑制设计和多重强化机制设计。其中，多重强化机制包括固溶强化、晶界强化、纳米相强化以及高密度堆垛层错强化。材料在打印过程中不会出现微裂纹，打印件具有非常细密的等轴晶组织。同时，由于材料良好的强塑性匹配，打印大尺寸零件也不会发生应力开裂，能够很好地应用于大型铝合金零部件的SLM成形。最关键的是，新开发的高强铝合金及相关打印技术均突破了空客公司Scalmalloy的专利限制，具有自主知识产权。粉末中Mg、Si等主要元素的比例范围均在空客专利范围之外，并添加了适量的其他微量元素。同时，基于成本因素考虑，Sc、Zr含量也进行了优化。目前，该材料及其打印工艺已申请专利4项，已获授权2项。新型高强铝合金粉末材料及相关打印技术由中车工业研究院主导研发，目前已稳定生产并已应用于中车轨道交通轻量化零部件的试制，包括拓扑优化结构的抗蛇形减震器座、抗侧滚扭杆座、轴箱体以及加强散热设计的散热器板等，均取得了极佳的减重和性能强化效果。其中，抗蛇形减震器座相比传统加工件减重72%[20]。

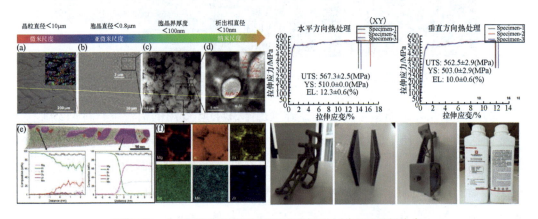

图5-71　中车工业研究院有限公司研发的SLM专用高强铝合金

5.4.2.2　镁合金

镁合金SLM增材制造的研究始于2010年报道的纯Mg，后来逐渐有了Mg-Al系、Mg-Zn系、Mg-Sn系、Mg-Mn系、Mg-Ca系、WE43镁稀土合金、Mg-Y-Sm-Zn-Zr镁稀土合金、镁基复合材料以及 Mg65Zn5Ca（原子百分含量）非晶合金等的相关研究。近年来，镁合金的 SLM 增材制造研究大多针对商业化的镁合金牌号，如 WE43、AZ91D、AZ31、AZ61、ZK60、ZK61 等。这些合金都是基于常规慢速凝固材料进行成分与工艺优化开发的，尚缺乏 SLM 工艺专用镁合金［兼具良好的工艺性能（即成形工艺区间宽）、不易产生孔洞裂纹缺陷、打印态及后处理态良好的力学性能］的开发。上海交通大学材料科学与工程学院轻合金精密成型国家工程研究中心针对 SLM 工艺开发了一系列适合该增材制造成形方法的高强度 Mg-Gd 系镁稀土合金（如 G10K、GZ112K、GZ151K、GWZ1031K 等）和生物医用 JDBM-NZ30K 镁稀土合金[21-24]。此类镁合金与传统商用镁合金相比更适合 SLM 增材制造，各种性能也更优秀。然而这些合金大多从传统合金优化而来，并未真正做到"SLM 专用"，在 SLM 过程中依然会存在一些开裂、孔洞等问题，有待于进一步研制真正的 SLM 专用的镁合金。

对于镁合金 WAAM 增材制造而言，以使用 AZ31B、AZ91D、AZ80M 等镁合金为主，同样无增材制造专用镁合金。Stefan Gneiger 等通过向 AZ 系列镁合金中添加 Ca 元素与稀土元素，形成 Mg-Al-Zn-Ca-Re 体系，开发了用于 WAAM 的丝材，最终制成的增材制造产品具有良好的力学性能。这是镁合金 WAAM 专用丝材用于制造的一次尝试，可以看出专用成分与丝材的研发对镁合金 WAAM 制造的重要程度。

5.4.2.3　钛合金

由于具有热导率低、对激光吸收率较高、合金凝固温度区间窄等物理性能，钛合金相比其他金属材料具有更优异的增材制造成形工艺性，也是目前增材制造领域获得工程应用最多的金属材料。以航空航天领域应用量最大的钛合金 TC4 为例，目前各种金属增材制造方法制备的 TC4 钛合金构件均可达到满足设计要求的内部质量和性能要求，也都实现了工程应用。然而目前工程应用主要集中于 TC4 等中低强度的双相钛合金，增材制造构件往往呈现出粗大的柱状晶组织和各向异性的力学性能，此外增材制造 β 型高强钛合金组织性能调控尚存在一定难题。因此，近年来国内外研究机构和学者开始了增材制造专用钛合金成分设计研究，以进一步提高增材制造钛合金构件的性能。根据已有报道来看，目前增材制造专用的新型钛合金尚处于实验室研究阶段，而增材制造专用的新型高性能钛合金成分系列未见工程应用报道。

目前，针对增材制造专用钛合金的研究主要集中于以成熟钛合金为基础的合金化改性研究，通过粉末混合和增材制造小熔池原位合金化的技术手段获得新型钛合金样品，期望提高其力学性能。国内外很多学者分析了激光增材制造 B 改性双相钛合金的成形工艺和组织性能，发现增材制造 B 微合金化的双相钛合金相比原成分钛合金的原始 β 晶粒尺寸显著细化，基本实现了从外延生长的粗大柱状晶转变成各向同性的细小等轴晶组织，并且获得了TiB析出相强化作用，抗拉强度显著提高（图5-72）。基于同样的原理，相关学者分析了Co、Fe、Cr、W等合金元素改性TC4钛合金的组织性能，在凝固组织原始β晶粒细化和力学性能提升方面均取得了一定的效果（图5-73）[25]。

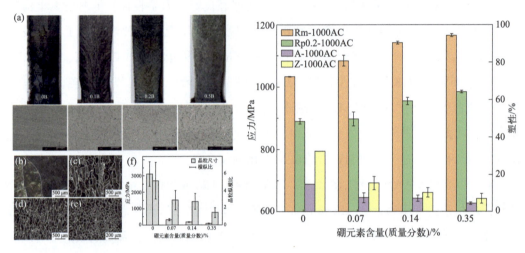

图5-72 激光增材制造B微合金化钛合金凝固组织和拉伸性能

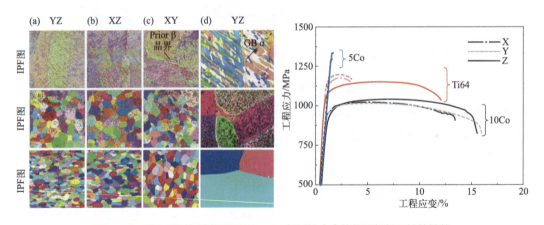

图5-73 激光增材制造新型TC4-xCo新型钛合金的凝固组织和拉伸性能

冶金学家一般倾向于认为合金成分缺乏均匀性是不可取的，因为这会导致性能缺陷，如脆性。增材制造过程中的关键问题之一是如何在快速冷却过程中消除这种不均匀性。但该团队之前的建模和模拟研究发现，部件中一定程度的不均匀性实际上会产生独特且不均匀的微观结构，从而增强合金的性能。增材制造的独特特性为设计微结构合金提供了更大的自由度。2021年香港城市大学刘锦川团队报道，基于选择性激光熔化增材制造过程中小熔池原位冶金合金化的思想，设计了一种新型钛合金TC4-x316L，借助3D打印技术实现了部分均匀化方法并生产了具有微米级浓度梯度的合金，这是任何传统材料制造方法都无法实现的（图5-74）。通过在3D打印过程中控制激光功率及其扫描速度等参数，成功地以可控的方式在新合金中产生了元素不均匀的成分，创造出了一种前所未有的高亚稳态熔岩状微结构。其中，激光增材制造TC4-（4.5）316L新型钛合金获得了抗拉强度1300MPa、伸长率9%和300MPa加工硬化能力的优异综合力学性能[26-27]。

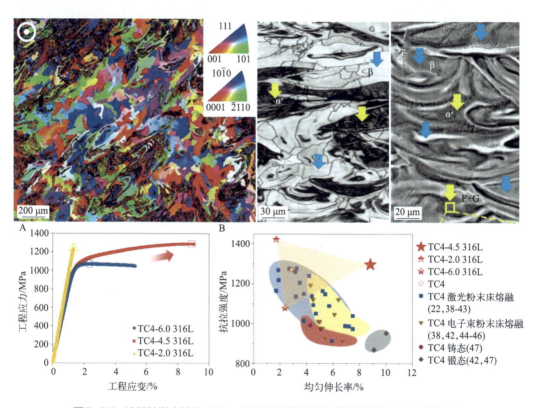

图5-74　选择性激光熔化Ti64-x316L新型钛合金的梯度微结构和力学性能特征

2019年，澳大利亚学者Duyao Zhang等在*Nature*上发表文章，指出目前应用于增材制造技术的成熟钛合金，如TC4双相钛合金，其相对较低的凝固温度区间和成分过冷能力导致增材制造过程中移动熔池快速凝固的异质形核能力很小，从而不可避免地形成粗大柱状晶组织和各向异性。据此设计了一种新型Ti-xCu合金，认为增材制造过程中Cu元素可以显著提高液固界面前沿的成分过冷能力，从而促进异质形核而形成超细等轴晶组织Ti-xCu合金，晶粒尺寸在10～50μm范围（图5-75）。而超快冷速非平衡凝固形成超细Ti_2Cu共晶相和Cu过饱和固溶体α相，Cu在α相中的2.8%含量超过其固溶极限2.0%。考虑了增材制造凝固冶金过程而专门设计的合金成分，形成了增材制造独有的组织特征，使合金室温拉伸性能明显优于传统制造技术。因此，Ti-xCu合金可以作为激光增材制造专用的新型高性能钛合金成分体系来发展研究[28]。

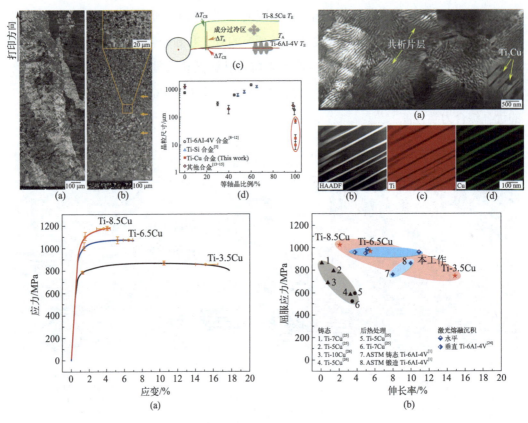

图5-75 激光增材制造用新型高性能Ti-xCu合金的组织和性能特征

5.4.2.4 高温合金

研究表明，目前增材制造高温合金相关应用仅集中于GH4169等少数成熟高温合金。其他众多高性能高温合金，如CM247LC、IN939、IN738和Hastelloy X等均由于严重的裂纹缺陷而无法实现稳定可靠的增材制造。尽管研究者已经初步掌握了增材制造高温合金裂纹的类型、形成机理和影响因素，但单纯依靠成形工艺参数调控无法根本解决裂纹问题。因此，开展增材制造专用高温合金成分设计和匹配工艺研究有重要意义，能够从根本上解决增材制造高温合金的裂纹难题。该研究方向近年来也成为增材制造领域的研究热点之一。目前，国内外在该领域的相关研究均处于早期研究和实验室探索阶段，尚未见大规模工程应用的报道[29]。

西北工业大学针对GH3536高温合金在激光增材制造过程中的开裂问题和成分优化开展研究。作为一种典型的固溶强化型镍基高温合金，GH3536(Hastelloy X)因其优良的抗氧化、耐腐蚀性和高温强度而被广泛应用作燃气涡轮发动机等的零部件，如燃烧室壳体和燃油喷嘴。然而Hastelloy X合金在增材制造过程中极易开裂，单纯的增材制造工艺优化无法根本解决。研究结果表明，激光增材制造的GH3536合金中的裂纹为凝固裂纹，其产生与C、Mo元素偏析，晶界能和晶界密度特征以及高的热应力/应变水平有关。据此提出了适当降低C含量、加入微量TiB$_2$纳米颗粒等方法来优化增材制造专用的合金的成分，从而降低增材制造过程中的合金的裂纹形成倾向，获得了成形工艺良好的新型GH3536合金成分，实现了激光增材制造无裂纹成品，成品综合力学性能优异（图5-76）[30]。

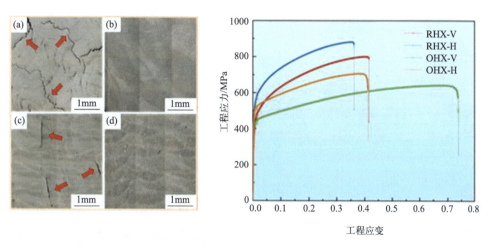

图5-76　激光增材制造新型成分优化的GH3536组织和力学性能特征

在激光增材制造专用高温合金的成分设计和匹配工艺研究方面，中国科学院金属所高温合金团队充分考虑了增材制造的成形工艺特点，以良好的成形性和性能为目标进行增材制造专用高温合金成分设计。其创新性地提出了增材制造专用高温合金成分设计的三大原则，即γ′含量控制在不高于60%，W、Mo、Co等固溶强化元素总量不高于16%，C、B、Hf等晶界/枝晶强化元素含量总量控制等，并以此为基础，设计了几个系列的增材制造专用高温合金，如ZGH401、ZGH688等，其增材制造构件成形工艺性和综合力学性能显著优于对比牌号高温合金，目前这些增材制造专用高温合金正在进行进一步的性能评价，尚未实现工程应用。

国外在增材制造专用高温合金成分设计方面研究报道和相关成果较多。2021年，牛津大学的Yuanbo T. Tang等研究者在*Acta*发文报道，通过计算合金设计方法成功设计出两款新型可增材制造的高温合金（图5-77）。其采用庞大的成分设计空间与可靠的物理模型来评估合金的多种性能，并以此为基础进行筛选和优化。对于增材制造的可加工性而言，核心考量为凝固与应变时效行为。设计之初采用的指标为Scheil凝固区间与应变时效指数，同时结合蠕变、强度、TCP相稳定程度等指标。新型合金ABD-850AM明显具有更好的增材制造加工性与更低的织构，被成功设计并投入试验。该合金展示了良好的增材制造加工性、高温强度与延展性，同时在ASTM标准化蠕变性能测试中远胜于

IN718合金并接近CM247LC合金的蠕变性能[31]。

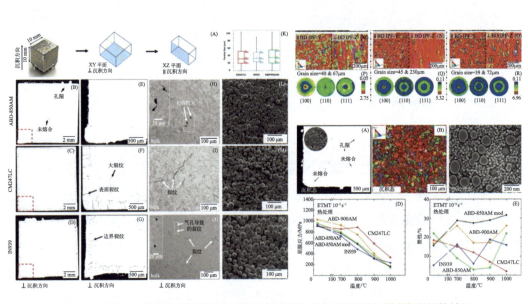

	Ni	Cr	Co	Al	Ti	Nb	Ta	W	Mo	Hf	Zr	C	B
ABD-850AM	Bal	18.68	17.60	1.29	2.22	0.60	0.44	4.74	1.89	—	—	0.01	0.003
CM247LC	Bal	8.30	8.99	5.62	0.75	—	3.16	9.45	0.52	1.32	—	0.07	0.016
IN939	Bal	22.10	18.80	1.76	3.80	0.97	1.37	1.96	—	0.01	0.11	0.16	0.009
ABD-900AM	Bal	16.96	19.93	2.11	2.39	1.78	1.42	3.08	2.09	—	—	0.05	0.005

图5-77　英国牛津大学团队增材制造专用高温合金成分设计方法和样品组织性能特征

　　2020年，美国加州大学圣芭芭拉分校的Sean P. Murray等在 *Nature Communications* 上报道了一类高强度、抗缺陷的Co-Ni基3D打印专用高温合金，成分主要是大约等量的Co和Ni，以及Al、Cr、Ta和W等合金元素（图5-78）。尽管存在高达70%（体积分数）的γ′相，该合金仍可产生无裂纹的部件。该新型高温合金在电子束熔化（EBM）打印和热处理后具有抗拉强度1180MPa及伸长率32%的优异力学性能，选择性激光熔化（SLM）打印和热处理后具有抗拉强度1180MPa及伸长率23%的优异力学性能。该合金力学性能优于现有的CM247和IN738LC。文章提出对该Co-Ni基高温合金成分进一步研究对今后增材制造的应用和推广具有重要意义[32]。

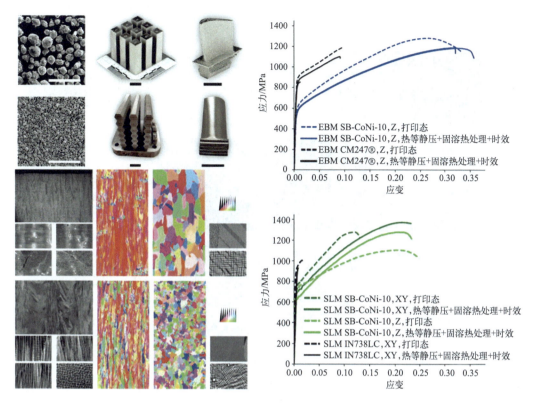

图5-78　美国加州大学团队报道的增材制造专用Co-Ni基高温合金

5.5　智能增材制造工程应用案例

5.5.1　我国北航大型钛合金整体叶盘智能增材制造技术

北京航空航天大学与航空航天发动机设计与制造单位进行产学研结合，长期开展航空发动机大型钛合金整体叶盘增材制造技术基础研究。经过十余年的发展，北京航空航天大学大型金属构件增材制造国家工程实验室开发了大型钛合金整体叶盘专用的回转体切片专用工艺软件，大大提升了路径规划效率和质量，采用高效率、高保真的仿真模拟技术模拟仿真了不同成形工艺方案的温度场、应力场和变形量分布，建立了大型钛合金整体叶盘内应力和变形开裂控制方法，优化出了最佳的成形工艺方案。应用自主研发的大型钛合金整体叶盘专用的旋转轴激光定向能量沉积装备，成形了直径达到ϕ1.2m以上的盘类构件。该设备具有增材制造全流程多通道温度场和应变场在线监测与反馈系统，能够最大限度地保证成形质量，设备完成了多种型号的航空发动机大型钛合金整体叶盘的智能增材制造，整体叶盘外径尺寸达到了近ϕ900mm，这也是全世界最大的激光定向能量沉积整体叶盘构件（图5-79）。

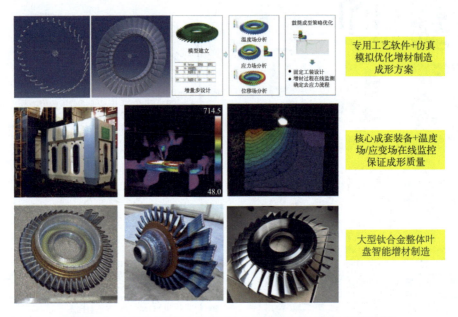

图5-79　北京航空航天大学大型钛合金整体叶盘智能增材制造案例

5.5.2　美国Relativity Space公司智能3D打印装备技术

针对超大型金属构件增材制造需求，2022年10月，美国火箭制造商Relativity Space公司推出了其星际之门（Stargate）3D打印机的最新第4代（图5-80）。Stargate打印机基于定向能量沉积技术，拥有三条庞大的机械臂，一条用来熔化金属丝进行增材制造，另两条则用以进行减材加工。与前三代打印机相比，第4代Stargate打印机具有以下主要特点和优势：打印速度相较第3代提升了7～12倍；能够水平移动打印，提高了可打印尺寸，该机器在水平打印方向能生产长达36.6m、宽7m的零件，打印体积容量是第3代产品的55倍，更大的打印尺寸意味着可以合并更多的零件，火箭的零件组成数量将进一步降低，火箭的总体制造速度也将提升；更重要的是，该设备强大的过程监控感知技术可以提高打印质量和工作效率，新的第4代打印机具有先进的遥感技术，将计算机视觉、传感器和遥测技术相结合，以实现实时过程监控。这种自上而下的3D打印生产方法，利用软件驱动、机器学习来创建更复杂和更大的金属零件，使该行业实现了前所未有的创新以及颠覆性发展。

凭借更快的迭代周期，Stargate打印机能够加速航空航天产业的进步和创新。第4代打印机将成为建造Relativity Space公司最大火箭Terran R的主要生产工具，从而能够大幅减少其零件数量，同时加速生产。Relativity Space公司拥有专有的高性能下一代材料，第 4 代 Stargate 打印机将使用这些材料打印产品。Terran R 将成为公司旗下第一款受益于更轻材料和更快生产速度的产品，从而为下游客户显著降低成本。与其他火箭制造商不同，Relativity Space 公司在主打使用 3D 打印制造火箭的同时，更大幅减少了火箭的零件。尽管火箭通常由数千个单独的零件组成，但 Relativity Space 公司通过零件合并，使火箭零件数量大幅度减少。其知名的 Terran 1 火箭只有 730 个零件，该公司可以在 30 天内打印出整个整流罩，能够在短短 60 天内生产出整枚火箭。

该型增材制造装备可进行快速迭代，这为大规模制造产品的创新提供了机会。由于高度适应性、可扩展性和自动化过程，通过软件驱动的制造，传统的航空航天领域的制造商需要花费数年时间来开发和建造产品将被缩短到几个月。该公司认为智能 3D 打印是一种自动化技术，有能力改变制造业的创新步伐[33-36]。

图 5-80　美国 Relativity Space 研发第 4 代 Stargate 3D 打印机及大型构件

5.5.3　美国 Optomec 公司叶片自动修复制造技术

智能增材制造技术为涡轮机械的个性化、逐件修复提供了快速、自动化处理的机会。由美国极致制造公司（Acme Manufacturing）和 Optomec 公司联合开发的智能增材制造加工单元，每年能自动修复 85000 片独特的飞机发动机叶片。按照相同设计制成的新零件都是相同的，但每个零件的磨损方式却千差万别，所以再制造要应对的工艺工程挑战比原始制造的更大。

Optomec 公司的技术解决方案中，不仅包含一个用新金属修复飞机发动机磨损叶片的高效平台，还有一款能够解读磨损叶片视觉测量结果的软件，使用视觉系统收集的数据，定向能量沉积工艺可以根据每片磨损叶片的形状沉积材料，帮助实现叶片维修自动化。金属沉积后，会生成多余的材料，必须将其去除，并修整表面，使之与叶片形状匹配。Optomec 公司与极致制造公司合作制出的叶片自动修复智能增材制造技术单元，将自动金属沉积和自动磨料去除技术结合了起来，能够自动完成叶片修复所需的全部加工流程，既能制成用于DED工序的半成品叶片，又能将其制成成品（图5-81）。有了这套新单元，那些变形、受到磨损的飞机发动机叶片，虽形状独特、数量众多，但都能得到自动修复了。这两家公司介绍：这种由多个机器人集合而成的单套自动化单元，基本上是无人值守的，每年可修复85000片叶片。

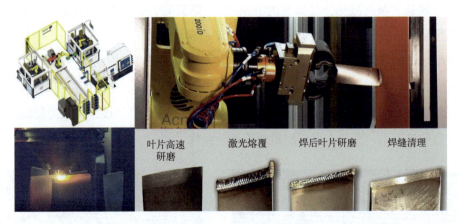

图5-81　美国Optomec公司开发的叶片自动修复智能增材制造技术单元

在这套单元的核心工序——定向能量沉积工序，是由Optomec公司的CS 250激光工程净成形（LENS）机器完成的。它使用激光熔化吹制的金属粉末，将新的钛和超合金材料应用于叶片。叶片的实际金属沉积速度很快，每片叶片耗时3～4min，一个加工周期内通常有12片叶片同时沉积。在预燃室中，将零件移入、移出机器的惰性气体环境，清洗预燃室的时间是15min。一盘叶片包上金属保护层后，另一盘叶片就会进入机器，准备进行下一个包层循环，中间不停。在这段时间里，自动化单元会对其他叶片进行其他操作。测量和软件是这套系统成功的原因，不用原始的CAD文件进行修复叶片编程，用于所有特定叶片型号的校准单元只需一个"黄金零件"（即理想的样本），再加上约10个被确定为可修复的其他样本。利用这些参考资料，一旦某片叶片类型被"识别出"，沿着刀片轮廓所做的自动三点测量就能让加工单元中的机器人按照这片叶片的归类，将它准确地进行处理。定向能量沉积机器需要的信息比以上描述的更多，在Optomec公司的机器上，是使用视觉系统对叶片进行测量的。这家公司用于提供基于这种检查的自动定制编程的软件被称为AutoClad系统，能够从一片叶片到下一片叶片测量每片单独的叶片的样式，决定定向能量沉积所需的激光功率、激光光斑大小、粉末进给速度、构建速度和沉积路径，以增加叶片所需的材料。用机器人去除材料的步骤是在沉积工序之前出现的，需要研磨刀片尖端，为沉积做准备，还要在沉积工序之后研磨、混合添加的材料。这些步骤中的每一步都涉及机器人将刀片定位在磨料带上，根据工件材料和磨料的已知性能确定压力。其作用是为飞机叶片生产和修复中使用的硬钛和镍基合金的精细研磨提供可重复的解决方案。

　　材料沉积的自适应编程结果加上用机器人研磨所实现的精确的材料去除，就能实现比更多手工叶片修复过程所允许的更严格的刀片修复控制水平。这也是非常重要的问题。修复后的叶片并不是全新的——任何叶片可能修复的次数都有服务周期限制，且修复区域不同，是清晰可见的。但是，用这套单元做的叶片修复是质量严谨、可重复的。此外，这两家公司还强调：这套加工单元中的每个部分都已获得了航空当局的认证，可用于满足飞行关键需求的维修。这就意味着这套智能增材制造单元不仅能实现更强大的发动机叶片维修，还能将多片叶片的相似度修复到超过目前维修水平的程度[33-36]。

5.5.4　德国Fraunhofer智能增材制造虚拟实验室

　　为了解决金属构件增材制造过程中的尺寸限制、生产效率低、可打印材料少、共享数据难、后续处理人工工作量大等关键难题，德国Fraunhofer协会实行了"Future AM"计划，通过6个机构实现了智能增材制造虚拟实验室，可实时高效共享整个增材制造过程的所有数据，使得整个增材制造过程生产率提高了10倍（图5-82）。

图5-82　德国Fraunhofer智能增材制造虚拟实验室

整个智能增材制造虚拟实验室的工作流程如下。

　　① 结构设计。IAPT机构开发了结合了多物理仿真模拟技术的专门软件，生产可打印的3D数字模型，并将这些模型的数据共享到虚拟实验室中心。

　　② IWS机构完成材料制备工作。

　　③ ILT机构完成增材制造过程。

　　④ IWU机构分析增材制造过程的实时监控数据，并且分析尺寸和表面精度等质量数据，生成激光扫描三维数字模型文件。

　　⑤ 经支撑去除、表面处理、热处理、无损检测等过程，最终完成增材制造的金属构件的交付。

通过智能增材制造虚拟实验室，可以实现金属构件增材制造全流程数据共享，从而实现产品质量显著提升、生产成本显著降低、生产周期大幅缩短（图5-83）[33-36]。

图5-83　德国Fraunhofer智能增材制造虚拟实验室的制造流程和零件验证

5.6　政策建议

增材制造作为新兴的制造技术，应用领域不断扩展，成为先进制造领域发展最快的技术方向之一。增材制造技术代表了我国工业技术的一个发展趋势，是《中国制造2025》《中华人民共和国国民经济和社会发展第十四个五年规划和2035年远景目标纲要》中的核心技术之一。高端新材料智能增材制造正成为推动增材制造技术和智能制造体系快速发展的新引擎。我国相关部门应该抓住增材制造这一轮新的发展机遇，力求实现我国高端新材料智能增材制造产业保持世界领先水平。增材制造作为我国制造业智能化数字化绿色化转型的主要方向之一，将持续加快我国制造业从转型到创新驱动发展的速度，不断提升我国制造业的国际影响力，加速推进我国从"制造大国"向"制造强国"转变，奋力谱写制造强国建设新篇章。

① 加快智能增材制造成套装备研发，实现关键元器件和核心软件自主化。当前我国金属增材制造成套装备发展势头良好，少数头部企业也相继开发了商业化智能增材制造成套装备，在构件成形尺寸、成形效率方面与国外最先进设备基本无差距，但在智能化程度上仍明显落后。我国的智能增材制造装备中激光器及光束整形系统、高品质电子枪及高速扫描系统、大功率激光扫描振镜等关键元器件仍严重依赖进口，国产专用工业软件仍处于起步阶段。未来需要加快成套装备、元器件和软件的自主国产化研发。

② 研发智能增材制造专用高性能新材料，推动原材料低成本化发展。增材制造专用高性能新材料是智能增材制造发展的关键要素之一，是实现产品技术突破和产业升级换代的核心。应着力突破自主材料的研制、生产和大规模应用亟待解决的关键技术和装

备，实现增材制造专用材料整体性能达到国际先进水平。同时，推动现有打印材料的低成本发展，提升材料的品质和性能稳定性，提升最终产品的市场竞争力。

③ 打造智能增材制造"产学研用"合作平台，提高基础研究到工程应用的转化能力。高端新材料智能增材制造的快速发展，需要我国高校、研究所、商业公司和政府等高效协同合作，形成国家级、省级、重要行业的增材制造协同创新机制和"产学研用"产业生态体系，强化理论基础研究-关键技术验证-工程应用的快速转化能力。

④ 促进增材制造相关学科专业交叉融合，强化智能增材制造综合人才培养。增材制造技术的快速发展需要更多的行业人才支撑。2021年，教育部将增材制造工程列入大学本科专业，促进行业人才培养。人工智能为增材制造带来变革，也对增材制造行业人才提出了更高要求。高端新材料智能增材制造技术涉及材料、机械、结构设计、力学、自动化、计算机、大数据、机器学习、物联网等多个学科，促进多学科之间的交叉融合，强化多学科交叉的综合型人才培养，是智能增材制造快速发展的重要保障。

参考文献

[1] DebRoy T, Wei H L, Zuback J S, et al. Additive manufacturing of metallic components – Process, structure and properties [J]. Progress in Materials Science, 2018, 92(Supplement C): 112-224.
[2] 王华明. 高性能大型金属构件激光增材制造: 若干材料基础问题 [J]. 航空学报, 2014, 35(10): 2690-2698.
[3] 顾冬冬, 张红梅, 陈洪宇, 等. 航空航天高性能金属材料构件激光增材制造 [J]. 中国激光, 2020, 47(5): 24-47.
[4] Gu D, Shi X, Poprawe R, et al. Material-structure-performance integrated laser-metal additive manufacturing [J]. Science, 2021, 372(6545): 932.
[5] 黄辰阳, 陈嘉伟, 朱言言, 等. 激光定向能量沉积的粉末尺度多物理场数值模拟 [J]. 力学学报, 2021, 53(12): 3240-3251.
[6] Wei H, Mukherjee T, Zhang W, et al. Mechanistic models for additive manufacturing of metallic components [J]. Progress in Materials Science, 2021, 116: 100703.
[7] Mukherjee T, DebRoy T. Mitigation of lack of fusion defects in powder bed fusion additive manufacturing [J]. Journal of Manufacturing Processes, 2018, 36: 442-449.
[8] Mukherjee T, Zuback J S, Zhang W, et al. Residual stresses and distortion in additively manufactured compositionally graded and dissimilar joints [J]. Computational Materials Science, 2018, 143: 325-337.
[9] Mukherjee T, DebRoy T. A digital twin for rapid qualification of 3D printed metallic components [J]. Applied Materials Today, 2019, 14: 59-65.
[10] Mukherjee T, Wei H L, De A, et al. Heat and fluid flow in additive manufacturing-Part Ⅱ: Powder bed fusion of stainless steel, and titanium, nickel and aluminum base alloys [J]. Computational Materials Science, 2018, 150: 369-380.
[11] Mukherjee T, Wei H L, De A, et al. Heat and fluid flow in additive manufacturing-Part Ⅰ: Modeling of powder bed fusion [J]. Computational Materials Science, 2018, 150: 304-313.
[12] Ou W, Knapp G L, Mukherjee T, et al. An improved heat transfer and fluid flow model of wire-arc additive manufacturing [J]. International Journal of Heat and Mass Transfer, 2021, 167: 120835.
[13] 曹龙超, 周奇, 韩远飞, 等. 激光选区熔化增材制造缺陷智能监测与过程控制综述 [J]. 航空学报, 2021, 42(10): 192-226.

[14] 解瑞东, 鲁中良, 弋英民. 激光金属成形缺陷在线检测与控制技术综述 [J]. 铸造, 2017, 66(1): 33-37.

[15] Lei Y, Aoyagi K, Aota K, et al. Critical factor triggering grain boundary cracking in non-weldable superalloy Alloy713ELC fabricated with selective electron beam melting [J]. Acta Materialia, 2021, 208: 116695.

[16] Yamanaka K, Saito W, Mori M, et al. Abnormal grain growth in commercially pure titanium during additive manufacturing with electron beam melting [J]. Materialia, 2019, 6: 100281.

[17] Martin J H, Yahata B D, Hundley J M, et al. 3D printing of high-strength aluminium alloys [J]. Nature, 2017, 549(7672): 365-369.

[18] Spierings A B, Dawson K, Kern K, et al. SLM-processed Sc- and Zr- modified Al-Mg alloy: Mechanical properties and microstructural effects of heat treatment [J]. Materials Science and Engineering: A, 2017, 701: 264-273.

[19] Tancogne-Dejean T, Spierings A B, Mohr D. Additively-manufactured metallic micro-lattice materials for high specific energy absorption under static and dynamic loading [J]. Acta Materialia, 2016, 116: 14-28.

[20] Li R, Wang M, Li Z, et al. Developing a high-strength Al-Mg-Si-Sc-Zr alloy for selective laser melting: Crack-inhibiting and multiple strengthening mechanisms [J]. Acta Materialia, 2020, 193: 83-98.

[21] 王南清. NZ30K镁合金激光选区熔化增材制造成型工艺基础研究 [D]. 上海: 上海交通大学, 2020.

[22] Wang Y, Fu P, Wang N, et al. Challenges and solutions for the additive manufacturing of biodegradable magnesium implants [J]. Engineering, 2020, 6(11): 1267-1275.

[23] Wang Y, Huang H, Jia G, et al. Fatigue and dynamic biodegradation behavior of additively manufactured Mg scaffolds [J]. Acta Biomater ialia., 2021, 135: 705-722.

[24] Xie K, Wang N, Guo Y, et al. Additively manufactured biodegradable porous magnesium implants for elimination of implant-related infections: An in vitro and in vivo study [J]. Bioact. Mater., 2022, 8: 140-152.

[25] Choi G, Choi W S, Han J, et al. Additive manufacturing of titanium-base alloys with equiaxed microstructures using powder blends [J]. Additive Manufacturing, 2020, 36: 101467.

[26] Zhang T, Huang Z, Yang T, et al. In situ design of advanced titanium alloy with concentration modulations by additive manufacturing [J]. Science, 2021, 374(6566): 478-482.

[27] Zhang T, Liu C. Design of titanium alloys by additive manufacturing: A critical review [J]. Advanced Powder Materials, 2022, 1(1): 100014.

[28] Zhang D, Qiu D, Gibson M A, et al. Additive manufacturing of ultrafine-grained high-strength titanium alloys [J]. Nature, 2019, 576(7785): 91-95.

[29] Panwisawas C, Tang T, Reed R C. Metal 3D printing as a disruptive technology for superalloys [J]. Nature Communications, 2020, 11(1): 2327.

[30] Guo B, Zhang Y, Yang Z, et al. Cracking mechanism of Hastelloy X superalloy during directed energy deposition additive manufacturing [J]. Additive Manufacturing, 2022, 55: 102792.

[31] Tang Y T, Panwisawas C, Ghoussoub J N, et al. Alloys-by-design: Application to new superalloys for additive manufacturing [J]. Acta Materialia, 2021, 202: 417-436.

[32] Murray S P, Pusch K M, Polonsky A T, et al. A defect-resistant Co–Ni superalloy for 3D printing [J]. Nature Communications, 2020, 11: 4975.